基本 統計学

野口和也・西郷 浩 [共著]

培風館

本書の無断複写は，著作権法上での例外を除き，禁じられています．
本書を複写される場合は，その都度当社の許諾を得てください．

序

本書の目的

　本書は，大学に入学して初めて統計学を学ぶ学生を対象に，統計学の基本的な考え方を説明することを目的としている。統計学の予備知識は前提としない。数学についても，高等学校の「数学 I」の知識があれば，統計学の基本的な考え方が習得できるように努力した。文科系の大学初年度で習う解析学の入門的知識を必要とする内容は，章末の付録にまとめてある。

本書の内容

　本書にふくめるべき項目の選定にあたっては，「統計学の各分野における教育課程編成上の参照基準」にある「1 大学基礎科目としての統計教育の参照基準」を基本とした。また，「データに基づく課題解決型人材育成に資する統計教育質保証」（文部科学省平成 24 年度採択大学間大学間連携共同教育推進事業）を実現するための組織「統計教育大学間連携ネットワーク JINSE」における活動も項目の選定の参考とした。その結果，大学基礎科目としての統計学の知識が習得できる教科書となっている。

　日本統計学会公式認定の「統計検定」[1] との対応でいえば，2 級に相当する。

　ただし，資料の整理（記述統計学的手法）については概略を述べるにとどめる。これに関する詳しい説明は，他の成書，たとえば，稲葉 (2012) や西郷 (2012) を参照されたい。

---

[1] http://www.toukei-kentei.jp/index.html を参照。

本書の構成

本書は，以下のように構成されている。

- 第1章「資料の整理」で，データの要約の方法（記述統計学的手法）を簡単にまとめている。
- 第2章「確率」と第3章「確率変数」，第4章「代表的な確率分布」，第5章「多次元の確率分布」，第6章「正規分布から派生する確率分布」で，後の章で使われる確率変数の基本的な性質について説明している。
- 第7章から第9章までで，本書の主目的である推測統計学の基本を説明する。第7章「標本抽出」では，母集団からの標本抽出と，それに関連する重要な項目について説明する。第8章「推定」では，統計的推測の柱の1つである推定（点推定と区間推定）について解説する。第9章「仮説検定」では，仮説検定の発想から出発して，各種の仮説検定の方法を説明する。
- 第10章では，使用頻度の高い回帰モデルについて紹介する。

各章の構成

本書の各章は，以下のとおり構成されている。

- 本文で基本概念を説明する。
- 本文の内容に対応する練習問題で理解を確かめる。
- 章末の付録において，本文で省略した数式の展開を提示する。

付録を除いても統計学の基本が理解できるように配慮した。付録は，各自の必要に応じて利用できる。付録を読むために必要な数学の知識は，たとえば，西原健二他 (2007) で提供されている。

謝辞

本書を執筆するにあたり，培風館の松本和宣氏にひとかたならぬご尽力をいただいた。記して謝意を表したい。

2014年9月

著　者

目　　次

1　資料の整理　　1
　1.1　度数分布 ··································· 1
　　　　度数分布表の作成　　ヒストグラムの作成
　1.2　代表値 ····································· 4
　1.3　散らばりの尺度 ······························ 6
　　　　範囲と四分位範囲　　分散と標準偏差
　1.4　相関 ······································· 9
　1.5　回帰直線 ··································· 12
　　練習問題 1 ··································· 15
　　付録 1 ······································· 16
　　　　相関係数の性質　　最小2乗法による b_0 と b_1 の値
　　　　2乗和の分解

2　確率　　20
　2.1　確率の概念 ································· 20
　2.2　確率 ······································· 21
　2.3　加法法則 ··································· 23
　2.4　条件つき確率 ······························· 24
　2.5　乗法法則 ··································· 26
　　　　誕生日問題
　2.6　事象の独立性 ······························· 28

2.7 Bayes の定理 ･････････････････････････ 30
3つのコインの問題　　Bayes の定理の応用例
練習問題 2 ･･･････････････････････････ 36

3 確 率 変 数　　　　　　　　　　　　　　　　　37
3.1 確率変数の意味 ･････････････････････････ 37
3.2 離散型確率変数の確率分布 ･･･････････････････ 38
3.3 離散型確率変数の期待値と分散，標準偏差 ･･････････ 41
3.4 連続型確率変数の確率分布 ･･･････････････････ 42
連続型確率変数の例：一様分布
確率密度関数
3.5 連続型確率変数の期待値と分散，標準偏差 ･･････････ 47
3.6 確率変数の関数の期待値 ･･･････････････････ 48
確率変数の関数　$g(x) = a + bx$ の場合
確率変数の標準化
3.7 チェビシェフの不等式 ･････････････････････ 51
練習問題 3 ･･･････････････････････････ 52

4 代表的な確率分布　　　　　　　　　　　　　　　53
4.1 代表的な離散型確率分布 ･･･････････････････ 53
ベルヌーイ分布　　2項分布　　ポアソン分布
4.2 代表的な連続型確率分布 ･･･････････････････ 63
正規分布
練習問題 4 ･･･････････････････････････ 67
付　録　4 ･･･････････････････････････ 67
ポアソン分布の確率関数の導出
正規分布の基本的な性質の確認

5 多次元の確率分布　　　　　　　　　　　　　　　71
5.1 多次元の確率変数 ･････････････････････････ 71
離散型の場合　　連続型の場合
5.2 確率変数の独立性 ･････････････････････････ 77
5.3 多次元確率変数の関数の期待値 ･･････････････････ 80

目次

   5.4   条件つき期待値と条件つき分散 ･･････････････ 81

   5.5   確率変数の和の期待値と分散 ･･････････････ 84
          確率変数の和の期待値
          確率変数の和の分散
          2つの確率変数の共分散の性質
          2つの確率変数の相関係数
          2項分布にしたがう確率変数の期待値と分散

   5.6   離散型多次元確率分布の例：多項分布 ･･･････････ 89
          多項分布   多項分布の性質   多項分布の例

   5.7   連続型多次元確率分布の例：2変量正規分布 ･･･････ 92
          2変量正規分布   2変量正規分布の性質
          2変量正規分布の利用例

   練習問題 5 ･･･････････････････････････････ 96

   付 録 5 ････････････････････････････････ 97
          2変量正規分布にしたがう確率変数の1次結合

6 正規分布から派生する確率分布   98

   6.1 χ^2 分 布 ････････････････････････････ 98
          χ^2 分布にしたがう確率変数
          χ^2 分布にしたがう確率変数の期待値と分散
          χ^2 分布の確率密度関数
          χ^2 分布にしたがう確率変数の和

   6.2 t 分 布 ･･････････････････････････････ 101
          t 分布にしたがう確率変数
          t 分布の確率密度関数
          t 分布にしたがう確率変数の期待値と分散

   6.3 F 分 布 ･･････････････････････････････ 102
          F 分布にしたがう確率変数
          F 分布の確率密度関数
          F 分布にしたがう確率変数の期待値と分散

   6.4   正規確率変数の算術平均と分散 ････････････････ 104

   練習問題 6 ･･･････････････････････････････ 107

   付 録 6 ････････････････････････････････ 108
          標準正規分布に従う確率変数の4乗の期待値
          χ^2 分布の確率密度関数
          t 分布の確率密度関数と期待値，分散

F 分布の確率密度関数と期待値，分散

7 標本抽出　　113

7.1 母集団と標本，標本抽出　　113
7.2 確率標本抽出　　114
7.3 無作為標本抽出　　115
7.4 母数と統計量，統計量の標本分布　　117
非復元抽出の場合
復元抽出のもとでの統計量の標本分布
有限母集団と無限母集団
7.5 標本平均の標本分布の性質　　124
大数の法則　　中心極限定理
標本平均以外の統計量の標本分布
標本平均の標本分布のまとめ

練習問題 7　　131

付録 7　　131
有限母集団からの非復元抽出
有限母集団からの復元抽出
非復元抽出と復元抽出の比較

8 推定　　137

8.1 推定の意味　　137
8.2 点推定　　138
推定量の評価基準　　平均 2 乗誤差
不偏性　　一致性
8.3 点推定量の求め方　　143
積率法　　最尤法
8.4 区間推定　　144
区間推定の仕組み　　母平均 μ の区間推定
成功確率 p の推定
8.5 正規母集団からの標本にもとづく区間推定　　151
母平均 μ の区間推定　　母分散の区間推定

練習問題 8　　154

9 仮説検定　　155

- 9.1 仮説検定の仕組み ･････････････････････････ 155
- 9.2 仮説検定の構図 ･･････････････････････････ 157
  帰無仮説と対立仮説　　2種類の過誤
  検定手続きの構成
- 9.3 検定の整理と拡張 ････････････････････････ 162
  片側検定　　両側検定
- 9.4 σ^2 が未知の場合 ･･･････････････････････ 167
  正規母集団からの標本
  正規分布ではない母集団からの標本
- 9.5 成功確率または母集団の比率の検定 ･･･････････ 171
- 9.6 母平均の差の検定 ････････････････････････ 173
  標本の大きさが大きい場合
  標本の大きさが小さいとき
- 9.7 対標本 ･････････････････････････････････ 177
- 9.8 成功確率または母集団の比率の差の検定 ･･････ 179
  無作為割付
- 9.9 母分散に関する検定 ･･････････････････････ 182
  母分散の値に関する検定
  2つの母分散の比に関する検定
- 9.10 適合度の検定 ･･････････････････････････ 186
- 9.11 分割表における独立性の検定 ････････････ 188
- 9.12 p 値 ････････････････････････････････ 191
- 練習問題 9 ･･････････････････････････････ 192

10 回帰モデル　　194

- 10.1 回帰モデル ･･････････････････････････ 194
- 10.2 最小2乗法 ･････････････････････････ 196
- 10.3 回帰係数の推定量 $\hat{\beta}_1$ の性質 ･･････････ 197
- 10.4 誤差項の分散 σ^2 の推定 ･･･････････････ 199
- 10.5 回帰係数 β_1 に関する推定・検定 ･･････････ 200
  回帰係数の区間推定
  回帰係数に関する検定

10.8 誤差項の仮定の成否の検証 ･････････････････ 202
　　　　残差の利用　　残差プロットとその見方

練習問題 10 ･･････････････････････････････ 205

付　録 10 ･･･････････････････････････････ 206
　　　　残差の統計的性質

練習問題解答例　　209

参考文献　　221

付　　表　　223

索　　引　　233

1 資料の整理

この章の目的

この章では，資料の整理の仕方（記述統計学）について説明する．具体的には，
- 度数分布表・ヒストグラムの作成
- 中心の位置の表し方
- 分布のバラツキの表し方

について述べる．

1.1 度数分布

1.1.1 度数分布表の作成

　ある集団の構成要素がそれぞれ数値をもち，それをもちいて集団全体の様子をつかむことにしたい．たとえば，都道府県を構成要素として，それぞれの地方交付税がどのように異なっているのかに関心を持ったとする．表 1.1 には，平成 21 年度の都道府県別地方譲与税，地方特例交付金等，地方交付税が示されている．以降，簡単のため，3 つの租税を単に地方交付税等とよぶ．

　表 1.1 には 47 個の数値がある．しかし，そのように少数であっても，表 1.1 から地方交付税等の平均的な値などを読み取るのは難しい．とくに，地方交付税等のバラツキを感覚的にとらえるのは難しい．そこで，度数分布表を作成し

表 1.1 都道府県別地方譲与税，地方特例交付金等　地方交付税
（平成 21 年度，10 億円）

都道府県	税	都道府県	税	都道府県	税
北海道	856	石川	114	岡山	198
青森	211	福井	70	広島	216
岩手	211	山梨	95	山口	142
宮城	198	長野	264	徳島	98
秋田	198	岐阜	167	香川	85
山形	160	静岡	114	愛媛	165
福島	214	愛知	108	高知	143
茨城	166	三重	123	福岡	378
栃木	92	滋賀	86	佐賀	102
群馬	127	京都	173	長崎	216
埼玉	143	大阪	263	熊本	235
千葉	148	兵庫	340	大分	144
東京	87	奈良	123	宮崎	156
神奈川	68	和歌山	123	鹿児島	274
新潟	286	鳥取	93	沖縄	141
富山	97	島根	156		

資料：総務省統計研修所編『第 62 回日本統計年鑑』2012 年　表 5-12

て，地方交付税等の分布をとらえることにする．

度数分布表とは，対象とする集団の構成要素（都道府県）に付された変数（地方交付税）について区間を構成して，その区間に属する構成要素の数を勘定した表である．1つ1つの区間を**階級**，それに属する構成要素の数を**度数**とよぶ．度数を下の階級から累積したものを**累積度数**とよぶ．

表 1.2 に，表 1.1 から作成した度数分布表の一例を示す．表 1.2 から，100（10 億円）よりも大きく 200（10 億円）以下の階級に都道府県が集中していること，300（10 億円）以下の都道府県が大部分（44/47）であることがわかる．

1.1.2　ヒストグラムの作成

度数分布表 1.2 は，もとの数値を示した表 1.1 より見やすい．しかし，度数の大きさをとらえやすくするには，ヒストグラムを作成するのがよい．

ヒストグラムとは，横軸に変数（地方交付税等）の値をとり，縦軸に度数を取った柱状グラフである．柱は階級の下限と上限を底辺とし，高さを度数とし

1.1 度数分布

表 1.2 都道府県別地方交付税等（平成 21 年度，10 億円）の度数分布表

階級	下限 (より大)	上限 (以下)	度数	累積度数
1	0	100	10	10
2	100	200	24	34
3	200	300	10	44
4	300	400	2	46
5	400	800	0	46
6	800	900	1	47

資料：表 1.1

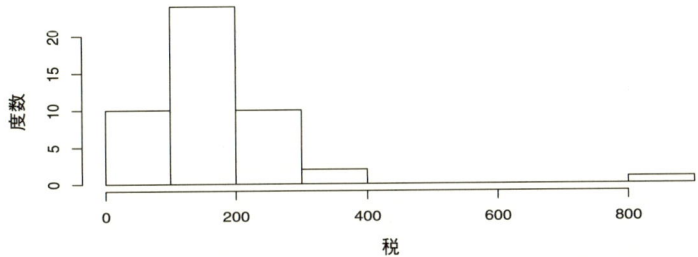

図 1.1 都道府県別地方交付税等（平成 21 年度，10 億円）のヒストグラム（資料：表 1.2）

て描く．ただし，異なる階級幅（上限と下限の差）が混在するときは，度数を階級幅で除したもの（密度）を高さとする．

表 1.2 から作成したヒストグラムを図 1.1 に示す．図 1.1 から，100（10 億円）より大きく 200（10 億円）以下の階級への集中の強さや，北海道の値 856（10 億円）が極端に大きいことが視覚的にとらえられる．

他の観察値と極端に異なる観察値を**外れ値**とよぶ．北海道の地方交付税等は，他の都道府県のそれと大きく異なっている．

外れ値以外の都府県における地方交付税等の度数分布を見るため，北海道を取り除いて階級の上限と下限との間を狭めることにする．ヒストグラムのみを示したのが図 1.2 である．図 1.2 から，たとえ北海道以外の都府県をみても，地方交付税等が 200（10 億円）以下の都府県が過半であり，それが高額の県は少数であることがわかる．

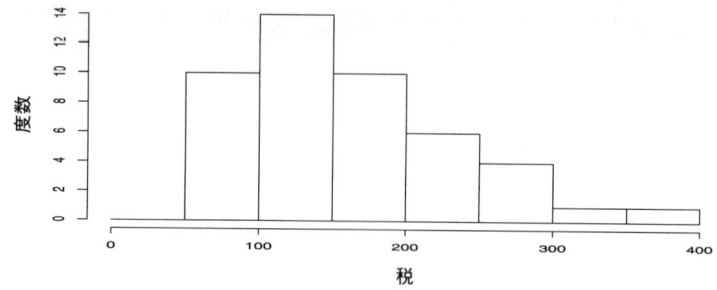

図 1.2 都道府県別地方譲与税,地方特例交付金等,地方交付税(平成 21 年度,10 億円,北海道を除く)のヒストグラム(資料:表 1.2)

図 1.2 にあらわされるヒストグラムの形状は,125(10 億円)近辺に峰が 1 つあり,裾が右側に長い分布となっている。峰が 1 つの分布を**単峰**とよぶ。左右対称ではなく,裾が右側に長い分布を**右に歪んだ分布**とよぶ。こうしたヒストグラムの形状を意識することは,次節で説明する代表値を見るときに役立つ。

1.2 代表値

今度は,分布の状況を,(1) 分布の中心の位置と,(2) 中心付近のバラつき,の 2 つの数値で要約することを考える。前者は,分布の中の代表的な値をあらわす。後者は,分布の広がりを示す。両者がそろうと,観察値がどのあたりに散らばっているかがわかる。

最初に,度数分布の中心の位置を数値であらわす。さしあたり,外れ値の影響を受けない場合を考察するため,図 1.2 を例に検討する。

分布の中心の位置に関する数値的な表現として,算術平均と中央値,最頻値が多用される。

算術平均とは,観察値の合計を観察値の個数で除した値である。(北海道を除く)都府県の地方交付税等の合計が 7,511(10 億円),観察値の個数が 46 なので,算術平均が約 163(10 億円)となる。

記号を用いて以下のようにも算術平均を表現できる。地方交付税等を例に記号による表現を説明する。都府県に通し番号を付す。その番号を i であらわす。

1.2 代表値

観察値の個数を N であらわす。北海道が除かれているので、$N = 47 - 1 = 46$ である。通し番号 i は、1 から N までのいずれかの整数である。i 番目の都府県の地方交付税等の値を x_i であらわす。たとえば、（北海道を除いて）最初にある青森県を $i = 1$ 番目とすれば、$x_1 = 211$ となる。観察値全体を x_i $(i = 1, 2, \ldots, N)$ とあわらす。これらの記号をつかえば、算術平均は以下のようにあらわせる。

$$\bar{x} = \frac{1}{N} \sum_{i=1}^{N} x_i \tag{1.1}$$

ただし、$\sum_{i=1}^{N} x_i$ は合計をあらわす演算、つまり、

$$\sum_{i=1}^{N} x_i = x_1 + x_2 + \cdots + x_N$$

である。$\bar{x}$ は算術平均をあらわす記号として統計学に頻出する。一種の習慣と思えばよい。式 (1.1) は、「観察値の合計を観察値の個数で除す」という計算を数式によってあらわしたものである。数式で表現してあっても、言葉で表現してあっても、内容はどちらも同じである。実際、$x_1 = 211$ などを順次代入すれば、同じ結果が得られる。

$$\bar{x} = \frac{1}{46} \times (211 + 211 + \cdots + 141) \doteqdot 163$$

もう 1 つの代表値である**中央値**とは、観察値を昇順（小さい順）に並べたときの、小さい方から 1/2（ないし、大きい方から 1/2）に位置する観察値を指す。都府県の地方交付税等を例にすれば、小さい方から勘定して $46 \times 1/2 = 23$ 番目にあたる都府県（大分県）の観察値 144（10 億円）と大きい方から勘定して 23 番目あたる都府県（千葉県）の観察値 148（10 億円）との平均 146（10 億円）が中央値である。平均する理由は、昇順で勘定したときと降順で勘定したときとで辻褄を合わせるためである。都府県の地方交付税等の例では、$N = 46$ が偶数であるために、小さい方から 1/2（昇順で 23 番目）と大きい方から 1/2（降順で 23 番目＝昇順で 24 番目）との 2 つが中央値の候補となる。それらの平均を中央値とするのである。もし、N が奇数であれば、小数点第 1 位を切り上げると、昇順の $(N+1)/2$ 番目と降順の $(N+1)/2$ 番目とが同じになるので平均しなくてもよい。

3つ目の代表値である**最頻値**は，ヒストグラムの頂点に対応する横軸の値である。図 1.2 をもちいると，最頻値は 125（10 億円）となる。最頻値は，「その近辺の観察値が一番多く，もっともありふれた値である」という意味で代表値となる。

図 1.2 のように分布が右に歪んでいると，算術平均 163（10 億円）がもっとも大きく，中央値 146（10 億円），最頻値 125（10 億円）の順に小さくなる。算術平均よりも中央値の方が小さいことから，算術平均よりも小さい値をもつ観察点が過半数であることがわかる。

これに対し，分布が左右対称であれば，3 つの代表値はほぼ等しくなる。もし，分布が左に歪んでいれば，算術平均，中央値，最頻値の順に大きくなる。代表値の位置関係が分布の歪みに影響されることには注意を要する。

算術平均が外れ値の影響を受けやすいことも見ておこう。北海道もふくめた 47 都道府県の地方交付税等から 3 つの代表値を計算すると，算術平均が 178（10 億円），中央値が 148（10 億円），最頻値が（図 1.2 に北海道の値を付け加えたとすると）125（10 億円）となる。算術平均の変化は，他の 2 つの代表値の変化よりも大きい。このことから，外れ値がふくまれているときには，算術平均が中央値よりも大きくなりやすいことがわかる。

1.3 散らばりの尺度

この節では，散らばりの尺度のいくつかを紹介する。散らばりを測る主な視点は，(1) ヒストグラムの幅を測る，(2) 中心からのズレの平均的な値を計算する，の 2 とおりに分けられる。

1.3.1 範囲と四分位範囲

ヒストグラムの幅を測る尺度として，範囲と四分位範囲とを紹介する。

範囲とは，最大値と最小値との差である。表 1.1 から計算すると，最大値である北海道の 856（10 億円）と最小値である神奈川県の 68（10 億円）との差，$856 - 68 = 788$ となる。視覚的にいえば，この範囲は，図 1.1 であらわされたヒストグラムの左端から右端までの幅に対応する。

1.3 散らばりの尺度

範囲は2つの欠点を持つ。1つは、最大値と最小値以外の値の分布の有様の相違が散らばりの測定に反映されないことである。もう1つは、2つの極端な値によって散らばりが決まるため、数値が不安定になりやすいことである。たとえば、北海道の値を取り除いた図1.2に対応する範囲を計算すると、福岡県378（10億円）と神奈川県68（10億点）との差 $378 - 68 = 310$ となり、北海道が入っていたときの半分未満になる。北海道を取り除くと確かに散らばりが小さくなるとはいえ、分布の他の部分が変わらないにもかかわらず、散らばりが半分未満に激減するのは行き過ぎであるように感ぜられる。

四分位範囲は、分布の両端を1/4ずつ削ることによって、中心に近い部分の分布の有様を反映させるとともに、分布の両端にある極端な値の影響を排除する。左端1/4に位置する値を**第1四分位点**、右端1/4（左端3/4）に位置する値を**第3四分位点**とよぶ。第3四分位点と第1四分位点との差を四分位範囲とよぶ。つまり、中央部に残った半分（50%）の範囲を散らばりの尺度とする。

記号を使って述べれば、以下のとおりになる。観察値

$$x_1, x_2, \ldots, x_N$$

を昇順に並べ替え、結果を

$$x_{(1)} \leq x_{(2)} \leq \cdots \leq x_{(N)}$$

と記す。ここで、N は観察値の個数であり、$x_{(1)}$ は最小の観察値、$x_{(2)}$ は2番目に小さい観察値、…、$x_{(N)}$ は最大の（N 番目に小さい）観察値である。四分位点とは、昇順に並んだ $x_{(1)} \leq x_{(2)} \leq \cdots \leq x_{(N)}$ を四等分する点である。一番小さい四分位点を Q_1、三番目に小さい四分位点を Q_3 とあらわせば、

$$Q_3 - Q_1$$

が四分位範囲である。

もう少し正確に表現すれば、以下のようになる。$a = N/4$ と定義する。a が整数でなければ、a の小数部分を切り上げた整数（A とする）を昇順の順位とする値を第1四分位点とする（$Q_1 = x_{(A)}$）。a が整数であれば、a を昇順の順位とする値と $A = a + 1$ を昇順の順位とする値との平均値を第1四分位点とする。したがって、$Q_1 = \{x_{(a)} + x_{(A)}\}/2$ とあらわせる。

第 3 四分位点は，$a = N \times 3/4$ として，同様の計算によって求められる。

北海道をふくむ都道府県の地方交付税等（表 1.1）から四分位範囲を計算すると，$47/4 = 11.75$ なので Q_1 は昇順の順位 12 位（愛知県）の値 $x_{(12)} = 108$，$47 \times 3/4 = 35.25$ なので，Q_3 は昇順の順位 36 位（岩手県）の値 $x_{(36)} = 211$，両者の差は $Q_3 - Q_1 = 211 - 108 = 103$ となる。

試みに，北海道を除く 46 都府県の地方交付税等のデータで四分位範囲を計算すると，$46/4 = 11.5$ なので $Q_1 = x_{(12)} = 108$，$46 \times 3/4 = 34.5$ なので $Q_3 = x_{(35)} = 211$（同点のため不変），両者の差である四分位範囲は 103 のままで変わらない。

1.3.2　分散と標準偏差

つぎに，「中心の位置からのズレ」の平均値で散らばりをとらえる方法を考える。平均的なズレが小さいほど散らばりも小さくなる。

分布の中心の位置を c とすれば，i 番目の観察値 x_i と中心の位置と差は $x_i - c$ とあらわせる。このとき，2 つの問題が生じる。1 つは，中心の位置 c として何をもちいるか，である。もう 1 つは，$x_i - c$ をどのように加工してズレをあらわすか，である。加工が必要な理由は，$x_i - c$ のままだと正負が混在して中心からのズレ（距離）をあらわすのに適切ではないからである。

中心の位置の尺度としては，算術平均 $\bar{x}$ がもっともよくもちいられる。そして，加工法としては 2 乗がもっともよくもちいられる。つまり，i 番目の観察値の中心からのズレは $(x_i - \bar{x})^2$ で測られる。その平均値で観察値全体の散らばりの尺度とする。「平均からの偏差の 2 乗」の平均値を**分散**とよぶ。式で表現すれば，以下の式 (1.2) とおりである。

$$s^2 = \frac{1}{N} \sum_{i=1}^{N} (x_i - \bar{x})^2 \tag{1.2}$$

式 (1.2) はごく短く見える。しかし，実際に手で分散を計算するためには，まず，算術平均 $\bar{x}$ を求め，1 つ 1 つの $x_i - \bar{x}$ を計算して 2 乗してから，その平均を計算することになるので，かなりの手間である。統計ソフトウェアがあれば，分散の計算は標準的に組み込まれている。

散らばりが大きく，算術平均から離れた値が多いほど分散は大きくなる。散らばりが小さく，算術平均に近い値が多いほど分散は小さくなる。分散の大小が散らばりの大小に対応する。

表 1.1 から分散を計算すると，$s^2 \fallingdotseq 14794.36$ となる。

分散から計算する散らばりの尺度として**標準偏差**を紹介する。標準偏差は分散の正の平方根である。

$$s = \sqrt{s^2} \tag{1.3}$$

標準偏差も分散と並んでよく利用される。平方根を取る理由の 1 つは，標準偏差の測定単位がもとの x_i の測定単位と同じになることにある。つまり，分散は 2 乗したものの平均なので，もとの測定単位の 2 乗を単位とする。たとえば，x_i がセンチメートルで測った身長であったとすると，分散の単位は平方センチメートルになる。しかし，身長の散らばりを平方センチメートル（面積を測る単位）で表現されても，イメージがわきにくい。平方根をとれば，もとと同じ測定単位にもどる。

表 1.1 から標準偏差を計算すると，$s = 121.6$ となる。

標準偏差を算術平均で除した**変動係数**も散らばりの尺度としてもちいられることがある。

$$CV = \frac{s}{\bar{x}}$$

すなわち，算術平均に対して標準偏差がどれほどの割合を占めるかで散らばりの尺度とする。標準偏差と算術平均の測定単位は同じである。このことから，両者の比は単位のない無名数となる。したがって，変動係数は測定単位の異なるものの散らばりの比較にもちいられる。

1.4 相 関

今度は，複数の変数の間の関係をとらえる方法を考える。変数間の関係は，単一の変数の分析にはない，新しい側面である。

例として，所得と支出との関係をもちいる。表 1.3 は，可処分所得 x と酒類への支出 y，たばこへの支出 z をあらわす。表 1.3 から，x が増えると，y

は増加する傾向があり，逆に z は減少する傾向がある．

この傾向を**散布図**で視覚的にとらえる．散布図とは，2種類の変数の間の関係を2次元の座標平面で表示した図を指す．たとえば，図 1.3 は，可処分所得 x を横軸，酒類への支出 y を縦軸とした散布図と，可処分所得 x を横軸，たばこへの支出 z を縦軸とした散布図を示す．

図 1.3 からも，x と y とがともに大きくなりやすく（散布図の様子が右上がりに）なり，x と z とは変化の方向が逆になりやすく（散布図の様子が右下がりに）なる傾向が見て取れる．前者のような関係を x と y との間に**正の相関**があるという．後者のような関係を x と z との間に**負の相関**があるという．

散布図は相関の様子をとらえるのに有用である．しかし，視覚的な印象だけで関係の強弱を表現することは客観性に欠ける．そこで，関係の強弱をあらわ

表 1.3 可処分所得と酒類への支出，たばこへの支出

可処分所得 x（千円）	酒類への支出 y（円）	たばこへの支出 z（円）
141.9	1658	1365
182.1	2387	1492
207.0	2448	1413
238.4	2452	1456
258.0	2690	1444
279.9	2729	1414
302.9	2803	1208
325.7	2946	1262
343.2	3056	1257
366.2	2859	946
386.6	3318	981
406.0	3367	1005
426.6	3600	1074
447.8	3538	871
494.7	3718	919
548.4	3789	868
661.3	4742	936
744.7	4402	729
873.0	4560	683

資料：総務省統計局「平成 21 年全国消費実態調査」
表 1 年間収入階級別一世帯当たり 1 か月の収入と支出
（2 人以上世帯のうち勤労者世帯）

1.4 相関

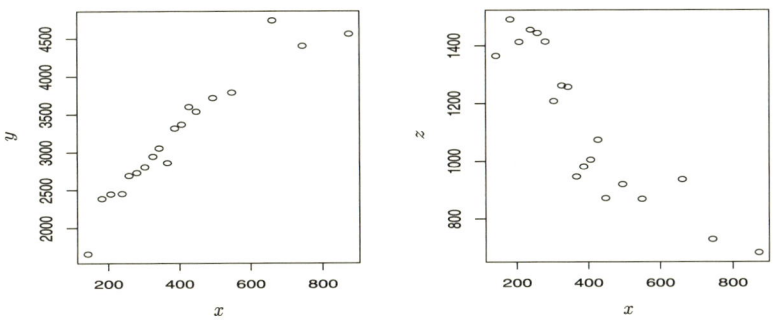

図 1.3 可処分所得 x と酒類への支出 y，たばこへの支出 z の散布図
（資料：表 1.3）

す数値を紹介する。もっともよく利用されるのは**相関係数**である。2 種類の変数 x と y の相関係数は以下の式で定義される。

$$r_{xy} = \frac{\sum_{i=1}^{N}(x_i - \bar{x})(y_i - \bar{y})}{\sqrt{\sum_{i=1}^{N}(x_i - \bar{x})^2 \sum_{i=1}^{N}(y_i - \bar{y})^2}} \tag{1.4}$$

ここで，$\bar{x}$ と $\bar{y}$ は，それぞれ，x の算術平均と y の算術平均をあらわす。

相関係数が関係の強弱をとらえるのに便利な理由は，以下の性質による。どのような観察値 (x_i, y_i) $(i = 1, 2, \ldots, N)$ に対しても，

$$-1 \leq r_{xy} \leq 1$$

となることが示せる（付録参照）。右上がりの直線関係が強いほど r_{xy} が 1 に近くなる。右下がりの直線関係が強いほど r_{xy} が -1 に近くなる。直線関係が弱くなるほど，r_{xy} は 0 に近くなる。このことから，$-1, 0, 1$ を参照値として 2 つの変数の間の直線関係の強弱が測れる。

表 1.3 から計算すると，可処分所得と酒類への支出の相関係数は $r_{xy} = 0.95$，可処分所得とたばこへの支出の相関係数は $r_{xz} = -0.89$ となる。これらの数値から，可処分所得と酒類への支出とのあいだにはきわめて強い右上がりの直線関係があり，可処分所得とたばこへの支出との間には強い右下がりの直線関係があることがわかる。これは，図 1.3 の印象と一致している。

1.5 回帰直線

　相関係数は，関係の強弱をあらわすのに便利である．しかし，x の値から y の値を知るのには有用ではない．たとえば，表 1.3 において，可処分所得 x と酒類への支出 y との相関係数は $r_{xy} = 0.95$ であり，直線関係が強いことはわかる．けれども，可処分所得がたとえば $x = 350$ であるときに，酒類への支出 y がどれほどかを相関係数の値だけから知ることはできない．回帰直線は，x の値から y の値を予想するときに役立つ．

　図 1.3 から，可処分所得 x と酒類への支出 y との直線関係が強いことから，直線の式で両者の関係をとらえることにする．すなわち，

$$y = b_0 + b_1 x$$

で大雑把に x と y との関係をつかむのである．

　図 1.3 からわかるとおり，観察点 (x_i, y_i) $(i = 1, 2, \ldots, N)$ は一直線上に並んではいない．したがって，すべての観察点を通過するような直線はない．つまり，直線の式 $y = b_0 + b_1 x$ で x と y の関係をとらえるとしても，すべての観察点について，x の値から正確に y の値を知ることができるような直線は求められない．

　そこで，次善の策として，あらゆる観察点のなるべく近くを通るように直線の位置を決めることにする．直線の位置は，定数項 b_0 と傾き b_1 との値で 1 とおりに定まる．したがって，すべての観察点のなるべく近くを通過するように定数項 b_0 と傾き b_1 の値を決めることにする．

　「なるべく近く」の決め方にはいくつかの方法がある．もっとも標準的な方法は，**最小 2 乗法**である．これは，観察された値 y_i と直線によって予想された値 $b_0 + b_1 x_i$ との差の 2 乗和を最小にする方法である．つまり，

$$\sum_{i=1}^{N} \{y_i - (b_0 + b_1 x_i)\}^2$$

が最小になるように b_0 と b_1 を選ぶ．観察値 y_i とその予想値 $b_0 + b_1 x_i$ とのズレを差の 2 乗であらわし，それを最小にすることをもって，b_0, b_1 の最適な選択とみなす．全体的（平均的）なズレが小さいほど，$b_0 + b_1 x_i$ が y_i に近く

1.5 回帰直線

なることが多くなり，関係の要約として適切であると考えられる。

この問題は，実質的に2次関数の最小値を求める問題となっており，解が求まる。最小2乗法による b_0, b_1 の値は，以下の方程式の解として求められる（付録参照）。

$$Nb_0 + (\sum_{i=1}^{N} x_i)b_1 = \sum_{i=1}^{N} y_i \tag{1.5}$$

$$(\sum_{i=1}^{N} x_i)b_0 + (\sum_{i=1}^{N} x_i^2)b_1 = \sum_{i=1}^{N} x_i y_i \tag{1.6}$$

さらにこれらの式を解くと，b_0 と b_1 とは以下のように求められる。

$$b_1 = \frac{\sum_{i=1}^{N}(x_i - \bar{x})(y_i - \bar{y})}{\sum_{i=1}^{N}(x_i - \bar{x})^2}$$
$$b_0 = \bar{y} - b_1\bar{x}$$

表1.3をデータとして，酒類への支出 y を可処分所得 x に回帰させたとき，最小2乗法によって求められる回帰式は，以下のとおりとなる。

$$y = 1627.5 + 3.9x$$

傾きが正であるので，回帰式は右上がりになる。

同様に，たばこへの支出 z を可処分所得 x に回帰させたとき，最小2乗法によって求められる回帰式は，以下のとおりとなる。

$$z = 1606.7 - 1.2x$$

傾きが負なので，回帰式は右下がりになる。

最小2乗法による回帰式を散布図の中に描き込むと，図1.4となる。図1.4の2つの散布図とも，観察点の中心部を回帰式が通過していることがわかる。

2つの回帰式の当てはまり具合には差があるように見える。図1.4の左側（酒類への支出を可処分所得に回帰させた場合）の散布図への当てはまりの方が，右側（たばこへの支出を可処分所得に回帰させた場合）よりも良好である。当てはまり具合のこのような差を数値であらわしものが決定比である。

決定比とは，以下の2乗和の分解にもとづく当てはまり具合の尺度である。その2乗和の分解を説明するために，x の値から予想される y の値を，

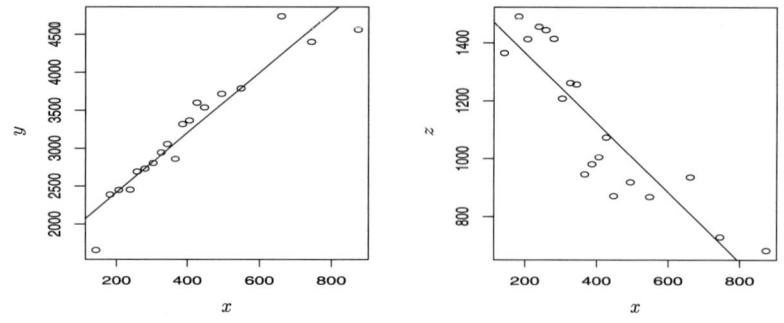

図 1.4 可処分所得 (x) と酒類への支出 y, たばこへの支出 z の散布図（回帰式つき）（資料：表 1.3）

$$\hat{y}_i = b_0 + b_1 x_i$$

とあらわすことにする．ただし，b_0 と b_1 は最小 2 乗法で求めた値とする．そして，観察された y_i と予想された値 $\hat{y}_i$ との差を e_i であらわす．

$$e_i = y_i - \hat{y}_i = y_i - b_0 - b_1 x_i$$

これを**残差**とよぶ．観察値 y と x から予想される値 $\hat{y}$, 残差 e との間に以下の 2 乗和の分解が成り立つ（付録参照）．

$$\sum_{i=1}^{N}(y_i - \bar{y})^2 = \sum_{i=1}^{N}(\hat{y}_i - \bar{y})^2 + \sum_{i=1}^{N} e_i^2$$

左辺は観察値 y のバラツキを，右辺第 1 項は x から予想できた y のバラツキを，右辺第 2 項は x から予想できなかった y のバラツキをあらわす．つまり，観察値 y のバラツキが，x で予想できた部分と，予想できなかった部分とに分解されている．このことから，左辺に対して右辺第 1 項の占める割合は当てはまりの尺度となる．これを**決定比**とよび，R^2 と記す．

$$R^2 = \frac{\sum_{i=1}^{N}(\hat{y}_i - \bar{y})^2}{\sum_{i=1}^{N}(y_i - \bar{y})^2} = 1 - \frac{\sum_{i=1}^{N} e_i^2}{\sum_{i=1}^{N}(y_i - \bar{y})^2} \quad (1.7)$$

右辺の 2 つの項はどちらも非負である．このことから，以下の性質が導かれる．

$$0 \le R^2 \le 1$$

R^2 が 0 に近いほど当てはまり具合が悪く，1 に近いほど当てはまり具合がよい．

図 1.4 に対応する R^2 を計算すると,左側の図が $R^2 = 0.91$,右側の図が $R^2 = 0.79$ となる.当てはまり具合が数値で表現されていることがわかる.

R^2 は当てはまり具合の数値的な尺度として便利である.しかし,R^2 が同じであっても散布図にあらわされた当てはまり具合がまったく異なることもある.R^2 の大小だけで当てはまり具合を判断するのは危険である.必ず,散布図に回帰式を描き込んで,当てはまり具合を視覚的に確認する.

練習問題 1

1. 表 1.4 は,可処分所得と米とパン,めんへの支出を示す.表 1.4 について以下の問に答えなさい.
    (a) それぞれの支出項目の算術平均を求めよ.

表 1.4 可処分所得と米とパン,めんへの支出

可処分所得 (千円)	米への支出 (円)	パンへの支出 (円)	めんへの支出 (円)
141.9	1878	1724	1181
182.1	2221	1720	1151
207.0	2349	1889	1199
238.4	2123	1915	1256
258.0	2406	2067	1253
279.9	2507	2113	1316
302.9	2561	2257	1336
325.7	2371	2385	1337
343.2	2607	2495	1392
366.2	2453	2538	1397
386.6	2865	2589	1463
406.0	2839	2750	1524
426.6	2880	2730	1500
447.8	3024	2744	1478
494.7	3180	2941	1608
548.4	3258	3011	1538
661.3	3487	3157	1580
744.7	3802	3271	1640
873.0	3281	3849	1666

資料: 総務省統計局「平成 21 年全国消費実態調査」
表 1 年間収入階級別一世帯当たり 1 か月の収入と支出
(2 人以上世帯のうち勤労者世帯)

(b) それぞれの支出項目の標準偏差を求めよ。
　(c) それぞれの支出項目の変動係数を求めよ。
　(d) 変動係数が最小の支出項目はどれか。それが一番小さくなる理由を考えよ。
2. 表 1.4 について以下の問に答えなさい。
　(a) 横軸に可処分所得，縦軸にそれぞれの支出項目をとった散布図を描きなさい。1 枚の散布図に 3 つの支出を一緒に描くこと。その散布図から，所得の増加に対する 3 つの主食への支出の違いについて考えよ。
　(b) 可処分所得と米への支出，可処分所得とパンへの支出，可処分所得とめんへの支出の相関係数を求めよ。
　(c) 可処分所得を x，米への支出を y として，回帰式 $y = b_0 + b_1 x$ を最小 2 乗法によって求めなさい。また，y をパンへの支出とした場合と，y をめんへの支出とした場合についても回帰式を求めよ。
　(d) 3 つの回帰式のそれぞれについて R^2 を求めよ。

付　録　1

付録 1.1　相関係数の性質

　相関係数の範囲が $-1 \leq r_{xy} \leq 1$ となることは以下のように示せる。任意の実数 t について，
$$\sum_{i=1}^{N} \{(x_i - \bar{x})t - (y_i - \bar{y})\}^2 \geq 0$$
となることに注意する。この式の左辺を，t についての 2 次式に展開する。
$$\left\{\sum_{i=1}^{N}(x_i - \bar{x})^2\right\} t^2 - 2\left\{\sum_{i=1}^{N}(x_i - \bar{x})(y_i - \bar{y})\right\} t + \sum_{i=1}^{N}(y_i - \bar{y})^2 \geq 0$$
任意の実数 t に上の不等式が成り立つのであるから，判別式は非正になる。すなわち，以下の関係が成り立つ。
$$\left\{\sum_{i=1}^{N}(x_i - \bar{x})(y_i - \bar{y})\right\}^2 - \left\{\sum_{i=1}^{N}(x_i - \bar{x})^2\right\}\left\{\sum_{i=1}^{N}(y_i - \bar{y})^2\right\} \leq 0$$
左辺第 2 項を右辺に移項し，両辺を移項した右辺で除し，相関係数の定義式 (1.4) をもちいると，$r_{xy}^2 \leq 1$ が導かれる。これは，$-1 \leq r_{xy} \leq 1$ と同等である。

付録 1.2 　最小 2 乗法による b_0 と b_1 の値

2つ方法で，最小 2 乗法による b_0 と b_1 の値を求める。

(1) 　平方完成による方法

はじめに，平方完成にもとづく方法を示す。まず，$y_i - (b_0 + b_1 x_i)$ の 2 乗和が以下のように展開できることに注意する。

$$\sum_{i=1}^{N}\{y_i - (b_0 + b_1 x_i)\}^2$$
$$= \sum_{i=1}^{N}\{(y_i - \bar{y}) - b_1(x_i - \bar{x}) - (b_0 - \bar{y} + b_1\bar{x})\}^2$$
$$= \sum_{i=1}^{N}(y_i - \bar{y})^2 + b_1^2 \sum_{i=1}^{N}(x_i - \bar{x})^2 + N(b_0 - \bar{y} + b_1\bar{x})^2$$
$$- 2b_1 \sum_{i=1}^{N}(y_i - \bar{y})(x_i - \bar{x}) - 2(b_0 - \bar{y} + b_1\bar{x})\sum_{i=1}^{N}(y_i - \bar{y})$$
$$+ 2b_1(b_0 - \bar{y} + b_1\bar{x})\sum_{i=1}^{N}(x_i - \bar{x})$$

ここで，統計学に頻出する関係式

$$\sum_{i=1}^{N}(x_i - \bar{x}) = \sum_{i=1}^{N}x_i + N\bar{x} = 0$$

を用いる（y_i についても同様の式が成り立つ）。すると，右辺の最後の 2 項が 0 となることがわかる。さらに，b_0 を含む項が $N(b_0 - \bar{y} + b_1\bar{x})^2$ だけであることに注目する。この項は非負であり，b_1 がどのような値であっても

$$b_0 = \bar{y} - b_1 \bar{x}$$

とすることによって，この項をその最小値である 0 にできる。この式によって，b_0 を求めることにする。b_0 をこのように定めるとき，2 乗和が b_1 についての 2 次式になっていることに注目し，b_1 について平方完成する。

$$\sum_{i=1}^{N}\{y_i - (b_0 + b_1 x_i)\}^2$$
$$= \left\{\sum_{i=1}^{N}(x_i - \bar{x})^2\right\}\left\{b_1 - \frac{\sum_{i=1}^{N}(y_i - \bar{y})(x_i - \bar{x})}{\sum_{i=1}^{N}(x_i - \bar{x})^2}\right\}^2 + \sum_{i=1}^{N}(y_i - \bar{y})^2(1 - r_{xy}^2)$$

右辺は，$b_1 = \sum_{i=1}^{N}(x_i - \bar{x})(y_i - \bar{y}) / \sum_{i=1}^{N}(x_i - \bar{x})^2$ で最小になる。

(2) 微分による方法

つぎに微分による方法を紹介する。観察値 (x_i, y_i) は，実際には数字であたえられる。したがって，2乗和は b_0 と b_1 の関数とみなせる。このことを強調するために，以下のように記す。

$$S(b_0, b_1) = \sum_{i=1}^{N} \{y_i - (b_0 + b_1 x_i)\}^2$$

$S(b_0, b_1)$ を最小にする b_0 と b_1 を求めるため，$S(b_0, b_1)$ を b_0 と b_1 で偏微分して 0 とおく。

$$\frac{\partial S(b_0, b_1)}{\partial b_0} = -2\sum_{i=1}^{N}\{y_i - (b_0 + b_1 x_i)\} = -2\sum_{i=1}^{N} e_i = 0$$

$$\frac{\partial S(b_0, b_1)}{\partial b_1} = -2\sum_{i=1}^{N}\{y_i - (b_0 + b_1 x_i)\}x_i = -2\sum_{i=1}^{N} e_i x_i = 0$$

ただし，$e_i = y_i - (b_0 + b_1 x_i)$ は残差をあらわす。つまり，最小2乗法による b_0 と b_1 の値は，(1) 残差 e_i の和が 0 となり，(2) 残差 e_i と x_i の積の和が 0 となるように定める。(1) と (2) の式を整理すると，以下の式が求められる。

$$Nb_0 + (\sum_{i=1}^{N} x_i)b_1 = (\sum_{i=1}^{N} y_i)$$

$$(\sum_{i=1}^{N} x_i)b_0 + (\sum_{i=1}^{N} x_i^2)b_1 = (\sum_{i=1}^{N} x_i y_i)$$

第1の式から，以下の式が求められる。

$$b_0 = \bar{y} - b_1 \bar{x}$$

これを第2の式に代入して両辺を N で割り，b_1 について解くことによって，以下の式が求められる。

$$b_1 = \frac{N^{-1}\sum_{i=1}^{N} x_i y_i - \bar{x}\bar{y}}{N^{-1}\sum_{i=1}^{N} x_i^2 - \bar{x}^2}$$

ここで，統計学において頻出する以下の式をもちいる。

$$\sum_{i=1}^{N}(x_i - \bar{x})^2 = \sum_{i=1}^{N} x_i^2 - 2\bar{x}\sum_{i=1}^{N} x_i + N\bar{x}^2 = \sum_{i=1}^{N} x_i^2 - N\bar{x}^2$$

同様に，以下の式も示される。

$$\sum_{i=1}^{N}(x_i - \bar{x})(y_i - \bar{y}) = \sum_{i=1}^{N} x_i y_i - N\bar{x}\bar{y}$$

これらを代入しすれば，平方完成のときと同じ結果が得られる。

付録 1

上記の解 b_0, b_1 が $S(b_0, b_1)$ の最小値をあたえることは以下の 2 階の条件から確かめられる。

$$\begin{pmatrix} \dfrac{\partial^2 S(b_0, b_1)}{\partial b_0^2} & \dfrac{\partial^2 S(b_0, b_1)}{\partial b_0 \partial b_1} \\ \dfrac{\partial^2 S(b_0, b_1)}{\partial b_1 \partial b_0} & \dfrac{\partial^2 S(b_0, b_1)}{\partial b_1^2} \end{pmatrix} = 2 \begin{pmatrix} N & \sum_{i=1}^{N} x_i \\ \sum_{i=1}^{N} x_i & \sum_{i=1}^{N} x_i^2 \end{pmatrix}$$

これが正値定符号となることは，以下のように確かめられる。

$$\frac{\partial^2 S(b_0, b_1)}{\partial b_0^2} = 2N > 0$$

$$\begin{vmatrix} \dfrac{\partial^2 S(b_0, b_1)}{\partial b_0^2} & \dfrac{\partial^2 S(b_0, b_1)}{\partial b_0 \partial b_1} \\ \dfrac{\partial^2 S(b_0, b_1)}{\partial b_1 \partial b_0} & \dfrac{\partial^2 S(b_0, b_1)}{\partial b_1^2} \end{vmatrix}$$

$$= 2 \left\{ N \sum_{i=1}^{N} x_i^2 - (\sum_{i=1}^{N} x_i)^2 \right\} = 2N \sum_{i=1}^{N} (x_i - \bar{x})^2 > 0$$

このことから，先の解が $S(b_0, b_1)$ の極小値をあたえることが確かめられた。

付録 1.3　2 乗和の分解

決定比の導出でもちいた 2 乗和の分解を示す。まず，

$$y_i = b_0 + b_1 x_i + e_i, \bar{y} = b_0 + b_1 \bar{x}$$

となることに注意する。第 1 の式は残差の定義から，第 2 の式は残差の和が 0 となることから導ける。この 2 つの式から，以下の式が導ける。

$$y_i - \bar{y} = b_1(x_i - \bar{x}) + e_i$$

両辺を 2 乗して和を取れば，以下の式が導かれる。

$$\sum_{i=1}^{N} (y_i - \bar{y})^2 = \sum_{i=1}^{N} \{b_1(x_i - \bar{x})\}^2 + \sum_{i=1}^{N} e_i^2 + 2 \sum_{i=1}^{N} b_1(x_i - \bar{x}) e_i$$

右辺の最後の項は 0 になる。このことは，以下のように確かめられる。

$$\sum_{i=1}^{N} b_1(x_i - \bar{x}) e_i = b_1 \sum_{i=1}^{N} x_i e_i + b_1 \bar{x} \sum_{i=1}^{N} e_i = 0$$

また，$\hat{y}_i = b_0 + b_1 x_i$ と $\bar{y}$ との差は以下のように書ける。

$$\hat{y}_i - \bar{y} = b_0 + b_1 x_i - b_0 - \bar{x} = b_1(x_i - \bar{x})$$

したがって，以下の 2 乗和の分解 $\sum_{i=1}^{N} (y_i - \bar{y})^2 = \sum_{i=1}^{N} (\hat{y} - \bar{y})^2 + \sum_{i=1}^{N} e_i^2$ を得る。

2 確　　率

この章の目的

この章では，確率の基本について説明する．具体的には，
- 確率をあらわすための用語（標本空間，標本点，事象）
- 条件つき確率と独立性
- 加法法則と乗法法則，Bayes の定理

について述べる．

2.1 確率の概念

　われわれのまわりには偶然によって決まる事柄が多い．単純な例をあげれば，サイコロを投げて何の目が出るかは，投げる前にはわからない．もっと複雑な例をあげれば，家を発ってから目的地に到着するまでの正確な時間は，実際に到着するまでわからない．こうした偶然性にどう対応するのが有効であろうか．
　1つの方法は，偶然によって発生するさまざまな結果の中に何らかの法則性を見つけ出すことである．たとえば，サイコロを例に取ると，サイコロを何回も投げれば，そのうちどれくらいの割合で1の目が出るかを観察できる．その割合が一定値と見なせるほど安定的であれば，偶然によって発生するサイコロの出目の中で，1がこれぐらいの割合で発生するという法則性を見だせる．もちろん，今度サイコロを投げたら何の目が出るかについて，投げてみなけれ

ばわからないという状況に変わりはない．しかし，どの目がどのくらいの割合で出るかがわかれば，それを利用して，たとえば，サイコロを2つ投げた場合に出目の合計がどのくらいの割合で出るかを導ける．

もっと複雑な現象の場合でも，偶然に発生する結果の中に法則性を発見して，それを利用できる場合がある．とすれば，偶然性を記述するための道具を準備することは有用である．

偶然性を表現する道具が**確率**である．確率を厳密に定義するためには，数学的に多くの準備が必要になる．しかし，本書では，「サイコロを投げて1の目が出る確率は1/6である」という文を見て「6,000回サイコロを投げたとすると，だいたい1,000回ぐらい1が出る」と想像できれば十分である．

2.2 確　率

確率をあらわすために，以下の用語・記号を導入する．「サイコロを投げる」ことと同じように，偶然によって結果が決まる行為を**試行**とよぶ．試行の結果を**標本点**または見本点とよぶ．すべての標本点の集まり（集合）を**標本空間**とよぶ．本書では，標本点を ω（小文字のオメガ）で，標本空間を Ω（大文字のオメガ）であらわす．

たとえば，「サイコロを投げる」ことを試行とした場合，生じうる結果は，「1の目が出る」，「2の目が出る」，$\cdots$，「6の目が出る」かのどれかである．これらの1つ1つが標本点であり，標本点の全体が標本空間である．「i の目が出る」という標本点を ω_i とあらわせば，標本空間は以下のとおりあらわせる．

$$\Omega = \{\omega_1, \omega_2, \omega_3, \omega_4, \omega_5, \omega_6\}$$

生じうる結果のうちで，あるあたえられた条件を満たすものを**事象**とよぶ．事象は標本空間の部分集合であらわせる．たとえば，「サイコロを投げる」ことを試行とたとき，「出目が偶数である」ことは1つの事象になる．この事象を A であらわすとすれば，以下のように書ける．

$$A = \{\omega_2, \omega_4, \omega_6\}$$

同じ事象を別の言葉で表現できる場合がある．たとえば，「出目が偶数であ

る」ことも,「出目が2の倍数である」ことも,「2, 4, 6, のいずれかが出る」ことも,すべて先ほどの A であらわせる.言葉が違ったとしても,対応する部分集合が同じであれば,同じ事象である.

ある事象に対応する部分集合の補集合を**補事象**という.事象 A の補事象を A^c とあらわす.これは,標本空間 Ω から事象 A を取り除いた残りであらわせる.たとえば,「出目が偶数である」事象 A の補事象は以下のようになる.

$$A^c = \{\omega_1, \omega_3, \omega_5\}$$

補事象 A^c は,「事象 A が生じない」ことに該当する.

2つの事象 A と B があるとする.このとき,A または B に属する標本点の集合を**和事象**とよび,以下の記号であらわす.

$$A \cup B$$

これは,2つの事象 A か B の少なくとも一方が発生する事象をあらわす.たとえば,「サイコロを投げる」という試行において,A を「出目が偶数である」という事象,B を「出目が3の倍数である」という事象とすれば,これらの和事象は以下のとおりである.

$$A \cup B = \{\omega_2, \omega_3, \omega_4, \omega_6\}$$

2つの事象 A と B の共通部分を**積事象**とよび,以下の記号であらわす.

$$A \cap B$$

これは A と B とが同時発生する事象を示す.上の例では以下のとおりである.

$$A \cap B = \{\omega_6\}$$

対応する標本点が存在しない事象を**空事象**とよび,$\emptyset$ とあらわす.たとえば,「サイコロを投げる」という試行において,出目が負になる事象を C とすれば,

$$C = \emptyset$$

となる.空事象は,起こりえない事象に相当する.

標本空間 Ω も1つの事象と見なし,これを**全事象**とよぶ.「起こりうることのどれかが起こる」という事象と考えればよい.

「サイコロを投げる」という試行において，出目が偶数であるという事象 A は，2の目が出る事象 $D_2 = \{\omega_2\}$ と 4 の目が出る事象 $D_4 = \{\omega_4\}$，6 の目が出る事象 $D_6 = \{\omega_6\}$ に分解することができる。このとき A を**複合事象**とよぶ。これに対し，それ以上分解できない事象である D_2, D_4, D_6 を**根元事象**とよぶ。

積事象が空事象となる 2 つの事象を互いに**排反**であるという。たとえば，「サイコロを投げる」試行において，出目が偶数である事象 A と出目が奇数である事象 E とは互いに排反である。排反な 2 つの事象は同時には発生しない。

事象 A が生起する確率を以下の記号であらわす。

$$\Pr(A)$$

記号 Pr は probability の最初の 2 文字である。確率 $\Pr(A)$ とは，集合 A を引数とする関数と見ることができる。それは，以下の性質を満たす。

1. すべての事象 A について，$0 \leq \Pr(A) \leq 1$ となる。
2. $\Pr(\Omega) = 1$ となる。
3. 互いに排反な事象 $A_1, A_2, \cdots$ について，以下の条件を満たす。

$$\Pr(A_1 \cup A_2 \cup \cdots) = \Pr(A_1) + \Pr(A_2) + \cdots$$

厳密には，確率を適用する事象に制限を設ける必要があることが知られている。

2.3 加法法則

互いに排反な事象 A と B について，以下の性質が成り立つ。

$$\Pr(A \cup B) = \Pr(A) + \Pr(B) \tag{2.1}$$

排反な事象について等式 (2.1) が成り立つことを**加法法則**とよぶ。同時に起こりえない事象のうち少なくとも一方が発生する確率は，それぞれが発生する確率の和で求められる。これは，確率の満たすべき第 3 の条件から自然に導ける。

たとえば，サイコロを投げる試行において，事象 A「出目が 2 以下である」と事象 B「出目が 5 以上である」とは排反なので，以下の式が成り立つ。

$$\Pr(A \cup B) = \Pr(A) + \Pr(B) = 2/6 + 2/6 = 2/3$$

事象 A と事象 B とが排反でないときには，以下の式が成り立つ．

$$\Pr(A \cup B) = \Pr(A) + \Pr(B) - \Pr(A \cap B)$$

これは，加法法則を利用して求められる．感覚的には，$\Pr(A)$ と $\Pr(B)$ とを合計すると，2つの事象が同時に発生する確率を二重計算してしまうので，$\Pr(A \cap B)$ を差し引くと考えれば覚えやすい．

2.4 条件つき確率

サイコロを投げたときに，3の倍数の目が出る事象を $A = \{\omega_3, \omega_6\}$ とする．どの目も一様に出やすいと仮定したとき，$\Pr(A) = 1/3$ となる．ここで，もし，「奇数の目が出ている」ということがわかったとしたら，事象 A の起こる確率に変化があるだろうか．

奇数の目が出る事象を $B = \{\omega_1, \omega_3, \omega_5\}$ とする．事象 B が発生していることがわかっている場合には，奇数にあたる標本点 $\omega_1, \omega_3, \omega_5$ 以外の結果は発生していない．つまり，確率の評価の基礎は，事象 B が発生した場合だけに制限される．今の例の場合，$A = \{\omega_3, \omega_6\}$ のうち，ω_6 を除いた部分，つまり，$D_3 = \{\omega_3\}$ だけが発生しうる．

けれども，そのように標本空間が B 制限された場合にも，その中にふくまれる根元事象の相対的な出やすさが等しいという性質には変化が生じないであろう．たとえば，確率の評価の基礎が事象 B に制限されたからといって，1の目だけが特別に出やすくなるということはないであろう．

だとすれば，事象 B が発生していることがわかっているという条件のもとで事象 A が発生している確率を $1/3$ と定義するのが自然である．これを**条件つき確率**とよび，

$$\Pr(A|B)$$

と記す．記号 | の左側に確率評価の対象となる事象を，その右側に条件となる事象を表記する．

条件つき確率を別の角度から考察する．条件つき確率 $\Pr(A|B) = 1/3$ は，事象 B に対応する標本点 $\omega_1, \omega_3, \omega_5$ に標本空間を制限し，そのもとで事象

2.4 条件つき確率

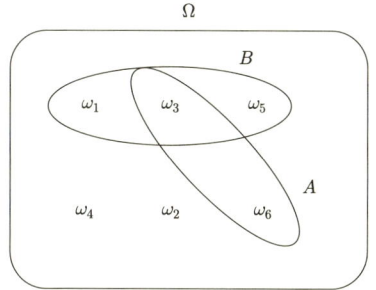

図 2.1 条件つき確率の説明図

A に対応する標本点からなる事象 $D_3 = \{\omega_3\}$ が発生する確率を評価した（図 2.1）。ここで，事象 D_3 が，積事象 $A \cap B$ に対応する事象であることに注目する。事象 B が発生しているという条件のもとで事象 A が発生しているということは，ともかく，2 つの事象が同時に発生していることになる。ただし，ここで考えている条件つき確率 $\Pr(A|B) = 1/3$ は，2 つの事象が同時に発生する確率 $\Pr(A \cap B) = \Pr(D_3) = 1/6$ とは異なる。なぜなら，条件つき確率 $\Pr(A|B)$ が確率を評価する標本空間を事象 B に制限した上で事象 A と事象 B とが同時に発生している確率をあらわしているのに対して，同時確率 $\Pr(A \cap B)$ が，確率を評価する標本空間を Ω とした上で事象 A と事象 B とが同時に発生している確率をあらわしているからである。一方で，条件つき確率を評価する際に，標本空間が事象 B 制限されたからといって，おのおのの標本点 $\omega_1, \omega_3, \omega_5$ （から成る集合）の発生確率の相対的な大きさに変化がないと想定するのが自然であった。

これら 3 つの要件，すなわち，(1) 事象 A と事象 B とが同時に発生している，(2) 確率評価の基礎になる標本空間が事象 B に制限されている，(3) 事象 B にふくまれている根元事象の確率の相対的な大きさは変わらない，と適合するように条件つき確率を，

$$\Pr(A|B) = \frac{\Pr(A \cap B)}{\Pr(B)} \tag{2.2}$$

と定義するのが都合よい。実際，上の例では，$\Pr(A|B) = (1/6)/(1/2) = 1/3$ となっており，辻褄が合う。とくに，

$$\Pr(B|B) = 1$$

となることに注意する．つまり，定義 (2.2) は，事象 B が発生することを前提とするのだからそれが起きる確率が 1 になるようにし，そして，相対的な発生確率に変化がないように，事象 A と事象 B とが同時に発生する確率を $\Pr(B)$ で割ったと見ることができる．

2.5 乗法法則

条件つき確率の定義 (2.2) を変形すると，

$$\Pr(A \cap B) = \Pr(B) \Pr(A|B) \tag{2.3}$$

が得られる．等式 (2.3) が成り立つことを**乗法法則**とよぶ．事象 A と事象 B との役割を入れ替えれば，

$$\Pr(A \cap B) = \Pr(A) \Pr(B|A)$$

が成り立つこともわかる．

乗法法則 (2.3) は，条件つき確率 $\Pr(A|B)$ の評価がやさしくなるように事象 B が選べれば，同時確率 $\Pr(A \cap B)$ が簡単に求められることを示す．どれぐらい巧みに事象 B を選ぶかが鍵である．

2.5.1 誕生日問題

乗法法則の有用性を示すため，有名な誕生日問題を紹介する．

たとえば，25 人のグループで，誕生日が同じ人が少なくとも一組いる確率はどれほどかを計算する問題である．簡単のため，1 年間が 365 日あり，ある人が特定の 1 日に生まれる確率は 1/365 であるとする．

乗法法則を利用すると以下のように解ける．求める確率を計算するため，25 人の誕生日がことごとく異なる確率をまず求める．これを 1 から引けば目標とする確率が得られる．

25 人を整列させる．i 番目に並んだ人の誕生日が $i-1$ 番目までに並んだすべての人の誕生日と異なる事象を A_i と記す．ただし，$i \geq 2$ とする．たとえ

2.5 乗法法則

ば，A_2 は，2 番目に並んだ人の誕生日が，1 番目に並んだ人の誕生日と異なる事象である。

まず，
$$\Pr(A_2) = 364/365$$
である。なぜなら，先頭の人の誕生日が 365 日のうちのどこか 1 日を占めているので，2 番目の人の誕生日が残りの 364 日のいずれか 1 日になっていれば 2 人の誕生日が異なるからである。

今度は，先頭から 3 番目までの人の誕生日がことごとく異なる確率 $\Pr(A_2 \cap A_3)$ を求める。乗法法則を利用して，
$$\Pr(A_2 \cap A_3) = \Pr(A_2)\Pr(A_3|A_2)$$
を得る。先頭と 2 番目の人たちの誕生日が異なっているという条件ののもとで，3 番目の人の誕生日が前の 2 人の誕生日とことごとく異なっている確率は，
$$\Pr(A_3|A_2) = 363/365$$
である。なぜなら，前の 2 人の誕生日が 365 日のうちのどこか 2 日を占めているので，3 番目の人の誕生日が残りの 363 日のいずれか 1 日になっていればいいからである。

ここで，無条件確率 $\Pr(A_3)$ の計算が条件つき確率 $\Pr(A_3|A_2)$ よりも面倒なことに注意しよう。$\Pr(A_3)$ を計算するためには，先頭と 2 番目の人たちの誕生日が同じであるときと異なるときとを場合分けしなければならない。前の 2 人の誕生日が異なるという条件 A_2 のもとでは，事象 A_3 の発生する確率はずっと簡単に計算できる。

結局，以下のとおり求まる。
$$\Pr(A_2 \cap A_3) = (364/365) \times (363/365)$$

同様に考察すれば，先頭から 4 番目までの人たちの誕生日がことごとく異なる確率は，以下のとおり求まる。
$$\Pr(A_2 \cap A_3 \cap A_4) = \Pr(A_2)\Pr(A_3|A_2)\Pr(A_4|A_2 \cap A_3)$$
$$= (364/365) \times (363/365) \times (362/365)$$

これを続ければ，ついには，25人の誕生日がことごとく異なる確率が以下のように求められる。

$$\Pr(A_2 \cap A_3 \cap \cdots \cap A_{25})$$
$$= \Pr(A_2)\Pr(A_3|A_2)\cdots\Pr(A_{25}|A_2 \cap A_3 \cap \cdots \cap A_{24})$$
$$= (364/365) \times (363/365) \times \cdots \times (321/365)$$
$$\doteq 0.43$$

その結果，少なくとも一組誕生日が同じ人たちのいる確率が以下となる。

$$1 - \Pr(A_2 \cap A_3 \cap \cdots \cap A_{25}) \doteq 0.57$$

この結果は，多くの人の直感よりもはるかに高い。それが，誕生日問題と冠されている理由である。その仕掛けは，25人から2人を選ぶ組み合わせは300とおりあるので，たとえ一組ずつで誕生日が同じになる確率が低くても，少なくとも一組の誕生日が同じになる確率は案外高くなることにある。ただし，2人以上の誕生日が同じになることもあるので，場合分けして直接的に確率を計算するのは結構骨折りになる。上の計算方法が巧みなのは，標本空間をうまく制限していくことによって，場合分けを不要としていることにある。

なお，同じ結果は，365日から異なる25日を取ってくる組み合わせの数を，25人の誕生日として可能な組み合わせの総数 365^{25} で割って，それを1から引いても求められる。

2.6　事象の独立性

1つのサイコロを投げて，「出目が偶数である」という事象 A と，「出目が5以上である」という事象 B とを考える。このとき，$\Pr(A) = 1/2$ であり，$\Pr(A|B) = 1/2$ である。つまり，事象 B の発生の有無は，事象 A の発生の確率に影響をおよぼさない。その意味で事象 A の発生は事象 B の発生とは無関係である。

一般に，以下の条件が成り立つとき，事象 A と事象 B とが**独立**であるという。

2.6 事象の独立性

$$\Pr(A|B) = \Pr(A) \tag{2.4}$$

この条件が成り立たないときには，2つの事象が独立でないという。

乗法法則 (2.3) は常に成り立つ。もし，事象 A と事象 B とが独立で，式 (2.4) が成り立つなら，乗法定理 (2.3) に代入して，

$$\Pr(A \cap B) = \Pr(A) \Pr(B) \tag{2.5}$$

が成り立つ。式 (2.5) を独立性の定義としてもよい。なぜなら，条件つき確率の定義 (2.2) に式 (2.5) を代入すれば，式 (2.4) が得られるからである。式 (2.5) の両辺を $\Pr(A)$ で除せば，以下の式も成り立つ。

$$\Pr(B|A) = \Pr(B) \tag{2.6}$$

これを事象 A と事象 B の独立性の定義としてもよい。

さらに，上と同等の独立性の定義を以下のように導ける。もし，式 (2.4) が成り立てば，

$$\Pr(A^c|B) = 1 - \Pr(A|B) = 1 - \Pr(A) = \Pr(A^c)$$

が成り立つ。逆に，この式から式 (2.4) を導くこともできる。式 (2.6) と $\Pr(B^c|A) = \Pr(B^c)$ とが同等であることも同様にして確かめられる。

さらに，式 (2.5) が成り立てば，

$$\Pr(A|B^c) = \frac{\Pr(A \cap B^c)}{\Pr(B^c)} = \frac{\Pr(A) - \Pr(A \cap B)}{1 - \Pr(B)}$$
$$= \frac{\Pr(A)(1 - \Pr(B))}{1 - \Pr(B)} = \Pr(A)$$

が成り立つ。逆に，この式から式 (2.5) を導くこともできる。A と B との役割を入れ替えれば，式 (2.5) と $\Pr(B|A^c) = \Pr(B)$ とが同等であることもわかる。

最後に，これらの関係式が成り立てば，

$$\Pr(\tilde{A} \cap \tilde{B}) = \Pr(\tilde{A}) \Pr(\tilde{B})$$

が成り立つ。ただし，$\tilde{A}$ は A か A^c のいずれかを，$\tilde{B}$ は B か B^c のいずれかをあらわすとする。逆に，ここから出発して，$\Pr(\tilde{A}|\tilde{B}) = \Pr(\tilde{A})$ や $\Pr(\tilde{B}|\tilde{A}) = \Pr(\tilde{B})$ を導ける。

結局，事象 A と事象 B とが独立であることを調べるには，

$$\Pr(A|B) = \Pr(A|B^c) = \Pr(A)$$
$$\Pr(B|A) = \Pr(B|A^c) = \Pr(B)$$
$$\Pr(\tilde{A} \cap \tilde{B}) = \Pr(\tilde{A}) \Pr(\tilde{B})$$

から得られる等号のどれか1つが成り立つことを確かめればよい。

一見無関係に思えるときでも，2つの事象の独立性は，必ず，形式的な等式の成立で確かめなければならない。たとえば，1つのサイコロを投げるとき，事象 A「出目が偶数である」と事象 B「出目が5以上である」とは独立であるけれども，事象 A と事象 C「出目が5より大である」とは独立でない。$\Pr(A|C) = 1 \neq 1/2 = \Pr(A)$ となるからである。事象 B と事象 C とは文言が似ているものの，標本空間の制限の仕方が異なる。必ず等式の成立の可否で独立性を判断しなけばならない。

2.7 Bayes の定理

Bayes の定理は，加法法則と乗法法則とを組み合わせて導かれる。発見者の名前にちなんでそうよばれる。まず，これを説明するために，有名な3つのコインの問題[1]を紹介する。続いて，Bayes の定理の典型的な応用例を紹介する。

2.7.1 3つのコインの問題

3つのコインがある。

- 表表型：両面に表の刻印がしてあるコイン
- 表裏型：一面に表の刻印が，もう一面に裏の刻印がしてあるコイン
- 裏裏型：両面に裏の刻印がしてあるコイン

今，3つのコインを袋に入れて，どれを取ったか分からないように1枚を取り出す。手に隠したまま机の上に置くと，上面には表の刻印が見えた。このとき，

---

[1] DeGroot (1970), p. 14.

2.7 Bayes の定理

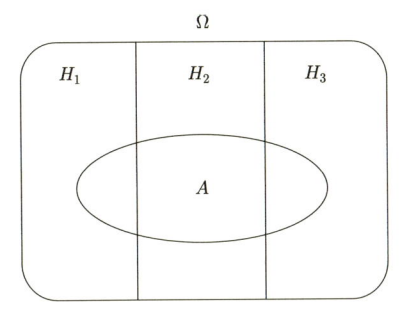

```
         Ω
   ┌─────────────────┐
   │  H₁ │ H₂ │ H₃  │
   │     ┌──────┐    │
   │    (   A   )   │
   │     └──────┘    │
   └─────────────────┘
```

図 2.2　3つのコインの問題

下面を見たら表の刻印が見える（つまり，取り出したコインが表表型である）確率はどれほどか．

この答えを 1/2 と結論する人は多い．その人の考えの筋道は以下のとおりであろう．まず，上面に表の刻印がしてある以上，裏裏型ではない．だから，表表型か表裏型かのどちらかである．最初に袋から 1 枚を取り出すとき，いずれのコインも等しい確率で取り出しているはずである．とすれば，2 枚のうち 1 枚を等しい確率で取り出しているのだから，答えは 1/2 である．

残念ながら，この結論は誤りである．どこに落とし穴があるのかについて，Bayes の定理で正解を得てから再考する．

Bayes の定理に適用できるように以下の記号を用意する（図 2.2）．最初に袋から 1 枚のコインを取り出すときに，3 つの事象を，

- H_1:「表表型のコインを取り出す」
- H_2:「表裏型のコインを取り出す」
- H_3:「裏裏型のコインを取り出す」

とする [2]．H_1, H_2, H_3 は排反で，かつ，$\Omega = H_1 \cup H_2 \cup H_3$ となっている．袋から 1 枚のコインを取り出すとき，どれも等しい確率で取り出されると考えれば，以下の確率が定められる．

$$\Pr(H_1) = \Pr(H_2) = \Pr(H_3) = 1/3$$

---

[2] より正確には，袋から 1 枚のコインを取り出す試行の結果を ω_k（k 番目のコインを取り出す）とすれば，$H_k = \{\omega_k\}$ である（$k = 1, 2, 3$）．

机の上に置いたコインの上面が表の刻印である事象を A とする。もし，表表型コインを取り出していれば，机の上に置いたコインの上面が表の刻印である確率は1である。なぜなら，表表型コインなら，どちらが上面になっても表の刻印が見えるからである。これを記号であらわせば，以下のとおりとなる。

$$\Pr(A|H_1) = 1$$

同様に考えれば，以下のような条件つき確率も求まる。

$$\Pr(A|H_2) = 1/2, \quad \Pr(A|H_3) = 0$$

さて，上面に表の刻印がしてある（事象 A が発生している）という条件のもとで，取り出したコインが表表型である（事象 H_1 が発生している）確率 $\Pr(H_1|A)$ は，以下のように求められる。まず，条件つき確率の定義から，

$$\Pr(H_1|A) = \frac{\Pr(H_1 \cap A)}{\Pr(A)}$$

を得る。上の式の分母に注目する。H_1, H_2, H_3 が互いに排反で，かつ，これらで標本空間全体がおおわれていることから，以下の式が成り立つ。

$$A = (A \cap H_1) \cup (A \cap H_2) \cup (A \cap H_3)$$

右辺の各事象は互いに排反である。加法法則によって，分母の確率は以下のように計算できる。

$$\Pr(A) = \Pr(A \cap H_1) + \Pr(A \cap H_2) + \Pr(A \cap H_3)$$

つぎに，分子について乗法法則を利用すれば，

$$\Pr(A \cap H_1) = \Pr(H_1) \Pr(A|H_1)$$

を得る。分母の各項も同様に変形できる。代入の結果，以下の式が得られる。

$$\Pr(H_1|A) = \frac{\Pr(H_1) \Pr(A|H_1)}{\Pr(H_1) \Pr(A|H_1) + \Pr(H_2) \Pr(A|H_2) + \Pr(H_3) \Pr(A|H_3)}$$

先に求めた確率を代入すると，以下のように所望の確率が求められる。

$$\Pr(H_1|A) = \frac{1/3 \times 1}{1/3 \times 1 + 1/3 \times 1/2 + 1/3 \times 0} = 2/3$$

このような式の展開によってえられた結果を Bayes の定理とよぶ。

2.7 Bayes の定理

一見論理的な先の結論がなぜ誤りであったのか，Bayes の定理に沿って再考する．上面が表の刻印である以上，裏裏型コインではない（$\Pr(A|H_3) = 0$）．最初に袋から取り出すときに，どのコインも等しい確率で取り出されることも間違いない（$\Pr(H_1) = \Pr(H_2) = \Pr(H_3) = 1/3$）．しかし，取り出したコインを机に置いたとき，上面が表の刻印になる確率に違いがある（$\Pr(A|H_1) = 1, \Pr(A|H_2) = 1/2$）ことを見落としていた．表表型コインは表裏型コインの 2 倍も表の刻印が上面になりやすいのである．このことから，上面が表の刻印であったという与件が，表表型コインを取り出したことの強い証拠になり，表裏型コインを取り出した確率（$\Pr(H_2|A) = 1/3$）よりも 2 倍確率が高くなる．

上の例において，H_1, H_2, H_3 は原因にあたる事象であり，観察された A は結果にあたる事象である．原因があたえられれば，特定の結果が生じる確率（たとえば，$\Pr(A|H_1) = 1$）を評価するのは比較的やさしい．しばしば関心のあるのは，観察された結果事象を与件として原因が発生している確率（$\Pr(H_k|A)$）を評価することである．Bayes の定理は，条件が整えば，前者の情報から後者の評価が可能であることを教えている．

どのような条件が必要かを明記するために，Bayes の定理を形式的にまとめておく．以下の 3 つの条件が満たされるとする．

1. 標本空間が K 個の排反な事象に分割されている．すなわち，

$$\Omega = H_1 \cup H_2 \cup \cdots \cup H_K$$

ただし，$H_k \cap H_l = \emptyset \ (k \neq l)$ である．

2. $\Pr(H_k) \ (k = 1, 2, \ldots, K)$ が既知である．
3. $\Pr(A|H_k) \ (k = 1, 2, \ldots, K)$ が既知である．

このとき，

$$\Pr(H_l|A) = \frac{\Pr(H_l)\Pr(A|H_l)}{\sum_{k=1}^{K}\Pr(H_k)\Pr(A|H_k)} \quad (2.7)$$

が成り立つ．導出の過程は，上の例（$K = 3$ の場合）とほとんど同じである．

2.7.2 Bayes の定理の応用例

Bayes の定理のもう1つの頻出例として，以下のような問題を考える。難関で名高い X 大学の入学試験の合格率は，100人に1人の秀才であれば 95% であり，そうでなければ 10% であるという。X 大学の受験者全体でも，100人に1人の割合で秀才がふくまれているとする。このとき，X 大学入試の合格者が 100人に1人の秀才である確率はどれほどか。

Bayes の定理を適用するために以下の記号をもちいる。ある人が 100人に1人の秀才である事象を H_1，それ以外の人である事象を H_2 とする。これらは排反であり，受験者全体が秀才とそれ以外とに分割されるので，

$$\Pr(H_1) = 0.01, \quad \Pr(H_2) = 0.99$$

である。100人に1人の秀才であれば合格率は 95% だから，X 大学の入学試験に合格する事象を A とすれば，

$$\Pr(A|H_1) = 0.95$$

である。同じように，

$$\Pr(A|H_2) = 0.10$$

である。

Bayes の定理が適用できる条件が整っているので，$\Pr(H_1|A)$，すなわち，合格者が秀才である確率を求める。

$$\Pr(H_1|A) = \frac{0.01 \times 0.95}{0.01 \times 0.95 + 0.99 \times 0.1} \fallingdotseq 0.088$$

つまり，約 9% となる。この確率は，合格率の差から受ける印象よりも，ずっと低いと感じられる。

なぜ，感覚とのズレが生じるのか。Bayes の定理から読み取れる理由をより鮮明に説明するために，つぎの手順で表 2.1 を作成する。作成の順番を (1) などで示す。

- まず，X 大学の受験者数を 10,000 人 (1) とする。この人数を変更しても結果は変わらない。
- このとき，受験者の中に，100人に1人の秀才は 100人 (2)，そうでない人は 9,900人 (3) いる。

2.7 Bayesの定理

表 2.1 X 大学における秀才・非秀才別合格者数

	合格	不合格	合計
秀才	95(4)	5(5)	100(2)
非秀才	990(6)	8,910(7)	9,900(3)
合計	1,085(8)	8,915(9)	10,000(1)

- 秀才の合格率が 95% なので，平均的には，秀才の合格者が 95 人 (4)，秀才の不合格者が 5 人 (5) となる．
- そうでない人の合格率が 10% なので，平均的には，秀才でない合格者が 990 人 (6)，秀才でない不合格者が 8,910 人 (7) となる．
- したがって，合格者数は 1,085 人 (8)，不合格者数は 8,915 人 (9) である．
- 合格者に占める秀才の比率 $((4)/(8))$ は $95/990 \fallingdotseq 0.088$ となる．

たしかに，秀才の合格率 95% $((4)/(2)= \Pr(A|H_1))$ はそうでない人の合格率 10% $((6)/(3)= \Pr(A|H_2))$ よりもずっと高い．しかし，秀才の人数 $((2)= 10{,}000 \times \Pr(H_1))$ はそうでない人の数 $((3)= 10{,}000 \times \Pr(H_2))$ よりもずっと少ない（だからこそ秀才とよばれる）．したがって，合格者数で見ると，秀才の合格者数

$$(4) = 10{,}000 \times \Pr(H_1) \Pr(A|H_1)$$

を，そうでない人の合格者数

$$(6) = 10{,}000 \times \Pr(H_2) \Pr(A|H_2)$$

が凌駕する．Bayes の定理には，秀才とそうでない人との比率の圧倒的な差

$$\Pr(H_1) = 0.01 \text{ と } \Pr(H_2) = 0.99$$

が自然に反映されている．

この結論は，入学試験の効果がないと主張するものではない．なぜなら，世の中における秀才の割合 1% よりも，X 大学における秀才の割合約 9% が高いからである．しかし，約 9% という数値は，秀才の合格率とそうでない人の合格率との相違から抱く印象よりもずっと低い．

練習問題 2

1. サイコロを2回投げる試行を考える。このとき，以下であたえられる事象 A と事象 B が独立であるかどうかを調べなさい。
   (a) A：2回の出目の合計が7になる，B：1回目の出目が偶数である。
   (b) A：2回の出目の合計が7になる，B：1回目の出目または2回目の出目のいずれか（両方の場合もふくむ）が偶数である。

2. 通常のトランプ（ジョーカーを除く52枚）から抜き取った4枚のトランプが，スペード・ハート・ダイヤ・クラブが1枚ずつである事象を A とする。4枚の抜き方が以下のように異なるとき，事象 A の発生する確率を求めなさい。
   (a) 抜き取ったカードをトランプの束に戻さずにつぎのカードを抜く。
   (b) 抜き取ったカードをトランプの束にもどしてつぎのカードを抜く。

3. Y君は大学で経済学を専攻している。自宅の書棚には，経済学の専門書が4割，数学・統計学の教科書が3割，他分野の書籍が3割，収まっている。Y君は，分野ごとに，これらの本を分類して配置している。経済学の専門書のうち，数式のまったくない本が2割ある。数学・統計学の教科書は，すべて数式を使っている。他分野の書籍には，まったく数式が出てこない。あるとき，掃除をしていた弟が書棚から本を1冊落としてしまった。弟は，本の中を少しのぞいて，数式があったので数学・統計学の教科書の場所にその本を置いた。弟の推察が正しい確率を求めなさい。

3 確率変数

―― この章の目的 ――

この章では，確率変数の基本について説明する。具体的には，
- 離散型確率変数と連続型確率変数
- 確率分布の表し方
- 確率変数の期待値と分散

について説明する。

3.1 確率変数の意味

サイコロを1つ投げたときの出目を X とする。X がどのような値になるか，サイコロを投げる前には分からない。投げた後に，1になったり，2になったりする。つまり，それが取る値は偶然によって決まる。そのように，試行の結果，偶然に値が決まる変数を**確率変数**とよぶ。

第2章で説明した標本空間や標本点をもちいてもう少し正確に述べれば，確率変数は以下のように表現できる。サイコロを投げる試行の標本点を

$$\omega_i \quad (i = 1, 2, \ldots, 6)$$

と記す。ただし，ω_i は「出目が i になる」という結果をあらわす。標本空間は

$$\Omega = \{\omega_1, \omega_2, \ldots, \omega_6\}$$

である。先の確率変数は，Ω の要素を引数として値が定まる関数であり，

$$X(\omega_i) = i$$

と書ける。この式は，「試行の結果が ω_i（出目が i になる）になるとき，確率変数（関数）X の値が i となる」ということを意味する。$X(\omega)$ という記法は，確率変数 X が標本点 ω によって決まる関数であることを明示するためにもちいる。単に X と書くことも多い。

標本空間 Ω の部分集合に確率が割り振られているとする。通常と同じく，

$$\Pr(\{\omega_i\}) = 1/6 \quad (i = 1, 2, \ldots, 6)$$

としよう。確率変数 X は，標本点 ω_i に応じて値が定まる。このことから，

$$\Pr(X = 1) = 1/6$$

となることがわかる。なぜなら，「$X(\omega) = 1$」が成り立つような標本空間 Ω の部分集合は $\{\omega_1\}$ であり，$\Pr(\{\omega_1\}) = 1/6$ となるからである。

同じように，

$$\Pr(X \leq 2) = 1/3$$

となることがわかる。なぜなら，「$X(\omega) \leq 2$」が成り立つような標本空間 Ω の部分集合は $\{\omega_1, \omega_2\}$ であり，$\Pr(\{\omega_1, \omega_2\}) = 1/3$ となるからである。

このように，標本空間 Ω の部分集合に割り振られた確率と，標本点 ω に応じて定められた確率変数の値 $X(\omega)$ との関係から，X が確率的にどう出現するかが導かれる。

3.2 離散型確率変数の確率分布

確率変数 X の取りうる値が有限個，または，無限個でも数え上げられる（自然数と 1 対 1 に対応する）とき，その確率変数を**離散型確率変数**とよぶ。

たとえば，サイコロを 1 つ投げたときの出目を X とすれば，その取りうる値は $1, 2, \ldots, 6$ しかないので，X は離散型確率変数である。

別の例として，コインを 1 つ投げるとき，初めて表が出るまでに投げた回数を X とすれば，その取りうる値は $1, 2, \ldots$ と無限個になるけれども，それら

3.2 離散型確率変数の確率分布

の個数は数えられるので，X は離散型確率変数である。

統計学の習慣にならい，確率変数を大文字で，その確率変数が取るかもしれない1つの値を小文字であらわす。たとえば，「$X = x$」は，「（偶然に値が決まる）確率変数 X が，（ある1つの）確定値 x と等しい」事象をあらわす。

離散型確率変数 X の確率的な出方を表現するため，1つ1つの実現値 x に，その発生確率を対応させる。つまり，以下のように関数 $p_X(x)$ を定める。

$$p_X(x) = \Pr(X = x) \tag{3.1}$$

式 (3.1) で定められる $p_X(x)$ を確率変数 X の**確率関数**とよぶ。確率変数 X の取りえない値を x に指定したときには，$p_X(x) = 0$ とする。

確率関数 $p_X(x)$ であらわされる，実数 x とその発生確率との対応関係を確率変数 X の**確率分布**とよぶ。それを図表であらわすときにも確率分布とよぶ。

離散型確率変数 X の確率関数 $p_X(x)$ は以下の性質をもつ。

$$p_X(x) \geq 0, \quad \sum_x p_X(x) = 1$$

ただし，$\sum_x p_X(x)$ は，X の取りうるすべての x について $p_X(x)$ を合計することを意味する。X の個々の実現値に通し番号を付して $x_1, x_2, \ldots$ と記せば，

$$\sum_x p_X(x) = p_X(x_1) + p_X(x_2) + \cdots$$

である。なお，任意の x について $p_X(x)$ が非負で，その合計が1を超えないので，任意の x について，以下の式が成り立つ。

$$p_X(x) \leq 1$$

確率分布の別表現として累積分布を導入する。任意の実数 t について，

$$F_X(t) = \Pr(X \leq t) \tag{3.2}$$

とする。式 (3.2) によって定まる $F_X(t)$ を確率変数 X の**累積分布関数**（または，**分布関数**）とよぶ。つまり，「確率変数 X が t 以下の値を取る確率」によって X の確率的な出方を表現する。離散型の確率変数の場合，

$$F_X(t) = \sum_{x \leq t} p_X(x)$$

ともあらわせる。ただし，$\sum_{x \leq t} p_X(x)$ は，$x \leq t$ となるような X の実現値 x について $p_X(x)$ を合計することをあらわす。

分布関数 (3.2) は以下の性質をもつ。

$$F_X(t_1) \leq F_X(t_2) \quad (t_1 < t_2) \tag{3.3}$$

$$\lim_{t \to -\infty} F_X(t) = 0 \tag{3.4}$$

$$\lim_{t \to \infty} F_X(t) = 1 \tag{3.5}$$

さらに，$F_X(t)$ は右連続という性質をもつことが知られている（定義式 (3.2) の右辺のカッコ内に等号があるため）。

例として，サイコロを1つ投げたときの出目 X の確率関数と分布関数とを図 3.1 に示す。確率関数 $p_X(x)$ は，$x = 1, 2, 3, 4, 5, 6$ で $1/6$ となり，それ以外のところでは 0 となる。このことは，「1から6までの目のどれもが同じぐらい出やすい」ことを表現している。取りうる値のすべてが等しい確率で出現する離散型の確率分布を，(**離散型**) **一様分布**とよぶ。

分布関数 $F_X(t)$ は，$t < 1$ では 0 となり，$1 \leq t < 2$ では $1/6$ となり，以下，$t = 2, 3, 4, 5$ で $1/6$ ずつ増加し，$t \geq 6$ で 1 となる階段関数となる。

一般に，離散型確率変数 X の取りうる値の1つを x とすると，分布関数は，$t = x$ において階段の高さが $p_X(x)$ ずつ高くなる階段関数になる。

確率関数と分布関数と関係を図 3.1 で例示すると，以下の関係が成り立つ。

$$F_X(2.5) = p_X(1) + p_X(2) = 2/6$$

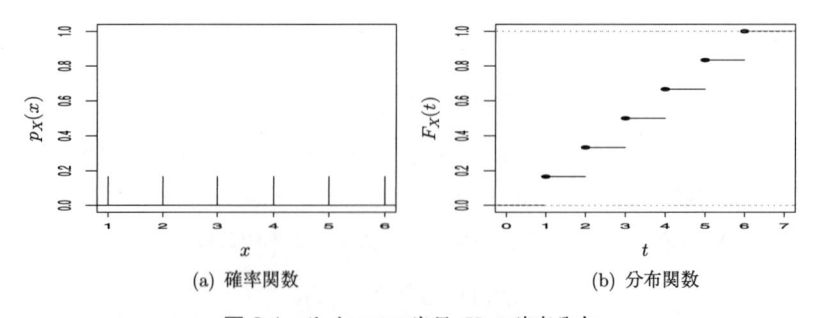

(a) 確率関数   (b) 分布関数

図 3.1 サイコロの出目 X の確率分布

3.3 離散型確率変数の期待値と分散，標準偏差

確率変数の特徴を要約するために，その確率分布の中心の位置とバラツキとを数値であらわすことがよくある．中心の位置は確率変数の相場に，バラツキは相場からの乖離（不確定性）に相当する．中心の位置の代表的な尺度が期待値である．バラツキの代表的な尺度が分散と標準偏差である．

離散型確率変数 X の**期待値**は以下のように定義される．

$$E(X) = \sum_x x\, p_X(x) \tag{3.6}$$

つまり，X の取りうる値 x のすべてについて，x とその出現確率 $p_X(x)$ との積を合計する．出現確率 $p_X(x)$ は相対的な出現頻度に相当するので，期待値を平均値とよぶこともある．

サイコロを1つ投げたときの出目を X とした場合，期待値 $E(X)$ は，

$$E(X) = 1 \times (1/6) + 2 \times (1/6) + \cdots 6 \times (1/6) = 7/2 = 3.5$$

となる．確率関数をあらわした図 3.1(a) から，横軸の 3.5 が確率分布の中心部に位置していることがわかる．

確率変数が特定されて，その確率分布があたえられれば，期待値は1つの数値になる．これを1つの記号であらわしておくと数式で扱うのに便利なため，記号をあてがう．ギリシャ文字 μ（ミュー）がよく使われる．つまり，

$$\mu = E(X)$$

とする．複数の確率変数が登場するとき，区別のために μ_X とあらわすこともある．

離散型確率変数の**分散**は以下のように定義される．

$$V(X) = \sum_x (x - \mu)^2 p_X(x) \tag{3.7}$$

つまり，X の取りうる値 x のすべてについて，期待値 μ からの偏差 $(x - \mu)$ の2乗によって中心からの乖離を計算し，それとその出現確率との積を合計する．いわば，「平均からの偏差の2乗」の期待値である．2乗する理由は，期待値からの偏差 $x - \mu$ が正にも負にもなるため，2乗することで正の値に変換できるからである．

μ の近辺に X が出現しやすければ，分散が小さくなる。逆に，μ から遠くに X が出現しやすければ，分散が大きくなる。したがって，分散の大小が X のバラツキの大小をあらわす。

サイコロを 1 つ投げたときの出目 X の分散は以下のとおりになる。

$$V(X) = (1-3.5)^2 \times (1/6) + (2-3.5)^2 \times (1/6) + \cdots$$
$$+ (6-3.5)^2 \times (1/6)$$
$$= 35/12 \fallingdotseq 2.9$$

期待値と同じく，分散も数値となるので記号をあてがうと便利である。σ^2（シグマ 2 乗）がよく使われる。つまり，

$$\sigma^2 = V(X)$$

である。対象となる確率変数を区別するときは，σ_X^2 とも書く。

分散の正の平方根を**標準偏差**とよぶ。これを σ という記号であらわせば，

$$\sigma = \sqrt{V(X)} = \sqrt{\sigma^2}$$

である。分散が大きいほど標準偏差も大きくなるから，標準偏差もバラツキの大小をあらわす。

サイコロを 1 つ投げた際の出目 X の標準偏差は $\sigma = \sqrt{35/12} \fallingdotseq 1.7$ となる。

3.4 連続型確率変数の確率分布

確率変数 X の取りうる値が実数のように連続的であるとき，その確率変数を**連続型確率変数**とよぶ。たとえば，100m 走のタイムを X とすれば，X はいずれかの実数値を取る連続型確率変数と考えられる。

3.4.1 連続型確率変数の例：一様分布

連続型確率変数の簡単な例として，「0 から 1 までの実数値のどれもが一様に出現しうる」という（連続型）一様分布を取り上げる。たとえば，回転する円盤の周上に 0 から 360 までの目盛りが刻んである（ただし，0 と 360 とは同じ

3.4 連続型確率変数の確率分布

位置）として，回転する前に円周の外側1箇所に印をつけておき，回転させた円盤が止まったときにその印のところの目盛りを360で割った値を X とする。円盤にクセがなければ，X が区間 $(0, 1)$ の一様分布にしたがうと考えられる。

連続型確率変数の場合，取りうる値 x の1つ1つに確率を割り当てる方法では，確率分布がうまくあらわせないことが知られている。つまり，連続型確率変数の確率分布は確率関数では表現できない。これに代わるものが後述する確率密度関数である。その説明のため，連続型確率変数の分布関数を先に見る。

連続型確率変数 X についても，分布関数は式 (3.2) で定義される。例として，X が区間 $(0, 1)$ の連続型一様分布にしたがうときに，分布関数がどのような形状になるかを考察する。まず，0以下の値は出現しないので，

$$F_X(t) = 0 \quad (t \leq 0)$$

である。また，X の値は必ず1以下になるので，以下の式が成り立つ。

$$F_X(t) = 1 \quad (t \geq 1)$$

そこで，$0 < t < 1$ のときの $F_X(t)$ について考えよう。たとえば，$F_X(0.5)$ がどのような値になるだろうか。これは，印をつけたところに位置する円盤の目盛りが180以下になる確率に等しい。目盛りが0から360（に限りなく近い値）まであり，その間のどの実数も一様に出現しうるのであるから，印をつけたところに位置する円盤の目盛りが180以下になる確率は全体の半分，つまり，$180/360 = 0.5$ と考えるのが自然であろう。

今度は，$F_X(0.25)$ がどのような値になるかを考えよう。これは，印をつけたところに位置する円盤の目盛りが90以下になる確率に等しい。今度の場合

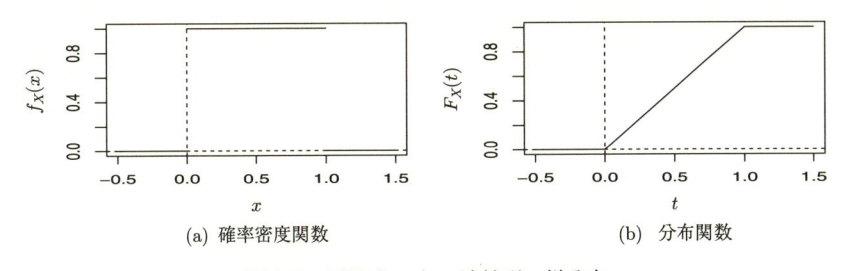

(a) 確率密度関数   (b) 分布関数

図 3.2 区間 $(0, 1)$ の連続型一様分布

も，0 から 360 までの間のどの実数も一様に出現しうるのであるから，全体の 4 分の 1，つまり，$90/360 = 0.25$ と考えるのが自然であろう．

同様に考えれば，$0 < t < 1$ の他の値についても，$F_X(t) = t$ と考えるのが自然である．結果をまとめれば，区間 $(0, 1)$ の連続型一様分布にしたがう確率変数 X の分布関数は以下のとおりになる．

$$F_X(t) = \begin{cases} 0 & (t \leq 0) \\ t & (0 < t < 1) \\ 1 & (1 \leq t) \end{cases}$$

図 3.2(b) は，$F_X(t)$ のグラフを示す．

3.4.2 確率密度関数

連続型確率変数 X が，ある一点 x の近辺にどれほどの確率で出現するかを考える．h を正数とすれば，

$$\Pr(x - h < X \leq x + h) = F_X(x + h) - F_X(x - h)$$

は，X が x を中心として幅 $2h$ の区間に出現する確率をあらわす．h を 0 に近づけていけば，x のごく近辺に X が出現する確率をあらわすことになる．しかし，幅が狭くなればなるほど，この確率は小さくなり，$h = 0$ のとき 0 となる．これでは，x の近辺の出やすさあらわすには不都合である．そこで，幅が狭くなった分を調整した比率

$$\frac{F_X(x + h) - F_X(x - h)}{2h}$$

を x 近辺における X の出現のしやすさの指標とする．この値は，確率変数 X が，x を中心とする幅 $2h$ の区間に平均的に（$2h$ で割っているので）どのくらいの確率で出現するかをあらわしている．あるいは，この値は，確率変数 X の測定単位当たりの（確率に関する）密度に相当する．

そこで，h を 0 に近づけて，この比率が一定の値に近づくとき，その一定値を $f_X(x)$ と書く．つまり，以下のように定める．

$$f_X(x) = \lim_{h \to 0} \frac{F_X(x + h) - F_X(x - h)}{2h} \tag{3.8}$$

3.4 連続型確率変数の確率分布

この極限値を連続型確率変数 X の点 x における**確率密度**とよぶ。そして，x の関数としての $f_X(x)$ を X の**確率密度関数**（または**密度関数**）とよぶ。

連続型確率変数 X の確率密度関数 $f_X(x)$ は，X の点 x 近辺の出やすさをあらわしており，離散型確率変数の確率関数 $p_X(x)$ と類似した性質をもつ。

$$f_X(x) \geq 0, \quad \int_{-\infty}^{\infty} f_X(x)\,dx = 1$$

ただし，$f_X(x) \leq 1$ となるとは限らないのは，$p_X(x)$ と異なる。

連続型確率変数 X の確率密度関数 $f_X(x)$ と分布関数 $F_X(t)$ は，

$$F_X(t) = \int_{-\infty}^{t} f_X(x)\,dx$$

という関係をもつ。むしろ，このような性質をもつ関数 $f_X(x)$ があるときに，これを確率密度関数とよぶのである。分布関数の定義から以下の式が成り立つ。

$$\Pr(a < X \leq b) = F_X(b) - F_X(a) = \int_a^b f_X(x)\,dx$$

連続型確率変数の分布関数 $F_X(t)$ は t についての連続関数になる。むしろ，そのような性質をもつ確率変数を連続型確率変数とよぶのである。

連続型確率変数 X が任意の一点 b に等しくなる確率 $\Pr(X = b)$ は 0 になる。なぜなら，$F_X(t)$ が連続なので，$\Pr(a < X \leq b) = F_X(b) - F_X(a)$ において a を b に小さい方から近づけていけば，右辺の値はいくらでも 0 に近づき，他方で，左辺の値は $\Pr(X = b)$ に近づいていくからである。このことから，連続型確率変数 X において，以下の式が成り立つ。

$$\Pr(a < X < b) = \Pr(a < X \leq b) = \Pr(a \leq X < b) = \Pr(a \leq X \leq b)$$

分布関数の一般的な性質，式 (3.3), (3.4), (3.5)，そして右連続性は，連続型確率変数 X についても成り立つ。

区間 $(0, 1)$ の連続型一様確率分布にしたがう確率変数 X の密度関数 $f_X(x)$ を求めみよう。$x < 0$ のとき，$h > 0$ を十分小さく取れば，$x - h, x + h$ のどちらも 0 より小さくなる。したがって，

$$f_X(x) = \lim_{h \to 0} \frac{F_X(x+h) - F_X(x-h)}{2h} = \lim_{h \to 0} \frac{0-0}{2h} = 0$$

となる。$0 < x < 1$ のとき，$h > 0$ を十分小さく取れば，$x - h$, $x + h$ のどちらも区間 $(0, 1)$ に入る。したがって，

$$f_X(x) = \lim_{h \to 0} \frac{F_X(x+h) - F_X(x-h)}{2h} = \lim_{h \to 0} \frac{(x+h) - (x-h)}{2h} = 1$$

となる。$x > 1$ のとき，$h > 0$ を十分小さく取れば，$x - h$, $x + h$ のどちらも 1 より大きくなる。したがって，

$$f_X(x) = \lim_{h \to 0} \frac{F_X(x+h) - F_X(x-h)}{2h} = \lim_{h \to 0} \frac{1 - 1}{2h} = 0$$

となる。$x = 0, 1$ における $f_X(x)$ の値は，$F_X(t) = \int_{-\infty}^{t} f_X(x)\, dx$ という関係に影響をおよぼさない。便宜的に，$x = 0, 1$ のときは $f_X(x) = 0$ と定める。

結果をまとめれば，区間 $(0, 1)$ の連続型一様分布にしたがう確率変数 X の確率密度関数は以下のとおりになる。

$$f_X(x) = \begin{cases} 0 & (x \leq 0) \\ 1 & (0 < x < 1) \\ 0 & (1 \leq x) \end{cases}$$

図 3.2(a) には，区間 $(0, 1)$ の連続型一様分布にしたがう確率変数 X の確率密度関数を示す。$x < 0$ および $x > 1$ において $f_X(x) = 0$ であることは，この領域には X が出現しないことをあらわす。区間 $(0, 1)$ では，どの値も一様に出現しうることから，密度が一様になる。

図 3.2(a) であらわされた関数を $-\infty$ から t まで積分した値が，図 3.2(b) であらわされた関数の縦軸の値となる。また，図 3.2(b) を $t = x$ で微分した値が，図 3.2(a) にあらわされた関数の縦軸の値となる。たとえば，図 3.2(a) であらわされた関数を $-\infty$ から $t = 0.25$ まで積分した値は，底辺を $(0, 0)$ から $(0, 0.25)$ とし，高さを 1 とする長方形の面積 0.25 であり，これは，図 3.2(b) の $F_X(0.25) = 0.25$ に対応する。また，図 3.2(b) であらわされた関数を $t = 1.5$ において微分した値（$t = 1.5$ における $F_X(t)$ の傾き）0 は，図 3.2(a) であらわされた関数の値 $f_X(1.5) = 0$ に対応する。

3.5 連続型確率変数の期待値と分散，標準偏差

連続型確率変数 X の期待値は以下の式で定義される。

$$E(X) = \int_{-\infty}^{\infty} x f_X(x) \, dx \tag{3.9}$$

密度関数 $f_X(x)$ が連続型確率変数 X の一点 x における出やすさをあらわしているのだから，式 (3.9) は，離散型確率変数の期待値 (3.6) に似ている。このことから，連続型確率変数 X についても，期待値 $E(X)$ を X の確率分布の中心の位置の尺度としてもちいる。期待値 $E(X)$ を記号 μ であらわすことがあるのも，離散型確率変数の場合と同じである。

区間 $(0, 1)$ の連続型一様分布にしたがう確率変数 X の期待値を求める。密度関数 $f_X(x)$ が，$0 < x < 1$ で 1，それ以外で 0 となるので，

$$\mu = E(X) = \int_0^1 x \, dx = \left[\frac{x^2}{2} \right]_0^1 = \frac{1}{2}$$

となる。図 3.2(a) は，$x = 1/2$ が密度関数の中心に位置していることを示す。

連続型確率変数 X の分散は以下の式で定義される。

$$V(X) = \int_{-\infty}^{\infty} (x - \mu)^2 f_X(x) \, dx \tag{3.10}$$

この式も離散型確率変数の分散 (3.7) に似ている。このことから，式 (3.10) が散らばりの尺度であることがわかる。分散 $V(X)$ を σ^2 で記すこともある。

連続型確率変数 X についても，標準偏差は，分散 (3.10) の正の平方根で定められる。標準偏差を $\sigma = \sqrt{\sigma^2}$ と記すこともある。

区間 $(0, 1)$ の連続型一様分布にしたがう確率変数 X の分散を求める。

$$\begin{aligned}
\sigma^2 = V(X) &= \int_0^1 (x - 1/2)^2 dx \\
&= \left[\frac{x^3}{3} - \frac{x^2}{2} + \frac{x}{4} \right]_0^1 = \frac{1}{12}
\end{aligned}$$

その結果，標準偏差は $\sigma = 1/\sqrt{12} \fallingdotseq 0.29$ となる。

3.6 確率変数の関数の期待値
3.6.1 確率変数の関数

y が x の関数 $y = g(x)$ であるとしよう。たとえば，$y = x^3$ は，x の値が決まれば y の値が x の 3 乗で決まるという関数である。

関数 g があたえられたとき，引数に確率変数 X を代入したとする。X は偶然によって異なった値をとる確率変数だから，$g(X)$ も X の出方によって異なる値を取る確率変数となる。つまり，関数 g を通して，確率変数 X から，新しい確率変数 $Y = g(X)$ が生み出されたことになる。

新しい確率変数 Y の期待値は，X の確率分布と関数 g とを利用して Y の確率分布を求め，定義式どおりに計算して求められる。しかし，わざわざ Y の確率分布を求めずとも，つぎのように期待値を求められることが知られている。

$$E(Y) = E\{g(X)\} = \begin{cases} \displaystyle\sum_x g(x)\, p_X(x) & \text{(離散型確率変数)} \\ \displaystyle\int_{-\infty}^{\infty} g(x)\, f_X(x)\, dx & \text{(連続型確率変数)} \end{cases} \quad (3.11)$$

新しい確率変数 Y の確率分布から定義式どおりに計算した場合と，式 (3.11) で計算した場合とで結果が変わらないことは証明すべきことである。が，ここではそれを事実として利用する。

式 (3.11) を利用すれば，分散は，

$$V(X) = E\{(X - \mu)^2\}$$

つまり，「確率変数 X の期待値 μ からの偏差の 2 乗」の期待値ともあらわせる。

$g(x) = x^k$ のとき，

$$E(Y) = E(X^k)$$

を確率変数 X の k 次の**積率**（モーメント）とよぶ。X の期待値 $\mu = E(X)$ は X の 1 次の積率である。

$g(x) = (x - \mu)^k$ のとき，

3.6 確率変数の関数の期待値　　　　　　　　　　　　　　　　　　**49**

$$E(Y) = E\{(X-\mu)^k\}$$

を期待値の回りの k 次の積率とよぶ．X の分散 $V(X)$ は期待値の回りの 2 次の積率である．

3.6.2　$g(x) = a + bx$ の場合

1 次関数 $g(x) = a + bx$ による新しい確率変数の期待値・分散を調べる．

$$Y = a + bX$$

ただし，a, b は定数である．X が離散型確率変数である場合で説明するけれども，連続型確率変数である場合も説明はほとんど同じになる．式 (3.11) から，つぎの式が求まる．

$$\begin{aligned}E(Y) &= E(a+bX) \\ &= \sum_x (a+bx)\, p_X(x) = \sum_x \{a\, p_X(x) + b\, x\, p_X(x)\}\end{aligned}$$

説明の簡単のため，X の取りうる値 x が有限個しかないとする．その場合，足し算の順序の変更しても計算結果は変わらない．したがって，上の式の最右辺の合計の計算を，{ } 内の第 1 項の合計と第 2 項の合計とを先に計算して，後から足す．a, b が共通因数なので，最右辺はつぎのようにまとまる．

$$a \sum_x p_X(x) + b \sum_x x\, p_X(x)$$

ここで，

$$\sum_x p_X(x) = 1, \quad \sum_x x\, p_X(x) = E(X)$$

であることをもちいれば，結局，

$$E(Y) = a + b\, E(X) \tag{3.12}$$

が求まる．つまり，$y = a + bx$ の x に X の期待値 $E(X)$ を代入すれば，Y の期待値 $E(Y)$ が求められる．このことは，$\mu_Y = a + b\mu_X$ とも書ける．とくに，$b = 0$ とすると，$E(a) = a$ となる．定数 a の期待値は定数 a に等しい．

つぎに Y の分散を求める．

$$V(Y) = E\{(Y - \mu_Y)^2\}$$
$$= E[\{(a + bX) - (a + b\mu_X)\}^2]$$
$$= E\{b^2(X - \mu_X)^2\}$$

$(X - \mu_X)^2$ を 1 つの確率変数とみなせば，それに定数 b^2 が乗じてあるので，期待値の性質から最右辺が $b^2 E\{(X - \mu_X)^2\} = b^2 V(X)$ に等しい．結局，

$$V(Y) = b^2 V(X) \tag{3.13}$$

が成り立つ．同じことを，$\sigma_Y^2 = b^2 \sigma_X^2$ と書いてもよい．

定数項 a が分散に影響しない理由は，$y = a + bx$ によって新しい確率変数 $Y = a + bX$ を作ると，期待値が $\mu_Y = a + b\mu_X$ となって，期待値からの偏差 $Y - \mu_Y$ では定数項 a が相殺されるためである．

X の係数 b が 2 乗される理由は，Y の期待値からの偏差 $Y - \mu_Y$ が X の期待値からの偏差の b 倍 $b(X - \mu_X)$ に等しく，その 2 乗の期待値が Y の分散となるためである．

$\sigma_Y^2 = b^2 \sigma_X^2$ から，Y の標準偏差は $\sigma_Y = |b| \sigma_X$ で求まる．係数 b は負の数になりえる．標準偏差の定義が分散の正の平方根なので，b の絶対値を乗じる．

3.6.3 確率変数の標準化

1 次関数の中でも，以下の変換が頻繁に使われる．

$$Z = \frac{X - \mu_X}{\sigma_X} = -\frac{\mu_X}{\sigma_X} + \frac{1}{\sigma_X} X \tag{3.14}$$

式 (3.14) による変換を確率変数 X の**標準化**とよぶ．簡単に確認できるように，

$$\mu_Z = E(Z) = 0, \quad \sigma_Z^2 = V(Z) = 1, \quad \sigma_Z = 1$$

となる．つまり，標準化とは，期待値を 0，分散を 1，標準偏差を 1 とするような，1 次関数による変換である．複数の確率変数の性質を比較するとき，期待値が 0 で分散が 1 であるように位置と散らばりとを整えておくと便利である．確率変数の標準化は常用されるので，それに慣れることは大切である．

3.7 チェビシェフの不等式

確率変数の出現範囲と標準偏差とを関連づけるチェビシェフの不等式を紹介する。結論を先に述べれば，正の数 r について，以下の不等式が成り立つ。

$$\Pr(|X - \mu| > r\,\sigma) \leq 1/r^2 \tag{3.15}$$

たとえば，$r = 2$ とすれば，

$$\Pr(|X - \mu| > 2\,\sigma) \leq 1/4$$

つまり，期待値から標準偏差の ±2 倍より離れたところに X が発生する確率はたかだか 1/4 である。

離散型確率変数 X をもちいて不等式 (3.15) の成立を確かめる。連続型確率変数についても同じ説明が通用する。分散の定義式から，以下の式が成り立つ。

$$\sigma^2 = \sum_x (x - \mu)^2 \, p_X(x)$$

右辺の合計を，$|x - \mu| \geq r\,\sigma$ となる x （該当する x の集合を A）と，そうでない x （該当する x の集合を A^c）とに分ける。

$$\sigma^2 = \sum_{x \in A} (x - \mu)^2 \, p_X(x) + \sum_{x \in A^c} (x - \mu)^2 \, p_X(x)$$

ここで，$(x-\mu)^2 \, p_X(x) \geq 0$ であることと，$x \in A$ については $(x-\mu)^2 \geq r^2\,\sigma^2$ であることとにに注意すれば，以下の式をえる。

$$\begin{aligned}
\sigma^2 &\geq \sum_{x \in A} (x - \mu)^2 \, p_X(x) \\
&\geq r^2\,\sigma^2 \sum_{x \in A} p_X(x) \\
&= r^2\,\sigma^2 \, \Pr(|X - \mu| \geq r\,\sigma)
\end{aligned}$$

最左辺と最右辺を $r^2\,\sigma^2$ で除せば，チェビシェフの不等式が求まる。

練習問題 3

1. サイコロを1つ投げたときの出目を X とする。X を標準化した確率変数を $Z = (X - \mu_X)/\sigma_X$ とする。$\mu_X = 7/2$, $\sigma_X^2 = 35/12$ であることは第3章で説明した。

(a) Z の確率分布を求めなさい。たとえば，$X = 1$ のとき，$Z = (1 - 7/2)/\sqrt{35/12}$ となるので，この値が確率 1/6 で発生することがわかる。以下同様にして，Z のすべての取りうる値についてそれらの発生確率が求まる。

(b) Z の確率分布にもとづいて，定義式どおりに Z の期待値 $E(Z)$ と分散 $V(Z)$ を求めなさい。

2. 区間 $(0, 1)$ の連続型一様分布にしたがう確率変数を X とする。X を標準化した確率変数を $Z = (X - \mu_X)/\sigma_X$ とする。$\mu_X = 1/2$, $\sigma_X^2 = 1/12$ であることは第3章で説明した。

(a) Z の分布関数 $F_Z(t)$ を求めなさい。つぎのように考えれば，X の分布関数 $F_X(t)$ から求められる。$F_Z(t) = \Pr(Z \le t) = \Pr\{(X - \mu_X)/\sigma_X \le t\} = \Pr(X \le \mu_X + \sigma_X t) = F_X(\mu_X + \sigma_X t)$。$\mu_X + \sigma_X t$ の大きさで場合分けすれば，$F_Z(t)$ が求まる。

(b) Z の密度関数 $f_Z(z)$ を求めなさい。$F_Z(t)$ から求められる。

(c) Z の密度関数 $f_Z(z)$ を使って，定義式どおりに Z の期待値 $E(Z)$ と分散 $V(Z)$ を求めなさい。

4 代表的な確率分布

この章の目的

この章では，いくつかの代表的な確率分布を紹介する。具体的には，

- ベルヌーイ分布
- 2項分布
- ポアソン分布
- 正規分布

について説明する。

4.1 代表的な離散型確率分布

4.1.1 ベルヌーイ分布

起こりうる結果が2つしかなく，それらがある決められた確率で生じる試行をベルヌーイ試行とよぶ。便宜上，2つの結果のうちの一方を成功 (S)，もう一方を失敗 (F) とよぶ。たとえば，サイコロを1つ投げて1の目が出ることを成功，それ以外の目が出ることを失敗とすれば，サイコロを1つ投げることはベルヌーイ試行であり，確率 1/6 で成功が生じ，確率 5/6 で失敗が生じる。成功・失敗の命名は便宜的である。それらに肯定的・否定的意味はない。

あるベルヌーイ試行において，成功が発生する確率を p とすれば，可能な結果が2つしかないのだから，失敗が発生する確率は自動的に $1-p$ となる。

成功確率 p のベルヌーイ試行に対応して，**ベルヌーイ確率変数** X を以下のように定める。ベルヌーイ試行の結果が成功であれば $X = 1$，失敗であれば $X = 0$ とする。成功確率が p なので，確率の割り当ては以下のとおりである。

$$\Pr(X = 1) = p, \quad \Pr(X = 0) = 1 - p$$

成功確率 p のベルヌーイ確率変数の確率関数は，

$$p_X(x) = \begin{cases} p^x(1-p)^{1-x} & (x = 0, 1) \\ 0 & (x \neq 0, x \neq 1) \end{cases} \quad (4.1)$$

とあらわせる。実際，

$$p_X(0) = p^0(1-p)^{1-0} = 1 - p$$
$$p_X(1) = p^1(1-p)^{1-1} = p$$

となっている。分布関数 $F_X(t)$ は，

$$F_X(t) = \begin{cases} 0 & (t < 0) \\ 1 - p & (0 \leq t < 1) \\ 1 & (1 \leq t) \end{cases} \quad (4.2)$$

図 4.1 には，成功確率 $p = 0.2$ のベルヌーイ確率変数の確率分布を示す。

ベルヌーイ確率変数 X の期待値は，

$$E(X) = 1 \times p + 0 \times (1 - p) = p \quad (4.3)$$

となる。つまり，ベルヌーイ確率変数の期待値は成功確率 p に等しい。

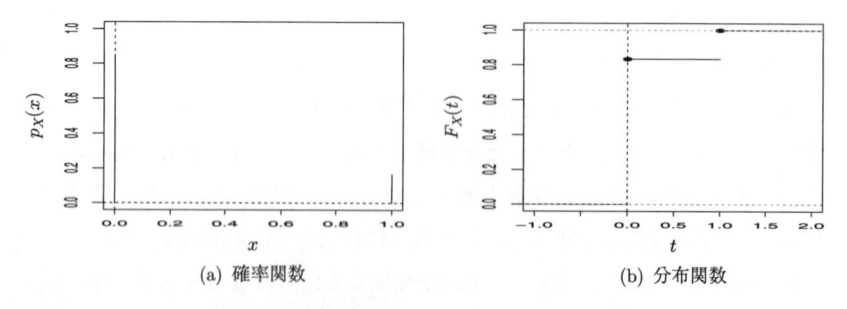

(a) 確率関数　　(b) 分布関数

図 4.1　成功確率 $p = 0.2$ のベルヌーイ分布

4.1 代表的な離散型確率分布

ベルヌーイ確率変数 X の分散は，

$$V(X) = (1-p)^2 \times p + (0-p)^2 \times (1-p) = p(1-p) \qquad (4.4)$$

となる。標準偏差は，$\sigma = \sqrt{p(1-p)}$ である。分散・標準偏差ともに，$p=0$ の近辺（ほとんど失敗する状況），や，$p=1$ の近辺（ほとんど成功する状況）で小さくなる。$p=1/2$（成功と失敗が五分五分）のとき最大になる。

ベルヌーイ確率変数は，もっとも簡単な離散型確率変数である。しかし，生産工程における不良品の発生など，ベルヌーイ確率変数とみなせるものが実際に多く存在する。さらには，ベルヌーイ確率変数から出発して，より複雑な確率変数を生み出すこともできる。たとえば，つぎに紹介する2項分布は，独立なベルヌーイ試行に対応するベルヌーイ確率変数の和と見ることもできる。

4.1.2 2項分布

成功確率 p のベルヌーイ試行を独立に n 回繰り返す。ここで，「独立に」とは，第 i 回目のベルヌーイ試行における成功確率が，他の回の結果にかかわらず p であることを意味する。このとき，成功（S）の発生する回数を X とする。確率変数 X の取り得る値は，$x=0,1,\ldots,n$ となる。1回も成功しなければ，$X=0$ となり，全回成功すれば，$X=n$ となる。このとき，確率変数 X がしたがう確率分布を **2項分布** とよぶ。2項分布は，不良品の発生個数などの分析に使われる，応用範囲の広い確率分布である。

●例● サイコロ

2項分布の確率関数を求めるため，具体例の考察から始める。サイコロを1つ投げ，出目が1であれば成功，そうでなければ失敗とする。成功確率は $1/6$ である。サイコロを3回振って成功が起きる回数を X とする。どの回の目の出方も他の回の目の出方から影響は受けない。したがって，各回の試行は独立であり，成功確率が一定となっている。

いま，$X=1$ となる確率 $\Pr(X=1)$ を求める。3回の試行の結果を，たとえば $[SFF]$ と記す。これは，「1回目成功・2回目失敗・3回目失敗」をあらわす。

3回の試行のうち1回だけ成功が起きるのは，$[SFF]$ と $[FSF]$，$[FFS]$ の3とおりに尽きる。$[SFF]$ が発生する確率は，おのおのの回における成否の発生が独

立であることから，

$$\Pr([SFF]) = \Pr(1\text{回目成功}) \times \Pr(2\text{回目失敗}) \times \Pr(3\text{回目失敗})$$
$$= (1/6) \times (1 - 1/6) \times (1 - 1/6) = 25/216$$

となる。同じように，

$$\Pr([FSF]) = (1 - 1/6) \times (1/6) \times (1 - 1/6) = 25/216$$
$$\Pr([FFS]) = (1 - 1/6) \times (1 - 1/6) \times (1/6) = 25/216$$

となる。$[SFF]$ と $[FSF]$，$[FFS]$ は排反だから，それらのいずれかが生起する確率は，それぞれの生起する確率の和となる。

$$\Pr(X = 1) = \Pr([SFF] \cup [FSF] \cup [FFS])$$
$$= \Pr([SFF]) + \Pr([FSF]) + \Pr([FFS])$$
$$= 25/216 + 25/216 + 25/216$$
$$= 25/72$$

ここで，一般的な場合に拡張するために，上の導出の課程を詳しく調べる。$X = 1$ となるのは，「いずれかの1つの回に成功が発生し，他の2つの回に失敗が発生する」ときである。それを具体的に書き上げれば，

$$[SFF], \quad [FSF], \quad [FFS]$$

となる。各回のベルヌーイ試行が独立なので，これら3つのパターンが発生する確率はどれも $(1/6) \times (1 - 1/6)^2$ となる。つまり，「いずれか1つの回で成功が発生し，他の2つの回に失敗が発生する」ことがわかれば，個々のパターンの発生確率は決まる。したがって，パターンの数がいくつあるかを勘定し，それを個々のパターンの発生確率に乗じて $X = 1$ となる確率が求まる。

「いずれか1つの回で成功が発生し，他の2つの回に失敗が発生する」パターンは，[○○○] のいずれか1箇所が S，他の2箇所が F となることと同じである。S の入る場所が決まれば，F の入る場所は自動的に決まる。したがって，S（1つ）の入る場所がいくつあるかを勘定すればよい。[○○○] から「S の入る場所1箇所」の選び方は3とおり（1番目，2番目，3番目のいずれか）に尽きる。つまり，3つの場所から1つを選ぶ個数に等しい。

以上から，$X = 1$ に対応するパターンの総数である3と，$X = 1$ に対応する個々のパターンの発生確率 $(1/6) \times (1 - 1/6)^2 = 25/216$ とを乗じて

$$\Pr(X = 1) = 3 \times (25/216) = 25/72$$

が求められる。

4.1 代表的な離散型確率分布

(1) 2項分布の確率関数

以上の考え方を，一般的な場合に拡張する．独立なベルヌーイ試行（成功確率 p）を n 回繰り返すとき，成功の発生する回数を X とする．確率変数 X の確率関数 $p_X(x) = \Pr(X = x)$ $(x = 0, 1, \ldots, n)$ はつぎの手順で求められる．

1. n 箇所から S の入る場所 x 箇所の選び方を勘定する．
2. S が x 回で F が $(n-x)$ 回であるパターンの発生確率を計算する．
3. 両者を乗じる．

最初の手順については，n 個のものから x 個を取ってくる組み合わせの数と同じであるから，以下の式で求まる．

$$\binom{n}{x} = \frac{n!}{x!\,(n-x)!}$$

ただし，$n! = n(n-1)(n-2)\cdots 2\cdot 1$ は階乗であり，$0! = 1$ と約束する．

2 番目の手順に関しては，各回のベルヌーイ試行が独立であることから，$p^x(1-p)^{n-x}$ となる．

したがって，2項分布にしたがう確率変数 X の確率関数は，以下のようにあらわせる．

$$p_X(x) = \binom{n}{x} p^x (1-p)^{n-x} \quad (x = 0, 1, \ldots, n) \tag{4.5}$$

分布関数 $F_X(t)$ は t 以下の実現値 x に対応する $p_X(x)$ を合計して求める．図 4.2 には，試行回数 $n = 5$，成功確率 $p = 0.2$ の 2 項分布の確率関数と分布関数とを示す．

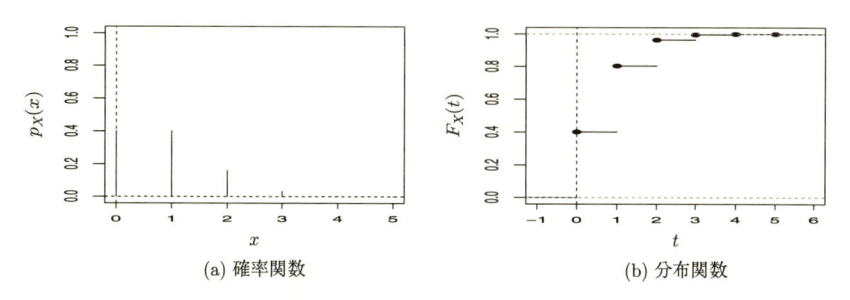

(a) 確率関数 (b) 分布関数

図 4.2 試行回数 $n = 5$，成功確率 $p = 0.2$ の 2 項分布

確率変数 X が，試行回数 n，成功確率 p の2項分布にしたがって発生することを，以下のように記す．

$$X \sim \mathrm{Binomial}(n, p)$$

ここで，$\sim$ の左側は確率変数をあらわし，右側は確率分布をあらわす．$\sim$ は左側の確率変数が右側の確率分布にしたがって発生することをあらわす．この記法は今後も使用する．

(2) 2項定理

2項定理をもちいて，2項分布について $\sum_{x=0}^{n} p_X(x) = 1$ が成り立つことを確かめる．**2項定理**とは，以下の式が成り立つことをいう．

$$(a+b)^n = \sum_{x=0}^{n} \binom{n}{x} a^x b^{n-x}$$

これが成り立つ理由は以下のように説明できる．上の式の左辺を書き換える．

$$(a+b)^n = (a+b)(a+b)\cdots(a+b)$$

右辺を，同類項をまとめずに展開すると，最初の因子 $(a+b)$ から a と b のいずれかを選ぶかで2とおり，2番目の因子 $(a+b)$ から a と b のいずれかを選ぶかで2とおり，$\cdots$，n 番目の因子 $(a+b)$ から a と b のいずれかを選ぶかで2とおり，の選び方があるので，全部で 2^n 個の項がある．そのうち，因子 $a^x b^{n-x}$ をふくむ項は，$\binom{n}{x}$ 個ある．なぜなら，そのような項は，n 個の因子のうち，x 個から a を選び，残りの $n-x$ 個から b を選ぶときに現れる．その個数は n 個のものから x 個を選ぶ組み合わせの数に等しい．因子が n 個あって，それぞれから a または b が取られるのであるから，すべての項が $a^x b^{n-x}$ $(x=0, 1, \ldots, n)$ という形になっている．したがって，2項定理が成り立つ．

この2項定理を利用して，以下の結果が導ける．

$$\sum_{x=0}^{n} p_X(x) = \sum_{x=0}^{n} \binom{n}{x} p^x (1-p)^{n-x} = \{p+(1-p)\}^n = 1$$

2項分布にしたがう確率変数 X の期待値と分散は，それぞれ，

$$E(X) = np \tag{4.6}$$

4.1 代表的な離散型確率分布

$$V(X) = np(1-p) \tag{4.7}$$

となることが示せる．すなわち，期待値は，成功確率 p を試行回数 n 回分合計したもの，分散は，$p(1-p)$ を試行回数 n 回分合計したものになる．このことは，第 i 回目のベルヌーイ試行に対応するベルヌーイ確率変数を X_i とするとき，$X = \sum_{i=1}^{n} X_i$ とあらわせば，簡単に求められる．ただし，この関係式から期待値と分散とを求めるには，複数の確率変数を同時に扱う必要がある．その方法は，第 5 章に示すので，式 (4.6), (4.7) の成立はそこで確かめる．

● **例** ● **不良品の発生件数**

2 項分布の応用例として，1 日に 1,000 個の製品を生産する工場において，どれほどの不良品が発生するかを計算する．1 つの製品が不良品になる確率を 0.005 (0.5%) とする．不良品の発生は独立とする．このとき，不良品の数 X は 2 項分布にしたがう．

以下の手順で効率的に計算できる．まず，$X = 0$ の確率を計算する．

$$p_X(0) = (1 - 0.005)^{1000} = 0.006653969$$

つぎに，式 (4.5) から，

$$p_X(x+1) = \frac{n-x}{x+1} \times \frac{p}{1-p} \times p_X(x)$$

であることを利用して，

$$p_X(1) = \frac{1000-0}{0+1} \times \frac{0.005}{1-0.005} \times p_X(0) = 0.033437028$$

が求められる．以下，順次 $p_X(x)$ の値が求められる．表 4.1 には，$x = 9$ までの結果を示す．表 4.1 から，不良品はたいてい 9 個未満であること，不良品が 2 個未満であることは稀であること，不良品が 4 個ないし 5 個であることが多いこと，などがわかる．

実際には，1 つ 1 つの不良品の発生が独立であるという仮定が成り立つとは限

表 4.1 不良品の発生個数の確率分布（1000 個製造，不良品率 0.5%）

x	0	1	2	3	4	5	6	7	8
$p_X(x)$	0.01	0.03	0.08	0.14	0.18	0.18	0.15	0.10	0.07
$F_X(x)$	0.01	0.04	0.12	0.26	0.44	0.62	0.76	0.87	0.93

注：小数点第 3 位を四捨五入した．

らない（たとえば，不良品は塊で発生しやすいかもしれない）。表 4.1 が実際に近いかどうかは，独立性の仮定が実情に即しているかどうかによる。

もし，不良品の発生件数が 2 項分布で近似できるようなら，品質管理の道具として役立つ。たとえば，普段はよく当てはまっている 2 項分布から計算して，「これほど多くの不良品が発生するはずがない」（それほど多くの不良品の発生する確率は低いはず）という数の不良品が現実に発生したとすれば，そのことは生産工程のどこかに異常があることを示唆していると受け取れる。

4.1.3　ポアソン分布

成功確率の低いベルヌーイ試行が独立に多数回繰り返される状況を考える。たとえば，1 回 1 回の運転で事故に遭う可能性は低いけれども，全国ではたくさんの自動車が走っているので，どこかで事故が発生する可能性は決して低くない。そのとき，事故の発生件数の確率分布はどのようにあらわせるだろうか。

試行回数 n の 2 項分布において，成功確率が $p_n = \lambda/n$ であたえられるとする。ここで，$\lambda > 0$ は一定の値である。つまり，成功確率 p_n は，試行回数 n が大きくなるにつれて急速に減少するけれども，前者の減少の速さと後者の拡大の速さとが $np_n = \lambda$ が成り立つように釣り合うものとする。この想定は，2 項分布において，「成功確率が極めて小さいけれども，試行回数が膨大であるために，平均的にはある程度発生する」ような状況に対応する。

(1)　ポアソン分布の確率関数

その場合，成功の回数をあらわす確率変数 X の確率関数は，

$$p_X(x) = \exp\{-\lambda\}\frac{\lambda^x}{x!} \quad (x = 0, 1, 2, \ldots) \tag{4.8}$$

であたえられる（付録参照）。ここで，$\exp\{z\} = \sum_{k=0}^{\infty} z^k/k!$ であり，e^z とも書ける。ただし，e は自然対数の底であり，$e = 2.71\cdots$ である。式 (4.8) が確率関数となる確率分布を**ポアソン分布**とよぶ。ポアソン分布にしたがう確率変数の分布関数は，$F_X(t) = \sum_{x \leq t} p_X(x)$ で求められる。図 4.3 には，$\lambda = 1.5$ のポアッソン分布の確率関数と分布関数とを示す。今後，確率変数 X がポアソン分布にしたがうことを，以下のようにあらわす。

$$X \sim \mathrm{Poisson}(\lambda)$$

4.1 代表的な離散型確率分布

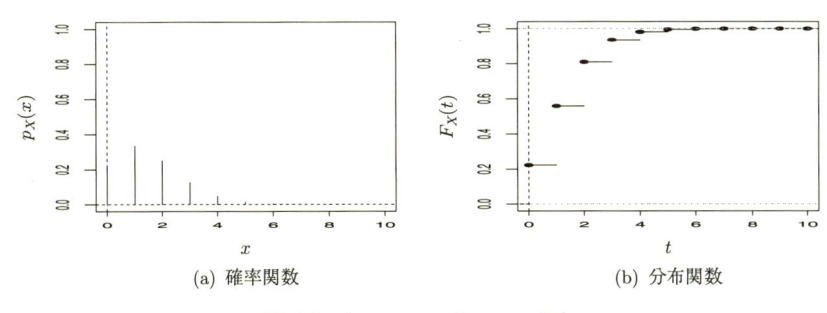

(a) 確率関数

(b) 分布関数

図 4.3　$\lambda = 1.5$ のポアソン分布

(2)　ポアソン分布の性質

確率関数 (4.8) は，条件 $\sum_{x=0}^{\infty} p_X(x) = 1$ を満たす．

$$\sum_{x=1}^{\infty} p_X(x) = \sum_{x=0}^{\infty} \exp\{-\lambda\} \frac{\lambda^x}{x!} = \exp\{-\lambda\} \sum_{x=0}^{\infty} \frac{\lambda^x}{x!}$$
$$= \exp\{-\lambda\} \exp\{\lambda\} = 1$$

最初の等号は式 (4.8) を代入することによって，2 番目の等号は（収束する級数の）共通因子をくくり出すことによって，3 番目の等号は $\exp\{\}$ の定義式より，4 番目の等号は $\exp\{\}$ が指数関数としての性質をもつことから，成り立つ．

ポアソン分布にしたがう確率変数 X の期待値は，

$$E(X) = \lambda$$

であたえられる．このことは，以下のように確かめられる．

$$E(X) = \sum_{x=0}^{\infty} x\, p_X(x) = \sum_{x=1}^{\infty} x\, p_X(x) = \sum_{x=1}^{\infty} x \exp\{-\lambda\} \frac{\lambda^x}{x!}$$
$$= \lambda \exp\{-\lambda\} \sum_{x=1}^{\infty} \frac{\lambda^{x-1}}{(x-1)!} = \lambda$$

最初の等号は期待値の定義より，2 番目の等号は $x = 0$ のとき $x\, p_X(x)$ が 0 となることから，3 番目の等号は式 (4.8) を代入することによって，4 番目の等号は（無限級数が収束するので）共通因子をくくり出すことによって，5 番目の等号は（関数 $\exp\{\}$ の定義により）$\sum_{x=1}^{\infty} \lambda^{x-1}/(x-1)! = \exp\{\lambda\}$ となることによって，成り立つ．

ポアソン分布にしたがう確率変数 X の分散も

$$V(X) = \lambda$$

であたえられる。期待値と分散が等しくなることはポアソン確率変数の特徴である。このことは以下のように確かめられる。

$$\begin{aligned}
V(X) &= \sum_{x=0}^{\infty} (x-\lambda)^2 p_X(x) \\
&= \sum_{x=0}^{\infty} \{x(x-1) + (1-2\lambda)x + \lambda^2\} p_X(x) \\
&= \sum_{x=0}^{\infty} x(x-1) p_X(x) + (1-2\lambda) \sum_{x=0}^{\infty} x\, p_X(x) + \lambda^2 \sum_{x=0}^{\infty} p_X(x) \\
&= \lambda^2 + (1-2\lambda)\lambda + \lambda^2 = \lambda
\end{aligned}$$

最初の等号は分散の定義式より，2番目の等号は $(x-\lambda)^2$ を整理することから，3番目の等号は（収束する級数の）加算の順序の交代から，4番目の等号は

$$\sum_{x=0}^{\infty} x(x-1) p_X(x) = \sum_{x=2}^{\infty} x(x-1) p_X(x) = \lambda^2 \exp\{-\lambda\} \sum_{x=2}^{\infty} \frac{\lambda^{x-2}}{(x-2)!}$$

と $E(X) = \lambda$, $\sum_{x=0}^{\infty} p_X(x) = 1$ から，成り立つ．

●例● ポアソン分布の適用例

最後に，歴史的な有名な適用例を紹介する．ボルトキビッチによる，プロシアの軍隊において，1年間に馬に蹴られて死亡した兵士の数の分布である．14師団についての 20 年間（1875–1894 年）分のデータなので，観察度数は 280 である．表 4.2 は，観察度数とポアソン分布を当てはめた期待度数とを示す．λ には，観察度数の算術平均 $196/280 = 0.70$ を代入した．代入して計算した確率に観察総

表 4.2　1 年間に馬に蹴られて死んだ兵士の数の分布

x	0	1	2	3	4	5 以上	合計
観察度数	144	91	32	11	2	0	280
期待度数	139	97	34	8	1	0	280

注：期待度数 $= 280 \times 2.71^{-0.70} 0.70^x / x!$.
資料：Bulmer, M.G. (1979), p. 92.

数 280 をかけて期待度数を計算している。表 4.2 は，観察度数と期待度数とが似通っていることを示す。おそらく，多数の兵士が馬といっしょに行動する状況では，運が悪いと馬に蹴られて死ぬという場面が，互いに無関係に，かつ，頻繁に生じていたのであろう。

現在でも，ポアソン分布は事故の発生件数をあらわすのに多用される。

4.2 代表的な連続型確率分布
4.2.1 正 規 分 布
(1) 正規分布の形状

人間の身長は，左右が対称なベル型の分布にしたがうといわれている。図 4.4 は，Karl Pearson がもちいた，1,078 人分の父親の身長（インチ）[1] のヒストグラムを示す。図 4.4 は，67.5 インチを中心に，ほぼ左右対称のベル型に見える。

図 4.4 に見られる度数分布は，正規分布とよばれる確率分布に似ている。身長以外にも，たとえば測定誤差のように，正規分布で近似しやすい度数分布が多い。しかも，後に述べるように，正規分布は統計理論上重要視される。以下では，正規分布の基本的な性質，とくに，その利用方法について説明する。

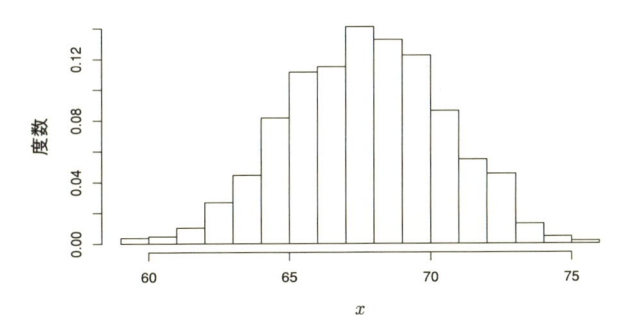

図 4.4 父親の身長のヒストグラム
資料：Karl Pearson の父親の身長に関するデータ

---

[1] http://stat-www.berkeley.edu/users/juliab/141C/pearson.dat から入手した。

(2) 正規分布の密度関数

確率変数 X の密度関数が

$$f_X(x) = \frac{1}{\sqrt{2\pi}\sigma} \exp\left\{-\frac{(x-\mu)^2}{2\sigma^2}\right\} \tag{4.9}$$

となるとき，X は期待値 μ，分散 σ^2 の**正規分布**にしたがうという。密度関数 (4.9) から，$\mu = E(X)$ と $\sigma^2 = V(X)$ とが導ける（付録参照）。大切なことは，密度関数 (4.9) が，μ と σ^2 （または，その平方根である標準偏差 σ）に応じて位置と形とを変えることである。

まず，正規分布の中心の位置は期待値 μ によって決まる。ここで，中心の位置とは，密度関数 (4.9) が左右が対称となるような，横軸 x に垂直な対称線の位置（x の値）を意味する。

中心の位置からのバラツキは分散 σ^2 （または，σ）で決まる。目安として，期待値 μ で分散が σ^2 である正規分布にしたがう確率変数 X は，$\mu \pm \sigma$ の範囲に約 $2/3$ の確率で，$\mu \pm 2\sigma$ の範囲に約 95% の確率で，$\mu \pm 3\sigma$ の範囲に 99.7% 以上の確率で発生する。

(3) 正規分布のあらわし方

正規分布が期待値 μ と分散 σ^2 とで1つに決まることから，確率変数 X がそのような正規分布にしたがうことを

$$X \sim N(\mu, \sigma^2)$$

とあらわす。ここで，N は正規分布 Normal Distribution の頭文字である。図 4.5 には，$N(0, 1)$ と $N(1, 2), N(2, 0.25)$ の密度関数を示す。

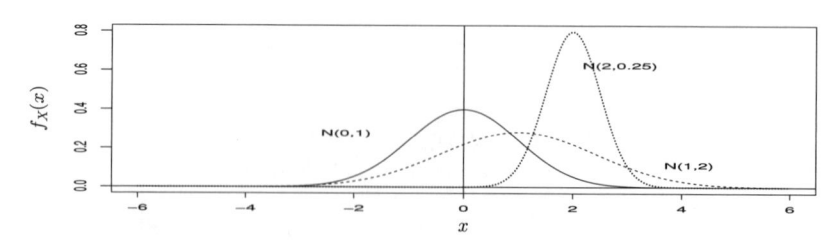

図 4.5 正規分布 $N(0, 1)$，$N(1, 2)$，$N(2, 0.25)$ の密度関数

(4) 標準化と標準正規分布

正規分布にしたがう確率変数は，1次関数による変換を経ても正規分布にしたがう。つまり，X が正規分布にしたがうとき，$Y = a + bX$ も正規分布にしたがう。ただし，a と b は定数である。確率分布の型によらず，

$$E(Y) = a + b\,E(X), \qquad V(Y) = b^2 V(X)$$

が成り立つことから，$X \sim N(\mu_X, \sigma_X^2)$ のとき，

$$Y \sim N(a + b\mu_X,\, b^2 \sigma_X^2)$$

となることがわかる。

1次関数による変換のうちでもっとも重要なのは標準化である。すなわち，$X \sim N(\mu_X, \sigma_X^2)$ のとき，

$$Z = \frac{X - \mu_X}{\sigma_X} \sim N(0, 1)$$

となる。期待値が 0 で分散が 1 である正規分布 $N(0,1)$ を**標準正規分布**とよぶ。どのような正規分布であっても，標準化によって標準正規分布に変換できる。したがって，正規分布にしたがう確率変数に関する確率は，標準正規分布にもとづいて計算できる。

たとえば，$X \sim N(3, 4)$ のときに，$\Pr(X \leq 5)$ を求める。標準化した確率変数 $Z = (X - 3)/\sqrt{4}$ が標準正規分布にしたがうことをもちいれば，

$$\Pr(X \leq 5) = \Pr\left(\frac{X - 3}{\sqrt{4}} \leq \frac{5 - 3}{\sqrt{4}}\right) = \Pr(Z \leq 1) = F_Z(1)$$

となる。標準正規分布表によれば，この確率は，約 0.84 である。正規分布の確率評価に標準正規分布が常用されることから，標準正規分布の分布関数を

$$\Phi(t) = F_Z(t) = \Pr(Z \leq t)$$

と記すことも多い。さらに，上側の確率

$$\Pr(Z \geq t) = \Pr(Z > t) = 1 - \Phi(t)$$

や両側の確率

$$\Pr(|Z| \geq t) = \Pr(Z \leq -t) + \Pr(Z \geq t) = 2\Phi(-t)$$

で正数 t を特定することも多い。

表 4.3 標準正規分布の分布関数 $\Phi(t) = \Pr(Z \leq t)$ の値

t	0.00	1.00	1.64	1.96	2.00	3.00
$\Phi(t)$	0.500	0.841	0.950	0.975	0.978	0.999

表 4.3 には，代表的な t の値に対応する $\Phi(t)$ の値を示す．標準正規分布の密度関数が $x = 0$ で左右対称であることを使えば，表 4.3 から，たとえば，$\Phi(-1.96) = 0.025$ などが導ける．他の t の値に対応する $\Phi(t)$ の数値は，統計数値表や統計ソフトウェアから得られる．図 4.6 には，標準正規分布 $N(0, 1)$ にしたがう確率変数 X の密度関数 (4.9) と分布関数 $\Phi(t)$ とを示す．

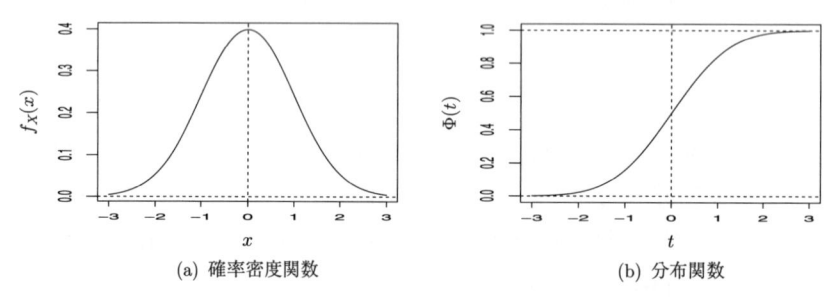

(a) 確率密度関数

(b) 分布関数

図 4.6 標準正規分布 $N(0, 1)$

● 例 ● 正規分布の利用例

Karl Pearson の父親の身長のデータ（図 4.4）から平均と分散を計算すると，それぞれ，67.7，7.53 となる．

そこで，父親の身長 X の分布が

$$X \sim N(67.7, 7.53)$$

で近似できると考える．このとき，父親の身長が 70 インチ以下になる確率を以下のように求めることができる．

$$\Pr(X \leq 70) = \Pr\left(\frac{X - 67.7}{\sqrt{7.53}} \leq \frac{70 - 67.7}{\sqrt{7.53}}\right) \doteqdot \Phi(0.84) \doteqdot 0.800$$

実際のデータにおいては，父親の身長が 70 インチ以下である個体の割合は，$856/1078 = 0.794$ となっている．正規分布でうまく近似できることがわかる．

練習問題 4

1. 箱 A には，赤いボールが 7 つ，青いボールが 3 つ入っている．箱 B には，赤いボールが 3 つ，青いボールが 7 つ入っている．外見では両者の区別はつかない．1 つの箱をランダムにまず選び，その箱の中から「ボールを 1 つ取り出して，その色を記録してからもとに戻す」ことを 12 回繰り返した．その結果，赤が 8 回，青が 4 回出てきた[2]．これについて，以下の問いに答えなさい．
   (a) 「箱 A を取り出す」という条件のもとで，「赤が 8 回，青が 4 回出る」確率を求めなさい．
   (b) 「赤が 8 回，青が 4 回出る」という条件のもとで，「箱 A を取り出す」確率を求めなさい（ヒント：Bayes の定理を利用する）．
2. Y 市での平均的な年間交通事故発生件数は 10 件であるという．事故発生件数がポアソン分布にしたがうと仮定して，Y 市の年間事故発生件数が 5 件以下になる確率を求めなさい．
3. W さんの通学時間（分）は，平均が 60，分散が 25 の正規分布で近似できるという．これについて，以下の問いに答えなさい．
   (a) 授業開始前の 65 分前に家を出発したとする．このとき，W さんが講義の開始前に学校に着く確率を求めなさい．
   (b) 講義の開始前に学校に着く確率を 0.95 以上にするためには，遅くとも何分前に家を出発しなければならないかを求めなさい．

付録 4

付録 4.1 ポアソン分布の確率関数の導出

試行回数と成功確率との積が一定値 $\lambda = n p_n$ である 2 項分布の極限 $(n \to \infty)$ が式 (4.8) になることを示す．その過程で，自然対数の底 e の古典的定義

$$e = \lim_{n \to \infty} (1 + n^{-1})^n$$

をもちいる．

2 項分布にしたがう確率変数 X の確率関数 (4.5) に $p_n = \lambda/n$ を代入し，n に無関係な因子を前に出して整理する．

---

[2] 繁桝 (1985), pp. 22-23.

$$p_X(x) = \frac{n!}{x!(n-x)!}\left(\frac{\lambda}{n}\right)^x \left(1-\frac{\lambda}{n}\right)^{n-x}$$
$$= \frac{\lambda^x}{x!}\left(1-\frac{\lambda}{n}\right)^n \frac{n!}{(n-x)!\, n^x}\left(1-\frac{\lambda}{n}\right)^{-x}$$

自然対数の底 e の古典的な定義をもちいれば，
$$\lim_{n\to\infty}\left(1-\frac{\lambda}{n}\right)^n = \exp\{-\lambda\}$$
が得られる．つぎに，
$$\frac{n!}{(n-x)!\, n^x} = \frac{n(n-1)\cdots(n-x+1)}{n^x} = 1\cdot\left(1-\frac{1}{n}\right)\cdots\left(1-\frac{x-1}{n}\right)$$
となることから，固定された x のもとでこの因子は $n\to\infty$ のとき 1 に収束する．最後に，固定された x のもとで
$$\lim_{n\to\infty}\left(1-\frac{\lambda}{n}\right)^{-x} = 1$$
したがって，以下の式が導ける
$$\lim_{n\to\infty} p_X(x) = \exp\{-\lambda\}\frac{\lambda^x}{x!}$$

付録 4.2 正規分布の基本的な性質の確認

(1) 標準正規分布

標準正規分布 $N(0, 1)$ について，以下の 3 つの性質を確かめる．
$$\int_{-\infty}^{\infty} f_Z(z)dz = 1, \quad E(Z) = 0, \quad V(Z) = 1$$
ただし，$f_Z(z)$ は以下のとおり定義する．
$$f_Z(z) = \frac{1}{\sqrt{2\pi}}\exp\left\{-\frac{z^2}{2}\right\}$$

最初の性質は
$$I = \int_{-\infty}^{\infty}\exp\left\{-\frac{z^2}{2}\right\}dz$$
とするとき，$I^2 = 2\pi$ と同じなので，これを示す．重積分の性質をもちいれば，
$$I^2 = \int_{-\infty}^{\infty}\int_{-\infty}^{\infty}\exp\left\{-\frac{u^2+v^2}{2}\right\}du\, dv$$
となる．ここで，極座標変換，
$$u = r\cos\theta, \quad v = r\sin\theta$$

を利用する。ただし，$r > 0, 0 < \theta < 2\pi$ である。変換のヤコビアンは

$$\left\| \begin{array}{cc} r\cos\theta & \sin\theta \\ -r\sin\theta & \cos\theta \end{array} \right\| = r$$

となる。したがって，以下の式を得る。

$$\begin{aligned} I^2 &= \int_0^{2\pi} \int_0^\infty r \exp\left\{-\frac{r^2}{2}\right\} dr\, d\theta \\ &= \int_0^{2\pi} d\theta \int_0^\infty r \exp\left\{-\frac{r^2}{2}\right\} dr \\ &= [\theta]_0^{2\pi} \left[-\exp\left\{-\frac{r^2}{2}\right\}\right]_0^\infty = 2\pi \end{aligned}$$

第2の式 $E(Z) = 0$ は以下のように確かめられる。

$$\begin{aligned} E(Z) &= \int_{-\infty}^\infty z \frac{1}{\sqrt{2\pi}} \exp\left\{-\frac{z^2}{2}\right\} dz \\ &= \frac{1}{\sqrt{2\pi}} \left[-\exp\left\{-\frac{z^2}{2}\right\}\right]_{-\infty}^\infty = 0 \end{aligned}$$

第3の式 $V(Z) = 1$ は以下のように確かめられる。$E(Z) = 0$ であることに注意する。

$$\begin{aligned} V(Z) &= \int_{-\infty}^\infty z^2 \frac{1}{\sqrt{2\pi}} \exp\left\{-\frac{z^2}{2}\right\} dz \\ &= \int_{-\infty}^\infty z \left(-\frac{1}{\sqrt{2\pi}} \exp\left\{-\frac{z^2}{2}\right\}\right)' dz \\ &= \left[z\left(-\frac{1}{\sqrt{2\pi}} \exp\left\{-\frac{z^2}{2}\right\}\right)\right]_{-\infty}^\infty + \int_{-\infty}^\infty \frac{1}{\sqrt{2\pi}} \exp\left\{-\frac{z^2}{2}\right\} dz \\ &= 1 \end{aligned}$$

(2) $N(\mu, \sigma^2)$

つぎに，$X \sim N(\mu, \sigma^2)$ である場合に，以下の3点を確かめる。

$$\int_{-\infty}^\infty f_X(x)\, dx = 1, \quad E(X) = \mu, \quad V(X) = \sigma^2$$

第1の式は，積分における変数変換，$z = (x - \mu)/\sigma$ を利用して確かめられる。変数変換のヤコビアンが σ になるので，以下の式が成り立つ。

$$\int_{-\infty}^\infty \frac{1}{\sqrt{2\pi}\,\sigma} \exp\left\{-\frac{(x-\mu)^2}{2\sigma^2}\right\} dx = \int_{-\infty}^\infty \frac{1}{\sqrt{2\pi}} \exp\left\{-\frac{z^2}{2}\right\} dz = 1$$

なお，この式は，標準化によって任意の正規分布が標準正規分布に変換できることも示している。

第2の式の成立は，$E(X-\mu)=0$ によって確かめられる．上と同じ変数変換をもちいれば，以下の式が得られる．

$$E(X-\mu) = \int_{-\infty}^{\infty} (x-\mu) \frac{1}{\sqrt{2\pi}\,\sigma} \exp\left\{-\frac{(x-\mu)^2}{2\sigma^2}\right\} dx$$

$$= \sigma \int_{-\infty}^{\infty} z \frac{1}{\sqrt{2\pi}} \exp\left\{-\frac{z^2}{2}\right\} dz = 0$$

第3の式の成立も，同じ変数変換によって確かめられる．

$$V(X) = \int_{-\infty}^{\infty} (x-\mu)^2 \frac{1}{\sqrt{2\pi}\,\sigma} \exp\left\{-\frac{(x-\mu)^2}{2\sigma^2}\right\} dx$$

$$= \sigma^2 \int_{-\infty}^{\infty} z^2 \frac{1}{\sqrt{2\pi}} \exp\left\{-\frac{z^2}{2}\right\} dz = \sigma^2$$

5 多次元の確率分布

この章の目的

この章では，複数の確率変数が同時に出現する場合を扱う。具体的には，
- 同時確率と条件つき確率，周辺確率
- 確率変数の独立性
- 条件つき期待値と条件つき分散
- 多項分布と2変量正規分布

について説明する。

5.1 多次元の確率変数

複数の確率変数を同時に扱う場合を考える。たとえば，個人の100メートル走のタイム X（秒）と200メートル走のタイム Y（秒）との間には関連があると予想される。両者の関係を調べるには，それぞれを別々に眺めるのではなく，両方を同時に見なければならない。ここで，両者を同時に見る方法を整理する。

2つの確率変数の組を (X, Y) と記す。その実現値は，2次元平面上の点としてあらわせる。このことから，(X, Y) がしたがう確率分布を2次元確率分布とよぶ。2変量確率分布とよぶこともある。

簡単のため，以下では離散型確率変数を中心に説明を進める。しかし，若干

の修正を加えた上で，連続型確率変数にも成り立つ性質がほとんどである．

5.1.1 離散型の場合

つぎのような実験を考える．これを実験 A とよぶ．

＜実験 A＞

1. まずサイコロを 1 つ投げる．
2. その結果に応じて，2 回目に投げるサイコロの種類を変える．
    (a) もし，それが奇数であれば，奇数の目を 2 つずつ（1 を 2 つ，3 を 2 つ，5 を 2 つ）もったサイコロを 2 回目に投げる．
    (b) もし，それが偶数であれば，偶数の目を 2 つずつ（2 を 2 つ，4 を 2 つ，6 を 2 つ）もったサイコロを 2 回目に投げる．

最初に投げるサイコロの出目を X，2 回目に投げるサイコロの出目を Y とする．どちらも，確率変数である．

確率変数 X の確率関数を $p_X(x) = P(X = x)$ とあらわす．公正なサイコロであれば，その確率関数は以下のとおりである．

$$p_X(x) = 1/6 \quad (x = 1, 2, \ldots, 6)$$

(1) 条件つき確率関数

仮に，$X = 2$ であるとすると，Y の確率分布はつぎのように書ける．

$$\Pr(Y = 1|X = 2) = 0, \quad \Pr(Y = 2|X = 2) = 1/3,$$
$$\Pr(Y = 3|X = 2) = 0, \quad \Pr(Y = 4|X = 2) = 1/3,$$
$$\Pr(Y = 5|X = 2) = 0, \quad \Pr(Y = 6|X = 2) = 1/3$$

ここで，$\Pr(Y = 1|X = 2)$ は，事象「$X = 2$」が発生しているという条件のもとで事象「$Y = 1$」が発生する確率をあらわす．X が偶数であれば，偶数の目をもつサイコロがつぎに投げられるので，$Y = 1$ となる確率は 0 となる．その他の Y の値の条件つき確率も同様に求められる．

実験 A では，X の値に応じて Y の出方（分布）が変化する．このことを明示するために，以下の記号を導入する．

$$p_{Y|X}(y|x) = \Pr(Y = y|X = x) \tag{5.1}$$

5.1 多次元の確率変数

式 (5.1) を X を条件とした Y の**条件つき確率関数**とよぶ．条件つき確率関数であらわされる分布を条件つき確率分布とよぶ．条件つき確率分布は，確率変数 X と Y の関係の一面をとらえている．実際，

$$p_{Y|X}(y|x) \quad (y = 1, 2, \ldots, 6)$$

の値は，X の値によって変化する．

(2) 同時確率関数

実験 A をもちいて，今度は $\Pr(X = x, Y = y)$ を考えよう．ただし，「$X = x, Y = y$」は「$X = x \cap Y = y$」を意味するものとする．事象に関する乗法法則をもちいれば，以下の式が成り立つ．

$$\Pr(X = x, Y = y) = \Pr(X = x) \Pr(Y = y|X = x)$$

これは，2 つの確率変数 X と Y とを同時に見た場合の確率をあらわす．これは，2 つの変数の関係をあらわす．そこで，**同時確率関数**を式 (5.2) で定義する．

$$p_{X,Y}(x, y) = \Pr(X = x, Y = y) \tag{5.2}$$

式 (5.1) と式 (5.2) との関係は，以下のように示される．

$$p_{X,Y}(x, y) = p_X(x) \, p_{Y|X}(y|x) \tag{5.3}$$

実験 A における同時確率を表 5.1 に示す．

表 5.1　実験 A における同時確率

x	\multicolumn{6}{c}{y}	$p_X(x)$
	1	2	3	4	5	6	
1	1/18	0	1/18	0	1/18	0	1/6
2	0	1/18	0	1/18	0	1/18	1/6
3	1/18	0	1/18	0	1/18	0	1/6
4	0	1/18	0	1/18	0	1/18	1/6
5	1/18	0	1/18	0	1/18	0	1/6
6	0	1/18	0	1/18	0	1/18	1/6
$p_Y(y)$	1/6	1/6	1/6	1/6	1/6	1/6	1

(3) 周辺確率関数

表 5.1 から，Y の確率関数

$$p_Y(y) = \Pr(Y = y)$$

を計算する方法を考える。$\Pr(Y = y)$ は，「X の値がどうあれ，Y の値が y となる確率」をあらわす。例として，y が 1 である場合を考える。X の取りうる値は全部で 6 とおりである。したがって，「$Y = 1$ かつ $X = 1$」となる確率，「$Y = 1$ かつ $X = 2$」となる確率，…，「$Y = 1$ かつ $X = 6$」となる確率ですべての場合を尽くす。これらが互いに排反な事象なので，以下の結果を得る。

$$\Pr(Y = 1) = \sum_{x=1}^{6} \Pr(X = x, Y = 1)$$

任意の y についてこの関係が成り立つので，つぎの結果を得る。

$$p_Y(y) = \sum_{x=1}^{6} p_{X,Y}(x, y) \quad (y = 1, 2, \ldots, 6) \tag{5.4}$$

表 5.1 に即していえば，y の値を 1 つに固定して，対応する 1 列の同時確率を合計すれば $p_Y(y)$ が求まる。その結果を表 5.1 の下側の周辺部に示してある。表の周辺にあらわれることから，$p_Y(y)$ を周辺確率関数とよぶ。

同様に，表 5.1 において，x を固定して行方向に合計すれば $p_X(x)$ が得られる。その意味は，「Y の値はどうあれ，とにかく X が x になる確率」をあらわす。したがって，$p_X(x)$ も周辺確率関数と解釈できる。

(4) 同時確率関数・周辺確率関数からの条件付き確率関数の計算方法

式 (5.3) から，$p_X(x) \neq 0$ となる x について，

$$p_{Y|X}(y|x) = \frac{p_{X,Y}(x, y)}{p_X(x)} \tag{5.5}$$

が成り立つ。このことは，条件つき確率の定義からも明らかである。ただし，「$X = x$」があたえられたもとで，すべての y について，上の式が成り立つことに注意する。そこから，以下の関係が導かれる。

$$\sum_{y=1}^{6} p_{Y|X}(y|x) = \frac{\sum_{y=1}^{6} p_{X,Y}(x, y)}{p_X(x)} = \frac{p_X(x)}{p_X(x)} = 1$$

5.1 多次元の確率変数

つまり，条件つき確率関数は，条件「$X = x$」のもとでの確率分布となる。

今度は，Y を条件としたときの X の条件つき確率関数

$$p_{X|Y}(x|y) = \Pr(X = x | Y = y)$$

を計算する方法を考える。実験 A では，X が先に決まり，Y が後から決まるのだから，このような条件つき確率を考えることは不自然に思えるかもしれない。しかし，「X の結果を見ずに Y の結果だけ教えてもらったとき，最初の X はいくつだったのか」という問いは実際上も意味があり，自然な想定である。

事象に関する積の法則をもちいれば，$p_Y(y) \neq 0$ であるような y について，

$$\begin{aligned} p_{X|Y}(x|y) &= \Pr(X = x | Y = y) \\ &= \frac{\Pr(X = x, Y = y)}{\Pr(Y = y)} = \frac{p_{X,Y}(x, y)}{p_Y(y)} \end{aligned}$$

が成り立つ。ここでも，$p_Y(y) \neq 0$ となる y があたえられたもとで，すべての x について上の式が成り立つ。このときも，

$$\sum_{x=1}^{6} p_{X|Y}(x|y) = \frac{\sum_{x=1}^{6} p_{X,Y}(x, y)}{p_Y(y)}$$

$$= \frac{p_Y(y)}{p_Y(y)} = 1$$

となる。つまり，$p_{X|Y}(x|y)$ は，$p_Y(y) \neq 0$ となる y があたえられたという条件のもとで，X に関する確率分布となる。

複数個の（離散型）確率変数についても分布関数

$$F_{X,Y}(t_X, t_Y) = \Pr(X \leq t_X, Y \leq t_Y)$$

を考えることができる。同時確率関数をつかって分布関数をあらわせば，

$$F_{X,Y}(t_X, t_Y) = \sum_{x \leq t_X} \sum_{y \leq t_Y} p_{X,Y}(x, y)$$

と書ける。ただし，$\sum_{x \leq t_X} \sum_{y \leq t_Y}$ は，x が t_X 以下で，かつ，y が t_Y 以下であるような (x, y) のすべての組み合わせについて合計することを意味する。

5.1.2 連続型の場合

確率変数 X と Y との両方が連続型である場合は，密度関数で確率分布をあらわす．2つの連続型確率変数の分布関数が以下のとおりあらわせるとき，

$$F_{X,Y}(t_X, t_Y) = \int_{-\infty}^{t_X} \int_{-\infty}^{t_Y} f_{X,Y}(x,y) dy\, dx$$

$f_{X,Y}(x,y)$ を**同時密度関数**とよぶ．離散型確率変数の $p_{X,Y}(x,y)$ と同様に，$f_{X,Y}(x,y)$ は複数の連続型確率変数を同時にみた場合の確率分布をあらわす．

同時密度関数を x について積分した結果を Y の**周辺密度関数**とよぶ．

$$f_Y(y) = \int_{-\infty}^{\infty} f_{X,Y}(x,y) dx$$

これは，X の実現値を問わずに，Y の出方にだけ注目したときの密度関数と解釈できる．同じように，X の周辺密度関数が以下のとおり得られる．

$$f_X(x) = \int_{-\infty}^{\infty} f_{X,Y}(x,y) dy$$

同時密度関数 $f_{X,Y}(x,y)$ を X の周辺密度関数 $f_X(x)$（ただし，$f_X(x) \neq 0$ となるような x とする）で除せば，X を条件とした Y の**条件つき密度関数**

$$f_{Y|X}(y|x) = f_{X,Y}(x,y)/f_X(x)$$

が得られる．これは，式 (5.5) からの類推によって，X の値を所与としたときの Y の出方をあらわしていると解釈できる．実際，形式的に $f_X(x) \neq 0$ なら，

$$\int_{-\infty}^{\infty} f_{Y|X}(y|x) dy = \frac{\int_{-\infty}^{\infty} f_{X,Y}(x,y) dy}{f_X(x)} = \frac{f_X(x)}{f_X(x)} = 1$$

となり，$f_{Y|X}(y|x)$ は X の値を所与としたときの Y の確率分布とみなせる．

ただし，X が連続型確率変数であるときは，$\Pr(X = x) = 0$ なので，離散型確率変数からの類推ではすまない側面がある．$f_{Y|X}(y|x)$ を確率分布とみなすためには，いっそう深い考察が必要である．しかし，以降は，$f_{Y|X}(y|x)$ も普通の確率密度関数と同様の性質をもつものとして扱う．

X と Y の役割を交代し，Y を条件とした X の条件つき密度関数が求まる．

$$f_{X|Y}(x|y) = f_{X,Y}(x,y)/f_Y(y)$$

5.2 確率変数の独立性

確率変数の独立性について述べるために，以下のような実験 B を考える。

＜実験 B＞

1. まず，サイコロを1つ投げる。
2. その結果によらず，普通のサイコロ1つを2回目に投げる。

最初のサイコロの出目を X とし，もう1つのサイコロの出目を Y とする。2つのサイコロは公正であるとする。このとき，36とおりの実現値 (x, y) がどれも一様に出やすいと考えられる。したがって，(X, Y) の同時確率関数は $p_{X,Y}(x, y) = 1/36$ となる。表 5.2 は，実験 B における同時確率を示す。

表 5.2 から条件つき確率を計算すると，すべての x, y について，

$$p_{X|Y}(x|y) = p_X(x) \tag{5.6}$$

が成り立っていることがわかる。すなわち，Y を条件としたときの X の条件つき確率の値は，周辺確率の値と等しくなる。このことは，Y がどのような値になっても，X の出方に影響をおよぼさないことを意味する。その意味で，X は Y と無関係に発生している。

また，表 5.2 から，すべての x, y について

$$p_{Y|X}(y|x) = p_Y(y) \tag{5.7}$$

が成り立つこともわかる。Y も X と無関係に発生している。

表 5.2　実験 B に対応する同時確率

x	\multicolumn{6}{c}{y}	$p_X(x)$
	1	2	3	4	5	6	
1	1/36	1/36	1/36	1/36	1/36	1/36	1/6
2	1/36	1/36	1/36	1/36	1/36	1/36	1/6
3	1/36	1/36	1/36	1/36	1/36	1/36	1/6
4	1/36	1/36	1/36	1/36	1/36	1/36	1/6
5	1/36	1/36	1/36	1/36	1/36	1/36	1/6
6	1/36	1/36	1/36	1/36	1/36	1/36	1/6
$p_Y(y)$	1/6	1/6	1/6	1/6	1/6	1/6	1

両者が無関係であることを同時確率関数によって表現することもできる。一般に，同時確率関数は，以下のとおりあらわせる。

$$p_{X,Y}(x,y) = p_X(x)\,p_{Y|X}(y|x)$$

実験 B においては，すべての x, y について式 (5.7) が成り立つ。したがって，実験 B では，すべての x, y について，以下の式が成立する。

$$p_{X,Y}(x,y) = p_X(x)\,p_Y(y) \tag{5.8}$$

すなわち，同時確率関数が，周辺確率関数の積としてあらわせる。逆に，すべての x, y についてこの条件が成り立つなら，式 (5.6) と式 (5.7) も成り立つ。したがって，この条件は「X と Y とが無関係である」ことの別表現になる。

さらに，すべての実現値 x, y について式 (5.8) が成り立てば，

$$F_{X,Y}(t_X, t_Y) = F_X(t_X)\,F_Y(t_Y) \tag{5.9}$$

が，任意の t_X, t_Y について成り立つ。このことは，つぎのように確かめられる。

$$\begin{aligned} F_{X,Y}(t_X, t_Y) &= \sum_{x \leq t_X} \sum_{y \leq t_Y} p_{X,Y}(x,y) = \sum_{x \leq t_X} \sum_{y \leq t_Y} p_X(x)\,p_Y(y) \\ &= \sum_{x \leq t_X} p_X(x) \sum_{y \leq t_Y} p_Y(y) = F_X(t_X)\,F_Y(t_Y) \end{aligned}$$

逆に，この条件が成り立てば，すべての x, y について，式 (5.8) が成り立つことがつぎのようにして確かめられる。簡単のため，実現値 x, y の組み合わせが有限である場合を考える。ある実現値の組 (x_1, y_1) に対して，x_1 より小さい X 実現値のうち最大のもの（それがない場合は x_1 よりも小さい任意の値）を x_0，y_1 より小さい Y 実現値のうち最大のもの（直前の値がない場合は y_1 よりも小さい任意の値）を y_0 とする。まず，

$$\begin{aligned} p_{X,Y}(x_1, y_1) = & F_{X,Y}(x_1, y_1) - F_{X,Y}(x_0, y_1) \\ & - F_{X,Y}(x_1, y_0) + F_{X,Y}(x_0, y_0) \end{aligned}$$

が成り立つことに注意する。式 (5.9) のもとでは，

$$F_{X,Y}(x_i, y_j) = F_X(x_i)\,F_Y(y_j) \quad (i, j = 0, 1)$$

5.2 確率変数の独立性

が成り立つ。このため，

$$\begin{aligned} p_{X,Y}(x_1, y_1) &= F_X(x_1)\,F_Y(y_1) - F_X(x_0)\,F_Y(y_1) \\ &\quad - F_X(x_1)\,F_Y(y_0) + F_X(x_0)\,F_Y(y_0) \\ &= p_X(x_1)\,F_Y(y_1) - p_X(x_1)\,F_Y(y_0) \\ &= p_X(x_1)\,p_Y(y_1) \end{aligned}$$

となる。つまり，任意の t_X, t_Y について，式 (5.9) が成り立つことは，2つの確率変数が無関係に発生することの別表現となっている。

連続型をふくめて，一般の2つの確率変数 X, Y について，任意の t_X, t_Y において，式 (5.9) が成り立つとき，X と Y とが**独立**であるという。

離散型確率変数においては，任意の x, y において式 (5.8) が成り立つことと独立性とは同じになる。このことは，また，すべての x, y について式 (5.6)，(5.7) が成り立つことと同じになる。

連続型の確率変数については，(積分の結果に影響しない部分を除いた) 任意の x, y において，

$$f_{X,Y}(x, y) = f_X(x)\,f_Y(y)$$

が成り立つことと独立性とが同じになる。このことは，また，(積分の結果に影響しない部分を除いた) 任意の x, y において，

$$f_{X|Y}(x|y) = f_X(x),\, f_{Y|X}(y|x) = f_Y(y)$$

が成り立つことと同じになる。

実験 B において，X と Y とは独立である。なぜなら，すべての実現値 x, y の組み合わせについて以下の式が成立するからである。

$$p_{X,Y}(x, y) = 1/36 = p_X(x)\,p_Y(y)$$

これに対して，実験 A においては，$x = 1, y = 1$ のとき，

$$p_{X,Y}(x, y) = 1/18 \neq 1/36 = p_X(x)p_Y(y)$$

となっている。したがって，X と Y とは独立でない。

5.3 多次元確率変数の関数の期待値

関数 $z = g(x, y)$ の x と y に確率変数 X と Y を代入した結果 $Z = g(X, Y)$ は，X と Y の変化に応じて変化する確率変数と考えられる．簡単のため，X と Y とが離散型確率変数であるとする．このとき，新しい確率変数 Z の確率関数は，以下の式で求められる．

$$p_Z(z) = \sum_{z=g(x,y)} p_{X,Y}(x, y)$$

ただし，$\sum_{z=g(x,y)}$ は，条件 $z = g(x, y)$ を満たすすべての (x, y) の組み合わせについて合計することをあらわす．この式が成り立つ理由は，$Z = z$ となることと $g(X, Y) = z$ となることとは同じであるから，$g(X, Y) = z$ となる確率，つまり，$g(x, y) = z$ を満たすすべての x, y の組み合わせについて，その出現確率 $p_{X,Y}(x, y)$ の合計したものが，求める確率となるためである．

確率変数 Z の期待値は，公式どおりに

$$E(Z) = \sum_z z\, p_Z(z)$$

と計算できる．が，これと同じ結果は，以下のようにしても求めることもできる．$p_Z(z) = \sum_{z=g(x,y)} p_{X,Y}(x, y)$ を上の式に代入すると，以下の式を得る．

$$E(Z) = \sum_z z \sum_{z=g(x,y)} p_{X,Y}(x, y)$$
$$= \sum_x \sum_y g(x, y) p_{X,Y}(x, y)$$

最後の等号は「もともと Z の実現値 z は，X と Y の実現値 x と y から計算されたのだから，すべての x, y について $z = g(x, y)$ を計算して合計すれば，すべての z について合計したのと同じことになる」という理由から成り立つ．

以上の考察から，離散型確率変数 (X, Y) について，

$$E(g(X, Y)) = \sum_x \sum_y g(x, y)\, p_{X,Y}(x, y) \tag{5.10}$$

と定義する．連続型確率変数 (X, Y) についても，

$$E(g(X, Y)) = \int_{-\infty}^{\infty} \int_{-\infty}^{\infty} g(x, y)\, f_{X,Y}(x, y) dy dx \tag{5.11}$$

と定義する。連続型確率変数についても，この定義による期待値と，Z の密度関数 $f_Z(z)$ を求めてから計算した期待値とが同じになることが知られている。

例として，実験 A について XY の期待値を計算すると，以下のようになる。

$$E(XY) = (1 \times 1) \times (1/18) + (1 \times 3) \times (1/18)$$
$$+ \cdots + (6 \times 6) \times (1/18) = 12.5$$

5.4 条件つき期待値と条件つき分散

実験 A において，「$Y = 2$ である」という条件があたえられた場合，X の平均的な値（期待値）をどのように計算するのが自然であろうか。条件 $Y = 2$ があたえられたとすると，X の確率分布は条件つき確率関数

$$p_{X|Y}(x|2) = 1/3 \quad (x = 2, 4, 6)$$

であたえられる。したがって，条件 $Y = 2$ があたえられたときに期待値は

$$2 \times (1/3) + 4 \times (1/3) + 6 \times (1/3) = 4$$

と考えるのが適切である。

そこで，一般に，離散型の確率変数 X, Y の場合に，$Y = y$ があたえられたときの X の**条件つき期待値**を以下の式で定める。

$$E_{X|Y}(X|y) = \sum_x x\, p_{X|Y}(x|y) \tag{5.12}$$

同様に，$X = x$ があたえられたときの Y の条件つき期待値を

$$E_{Y|X}(Y|x) = \sum_y y\, p_{Y|X}(y|x)$$

で定義する。実験 A では，たとえば，$X = 1$ のときの Y の条件つき期待値は $E_{Y|X}(Y|1) = 3$ となる。

条件 $X = x$ があたえられたときの $Z = g(X, Y)$ の条件つき期待値は以下のように定義する。

$$E_{Y|X}(g(x, Y)|x) = \sum_y g(x, y) p_{Y|X}(y|x)$$

同様に，条件 $Y = y$ があたえられたときの $Z = g(X, Y)$ の条件つき期待値は以下のように定義する．

$$E_{X|Y}(g(X, y)|y) = \sum_x g(x, y) p_{X|Y}(x|y)$$

Y の条件つき期待値と通常の期待値との関係は以下のようにあらわせる．$Y = g(X, Y)$ と考えて，通常の期待値の計算から出発する．

$$E(Y) = \sum_x \sum_y y\, p_{X,Y}(x, y) = \sum_x \sum_y y\, p_X(x) p_{Y|X}(y|x)$$
$$= \sum_x p_X(x) \sum_y y\, p_{Y|X}(y|x) = \sum_x p_X(x) E_{Y|X}(Y|x).$$

最右辺の式は，X の実現値のすべてについて，$E_{Y|X}(Y|x)$ を $p_X(x)$ で加重平均している．これは，$E_{Y|X}(Y|x)$ を x の式と見て，これに X を代入して得られる確率変数の期待値と解釈できる．これを以下の記号であらわす．

$$E_X\{E_{Y|X}(Y|X)\}$$

ただし，$E_X\{\cdot\}$ は $p_X(x)$ にもとづいて計算した期待値である．結局，Y の通常の期待値と Y の条件つき期待値との間に以下のような関係がある．

$$E(Y) = E_X\{E_{Y|X}(Y|X)\} \tag{5.13}$$

すなわち，Y の通常の期待値は，条件つき期待値の期待値となる．同様に，

$$E(X) = E_Y\{E_{X|Y}(X|Y)\}$$

という関係も得られる．連続型確率変数についても同じ関係式が得られる．

条件つき期待値に合わせて，$Y = y$ をあたえたときの X の**条件つき分散**を以下のように定義する．

$$V_{X|Y}(X|y) = \sum_x (x - E_{X|Y}(X|y))^2 p_{X|Y}(x|y) \tag{5.14}$$

たとえば，実験 A で $Y = 2$ のとき，X の条件つき分散を以下の計算で求める．

$$(2-4)^2 \times (1/18) + (4-4)^2 \times (1/18) + (6-4)^2 \times (1/18) = 4/9$$

同様に，$X = x$ をあたえたときの Y の条件つき分散を以下で定める．

$$V_{Y|X}(Y|x) = \sum_y (y - E_{Y|X}(Y|x))^2 p_{Y|X}(y|x)$$

5.4 条件つき期待値と条件つき分散

通常の分散と条件つき分散との関係は以下のように求められる。説明の簡単のため，離散型確率変数 X, Y を使って説明する。

$$\begin{aligned}
V(Y) &= \sum_x \sum_y (y - \mu_Y)^2 p_{X,Y}(x, y) \\
&= \sum_x p_X(x) \sum_y \{(y - E_{Y|X}(Y|x)) + (E_{Y|X}(Y|x) - \mu_Y)\}^2 p_{Y|X}(y|x) \\
&= \sum_x p_X(x) \{\sum_y (y - E_{Y|X}(Y|x))^2 p_{Y|X}(y|x)\} \\
&\quad + \sum_x p_X(x)(E_{Y|X}(Y|x) - \mu_Y)^2
\end{aligned}$$

最後の等号では，X のすべての実現値 x について

$$\sum_y p_{Y|X}(y|x)(y - E_{Y|X}(Y|x)) = 0$$

となることを使っている。条件つき分散の定義から，

$$V_{Y|X}(Y|x) = \sum_y (y - E_{Y|X}(Y|x))^2 p_{Y|X}(y|x)$$

である。これを x の関数と見て，x に確率変数 X を代入すれば，最右辺の第1項は，$V_{Y|X}(Y|X)$ の期待値と解釈できる。これを以下のように表記する。

$$E_X\{V_{Y|X}(Y|X)\}$$

他方，$V(Y)$ の最右辺第2項は，$\mu_Y = E_X\{E_{Y|X}(Y|X)\}$ となることから，確率変数 $E_{Y|X}(Y|X)$ の分散と解釈できる。これを以下のように表記する。

$$V_X\{E_{Y|X}(Y|X)\}$$

結局，通常の分散と条件つき分散との間に以下の関係があることがわかった。

$$V(Y) = E_X\{V_{Y|X}(Y|X)\} + V_X\{E_{Y|X}(Y|X)\} \quad (5.15)$$

すなわち，Y 通常の分散は，条件つき分散の期待値と条件つき期待値の分散の和としてあらわせる。同じように，以下の関係式も求められる。

$$V(X) = E_Y\{V_{X|Y}(X|Y)\} + V_Y\{E_{X|Y}(X|Y)\}$$

これらの関係は，連続型確率変数についても成り立つ。

5.5 確率変数の和の期待値と分散

5.5.1 確率変数の和の期待値

2つの確率変数の和 $X+Y$ の期待値と分散について考察する。和は関数の一種なので，定義式どおりに期待値を計算する。簡単のため，X と Y が離散型変数であるとする。

$$\begin{aligned}
E(X+Y) &= \sum_x \sum_y (x+y) p_{X,Y}(x,y) \\
&= \sum_x \sum_y x\, p_{X,Y}(x,y) + \sum_x \sum_y y\, p_{X,Y}(x,y) \\
&= \sum_x x \sum_y p_{X,Y}(x,y) + \sum_y y \sum_x p_{X,Y}(x,y) \\
&= \sum_x x\, p_X(x) + \sum_y y\, p_Y(y) \\
&= E_X(X) + E_Y(Y)
\end{aligned}$$

つまり，和の期待値は，個々の確率変数の周辺分布で計算した期待値の和になる。3つ以上の確率変数の和についても，その期待値はそれぞれの確率変数の期待値の和に等しい。連続型確率変数についても同じ性質が成り立つ。

5.5.2 確率変数の和の分散

つぎに，$X+Y$ の分散を計算する。$\mu_X = E_X(X)$, $\mu_Y = E_Y(Y)$ とすれば，$E(X+Y) = \mu_X + \mu_Y$ とあらわせる。分散は，$(X+Y) - (\mu_X + \mu_Y)$ の2乗の期待値である。説明の簡単のため，X と Y が離散型変数であるとする。

$$\begin{aligned}
V(X+Y) &= E[\{(X+Y) - (\mu_X + \mu_Y)\}^2] \\
&= \sum_x \sum_y \{(x - \mu_X) + (y - \mu_Y)\}^2 p_{X,Y}(x,y) \\
&= \sum_x \sum_y (x - \mu_X)^2 p_{X,Y}(x,y) + \sum_x \sum_y (y - \mu_Y)^2 p_{X,Y}(x,y) \\
&\quad + 2 \sum_x \sum_y (x - \mu_X)(y - \mu_Y) p_{X,Y}(x,y)
\end{aligned}$$

5.5 確率変数の和の期待値と分散

$$= \sum_x (x - \mu_X)^2 p_X(x) + \sum_y (y - \mu_Y)^2 p_Y(y)$$
$$+ 2 \sum_x \sum_y (x - \mu_X)(y - \mu_Y) p_{X,Y}(x, y)$$
$$= V_X(X) + V_Y(Y) + 2Cov(X, Y)$$

最右辺の最後の項を X と Y の**共分散**とよぶ。

$$Cov(X, Y) = E\{(X - \mu_X)(Y - \mu_Y)\}$$
$$= \sum_x \sum_y (x - \mu_X)(y - \mu_Y) p_{X,Y}(x, y) \quad (5.16)$$

5.5.3 2つの確率変数の共分散の性質

共分散は，X と Y との関係の一面をあらわしている。共分散がどのような指標であるかを説明するため，つぎのような3つの確率変数を考える。

- X：2枚のコインを投げたときの表の数
- Y：$(X+1)$ 枚のコインを投げたときの表の数
- Z：$(3-X)$ 枚のコインを投げたときの表の数

このとき，$Cov(X, Y)$ と $Cov(X, Z)$ を計算する。

まず，3つの確率変数 X, Y, Z の出方を視覚的にあらわす。図 5.1 は，X と Y，X と Z の同時確率分布を示す。Y に関しては，X が大きくなるほど，つぎに投げるコインの枚数が多くなるのだから，X が大きくなると Y も大き

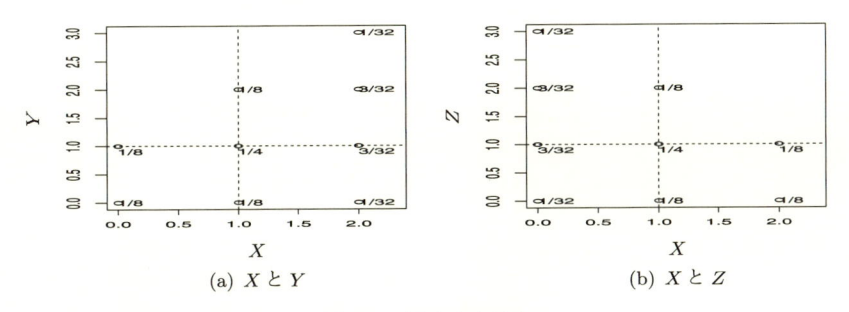

(a) X と Y (b) X と Z

図 5.1 同時確率分布

注：X は2枚のコインを投げたときの表の数，Y は $X+1$ 枚のコインを投げたときの表の数，Z は $3-X$ 枚のコインを投げたときの表の数をあらわす。点線は，$E(X)$ と $E(Y)$，$E(Z)$ に対応する。

くなやすい．そして，X が小さくなると Y も小さくなりやすい．その結果，期待値からの偏差 $(x - \mu_X)$ と $(y - \mu_Y)$ が同符号になることが多い．このことは，式 (5.16) において，$(x - \mu_X)(y - \mu_Y)$ の値が大きなものに高い確率が乗ぜられることを意味する．このことから，$Cov(X, Y) > 0$ となることが予想される．実際，$Cov(X, Y) = 0.25$ となり，予想は正しい．

逆に，Z に関しては，X が大きくなるほどつぎに投げるコインが少なくなるのだから，X が大きくなると Z は小さくなりやすく，X が小さくなると Z は大きくなりやすい．このため，式 (5.16) において，$(x - \mu_X)(y - \mu_Y)$ の値が小さい（負で絶対値が大きい）ものに高い確率が乗ぜられる．このことから，$Cov(X, Z) < 0$ と予想される．実際，$Cov(X, Z) = -0.25$ となっている．

共分散の値が正である 2 つの確率変数は**正の相関**をもつという．相関が正のとき，一方の確率変数が大きくなればもう一方の確率変数も大きくなりやすく，一方が小さくなればもう一方も小さくなりやすい．このような場合，X も Y も同じ方向に変化しやすくなるので，$X + Y$ の分散が大きくなる．

反対に，共分散の値が負である 2 つの確率変数は**負の相関**をもつという．相関が負のとき，一方の確率変数が大きくなればもう一方の確率変数は小さくなりやすく，一方が小さくなればもう一方は大きくなりやすい．このような場合，X と Y とはお互いの変化を相殺しやすいので，$X + Y$ の分散が小さくなる．

2 つの確率変数が独立であれば，共分散は 0 になる．このことは，$p_{X,Y}(x, y) = p_X(x) p_Y(y)$ となることから導ける．すなわち，

$$\begin{aligned}
Cov(X, Y) &= \sum_x \sum_y (x - \mu_X)(y - \mu_Y) p_{X,Y}(x, y) \\
&= \sum_x \sum_y (x - \mu_X)(y - \mu_Y) p_X(x) p_Y(y) \\
&= \sum_x p_X(x)(x - \mu_X) \sum p_Y(y)(y - \mu_Y) = 0
\end{aligned}$$

最後の等号は，$\sum_x p_X(x)(x - \mu_X) = 0$ から成り立つ．この関係式は，

$$E_X(X - \mu_X) = 0$$

を意味し，それ自体重要な性質である．$E_Y(Y - \mu_Y) = 0$ も同様に成り立つ．

独立な確率変数の共分散が常に 0 となることから，X と Y とが独立なら，

5.5 確率変数の和の期待値と分散

$$V(X+Y) = V_X(X) + V_Y(Y)$$

となる．つまり，独立な確率変数の和の分散はそれぞれの確率変数の分散の和に等しい．これは，3つ以上の独立な確率変数にもあてはまる．

ただし，共分散が0であっても2つの確率変数が独立であるとはかぎらない．たとえば，X と Y の同時確率関数が，

$$p_{X,Y}(-1, 0) = 1/4, \quad p_{X,Y}(0, 1) = 1/4,$$
$$p_{X,Y}(0, -1) = 1/4, \quad p_{X,Y}(1, 0) = 1/4$$

であたえられたとすると，$Cov(X, Y) = 0$ ではあるけれども，

$$p_{Y|X}(0|-1) = 1 \neq 0 = p_{Y|X}(0|0)$$

となり X と Y とは独立でない．

一般に，2つの確率変数の共分散が0であっても，両者が独立であるとはかぎらない．重要な例外として，2変量正規分布（5.7 参照）については，共分散が0であることと独立性とが同等になる．

5.5.4 2つの確率変数の相関係数

2つの確率変数の共分散を，それらの分散の積の平方根で除した値を**相関係数**とよぶ．すなわち，

$$\rho_{X,Y} = \frac{Cov(X, Y)}{\sqrt{V_X(X)\,V_Y(Y)}} \tag{5.17}$$

が X と Y の相関係数である．分散は正なので，相関係数と共分散とは同符号になる．したがって，相関係数からも相関の符号がわかる．さらに，

$$-1 \leq \rho_{X,Y} \leq 1$$

となる．これはつぎのように示せる．どのような確率変数の分散も非負である．いま，任意の実数 t をつかって，$X + tY$ という確率変数を作る．その分散は，

$$0 \leq V(X+tY) = V_X(X) + 2t\,Cov(X, Y) + t^2\,V_Y(Y)$$

とあらわせる．この不等式が任意の実数 t について成り立つためには，

$$\{Cov(X, Y)\}^2 \leq V_X(X)\,V_Y(Y)$$

でなければならない．この式を変形すると，$-1 \leq \rho_{X,Y} \leq 1$ が得られる．

共分散が測定単位の変化によって変化するのに対して，相関係数は測定単位が変化しても値が変わらない．このため，相関の強弱は相関係数の絶対値の大小で比較できる．絶対値が 0 に近いほど弱い相関を，絶対値が 1 に近いほど強い相関をあらわす．とくに，絶対値が 1 に等しいのは，X と Y の実現値について，$y = a + bx$ $(b \neq 0)$ という直線関係がある場合になる．$b > 0$ であれば $\rho_{X,Y} = 1$，$b < 0$ であれば $\rho_{X,Y} = -1$ となる．

5.5.5 2項分布にしたがう確率変数の期待値と分散

2項分布にしたがう確率変数が，簡単な確率変数の和であらわせることを利用して，2項分布にしたがう確率変数の期待値と分散を求める．

X_i を，確率 p で 1，確率 $1-p$ で 0 となるようなベルヌーイ確率変数であるとする．X_i $(i = 1, 2, \ldots, n)$ が独立であるとき，それらの和 $X = \sum_{i=1}^{n} X_i$ が2項分布にしたがう．ベルヌーイ確率変数については，

$$E(X_i) = p, \quad V(X_i) = p(1-p)$$

であった．確率変数の和の期待値は期待値の和になるから，以下が成り立つ．

$$E(X) = p + p + \cdots + p = np$$

そして，独立な確率変数の和の分散はそれぞれの分散の和になる．

$$V(X) = p(1-p) + p(1-p) + \cdots + p(1-p) = np(1-p)$$

2項分布にしたがう確率変数 X の期待値と分散は，その確率関数から直接求められる．しかし，簡単な確率分布を持つ独立な確率変数の和として X をあらわせれば，期待値と分散を間接的に求められる．

簡単な確率分布をもつ確率変数の和によって複雑な確率変数を作るのは，有効な手段である．このことは，期待値や分散の計算にとどまらない．たとえば，$X \sim \text{Binomial}(n_1, p)$，$Y \sim \text{Binomial}(n_2, p)$ とすると，

$$X + Y \sim \text{Binomial}(n_1 + n_2, p)$$

となる．このことは，X と Y がそれぞれ独立なベルヌーイ確率変数（成功確率 p）の和としてあらわされることから直接導ける．

5.6 離散型多次元確率分布の例：多項分布
5.6.1 多項分布

多次元の離散型確率変数の例として，**多項分布**を説明する。2項分布は多項分布の特殊な場合になる。

つぎのような試行を考える。可能な結果が m 個ある。

- 第 1 の結果が確率 p_1 で，
- 第 2 の結果が確率 p_2 で，
- ⋯，
- 第 m の結果が確率 p_m で

発生する。ただし，$\sum_{j=1}^{m} p_j = 1$ であるとする。$m = 2$ であれば通常のベルヌーイ試行になる。

この試行を独立に n 回繰り返す。このときそれぞれの結果の発生回数を以下の記号であらわす。

- 第 1 の結果の発生回数を X_1,
- 第 2 の結果の発生回数を X_2,
- ⋯
- 第 m の結果の発生回数を X_m

このとき，$(X_1, X_2, \ldots, X_m)$ は多項分布 Multinomial$(n; p_1, p_2, \ldots, p_m)$ にしたがうという。

多項分布にしたがう確率変数の確率分布関数は以下のようにあらわせる。

$$p_{X_1, X_2, \ldots, X_m}(x_1, x_2, \ldots, x_m) = \frac{n!}{x_1!\, x_2! \cdots x_m!} p_1^{x_1} p_2^{x_2} \cdots p_m^{x_m} \quad (5.18)$$

ただし，x_j $(j = 1, 2, \ldots, m)$ は $\sum_{j=1}^{m} x_j = n$ を満たす非負の整数とする。$m = 2$ の場合は，2項分布にしたがう確率変数の確率関数になっている。

多項分布にしたがう確率変数の確率関数が式 (5.18) であたえられる理由は以下のように説明できる。n 回の独立試行の結果が以下のとおりであるとする。

- 第 1 の結果が x_1 回
- 第 2 の結果が x_2 回

- …
- 第 m の結果が x_m 回

個々の試行が独立なので，当該の結果が生じる確率は，$p_1^{x_1} p_2^{x_2} \cdots p_m^{x_m}$ である。

n 回の試行のうち，第 1 の結果が x_1 回起こる場所（回）の組み合わせの個数は，以下のとおりである。

$$\binom{n}{x_1} = \frac{n!}{x_1!(n-x_1)!}$$

これには，2 項分布のときの考察がそのまま当てはまる。そのおのおのの第 1 の結果の選び方について，残りの $(n-x_1)$ 個の場所のうち，第 2 の結果が x_2 回起こる場所（回）の組み合わせの個数は以下のとおりである。

$$\binom{n-x_1}{x_2} = \frac{(n-x_1)!}{x_2!(n-x_1-x_2)!}$$

同様に考察を進めていけば，最終的に，残りの $(n-x_1-x_2-\cdots-x_{m-1}) = x_m$ 個の場所のうち，第 m の結果が x_m 回起こる場所（回）の組み合わせの個数は，

$$\binom{n-x_1-x_2-\cdots-x_{m-1}}{x_m} = \frac{(n-x_1-x_2-\cdots-x_{m-1})!}{x_m!\,0!} = 1$$

となる。これらの組み合わせの個数を全部掛け合わせれば，n 回の試行のうち，第 1 の結果が x_1 回，第 2 の結果が x_2 回，…，第 m の結果が x_m 回発生するパターンの総数が求まる。それは以下であたえられる。

$$\frac{n!}{x_1!\,x_2!\cdots x_m!}$$

パターンの総数と個々のパターンが発生する確率を乗じて式 (5.18) を得る。

5.6.2 多項分布の性質

第 j $(j=1, 2, \ldots, m)$ の結果の回数 X_j は 2 項分布 Binomial(n, p_j) にしたがう。なぜなら，第 j の結果を「成功」，それ以外の結果を「失敗」とすれば，2 項分布の定義が適用できるからである。したがって，以下の性質が成り立つ。

$$E(X_j) = n\,p_j \tag{5.19}$$

$$V(X_j) = n\,p_j(1-p_j) \tag{5.20}$$

5.6 離散型多次元確率分布の例：多項分布

条件 $X_1 = x_1$ をあたえたときの $(X_2, X_3, \ldots, X_m)$ の条件つき確率関数 $p_{X_2, X_3, \ldots, X_m | X_1}(x_2, x_3, \ldots, x_m | x_1)$ は同時確率関数 (5.18) を周辺確率関数 $p_{X_1}(x_1)$ で除して求められる。その結果は，以下のようになる。

$$p_{X_2, X_3, \ldots, X_m | X_1}(x_2, x_3, \ldots, x_m | x_1) = \frac{(n-x_1)!}{x_2!\, x_3! \cdots x_m!} q_2^{x_2} q_3^{x_3} \cdots q_m^{x_m} \tag{5.21}$$

ただし，$q_j = p_j/(1-p_1)$ $(j = 2, 3, \ldots, m)$ である。つまり，条件つき確率分布も多項分布になる。q_j は，合計が 1 になるように調整した確率と読める。

X_1 と X_2 の共分散は以下のようにして求まる。いま，$Y = X_1 + X_2$ とする。これは，第 1 の結果と第 2 の結果とをひとまとめにした場合の発生回数である。したがって，Y は Binomial$(n, p_1 + p_2)$ にしたがう。このことから，

$$V(Y) = n(p_1 + p_2)(1 - p_1 - p_2)$$

である。他方，確率変数の和の分散は

$$V(Y) = V_{X_1}(X_1) + V_{X_2}(X_2) + 2Cov(X_1, X_2)$$

と書ける。この式に

$$V_{X_1}(X_1) = np_1(1-p_1), \quad V_{X_2}(X_2) = np_2(1-p_2)$$

を代入して式を整理すれば，以下の式が導ける。

$$Cov(X_1, X_2) = -np_1 p_2 \tag{5.22}$$

つまり，多項分布にしたがう確率変数の共分散は負になる。これは，合計 $\sum_{j=1}^{m} X_j = n$ に関する条件から，X_1 が大きいと X_2 が小さくなりやすいとという事実による。負の相関は結果の個数 m が少ないほど強い。最少の $m = 2$ を見れば，$X_1 + X_2 = n$ となるので，X_1 と X_2 の相関係数が -1 になる。

5.6.3 多項分布の例

多項分布の例として，すべての目が一様に出やすいサイコロを 9 回振って，1 から 3 までの目が 2 回ずつ，4 から 6 までの目が 1 回ずつ出る確率を求めよう。

$$(X_1, X_2, X_3, X_4, X_5, X_6)$$
$$\sim \text{Multinomial}(9;\ 1/6,\ 1/6,\ 1/6,\ 1/6,\ 1/6,\ 1/6)$$

であるから，求める確率は以下のようになる．

$$\frac{9!}{2!\,2!\,2!\,1!\,1!\,1!}(1/6)^2\,(1/6)^2\,(1/6)^2\,(1/6)\,(1/6)\,(1/6) \doteqdot 0.009$$

5.7 連続型多次元確率分布の例：2 変量正規分布

5.7.1 2 変量正規分布

多次元連続型確率変数の例として，**2 変量正規分布**を説明する．

図 5.2 には，Karl Pearson のデータにもとづき，息子の身長（縦軸）と父親の身長（横軸）の散布図が示されている．図 5.2 から，父親の身長が高いと息子の身長も高くなる傾向，つまり，正の相関関係があることがわかる．父親の身長の平均（約 68 インチ）と息子の身長の平均（約 69 インチ）との付近にデータが集中しており，そこから離れるにしたがって集中の程度が弱まる．おおよその外観として，右上りの直線を長軸とした楕円状にデータが発生しているように見える．父親の身長のヒストグラム（周辺分布）は図 4.4 に示されている．正規分布に近い．息子の身長のヒストグラムも正規分布に近い．

身長は連続型の変数である．図 5.2 のようなデータの発生の仕組みをあらわす 1 つの候補が 2 変量正規分布である．その密度関数は以下の式であたえられる．

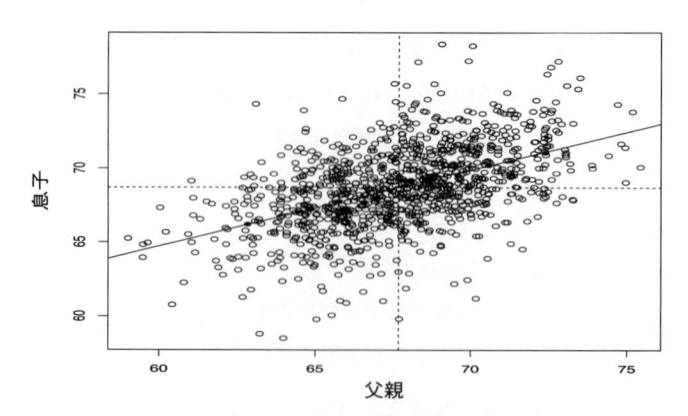

図 5.2 息子の身長（インチ）と父親の身長（インチ）の散布図
資料：Karl Pearson の父親と息子の身長に関するデータ

5.7 連続型多次元確率分布の例：2変量正規分布

$$f_{X,Y}(x,y)$$
$$= \frac{1}{2\pi\sigma_X\sigma_Y\sqrt{1-\rho_{X,Y}^2}} \exp\left[-\frac{1}{2(1-\rho_{X,Y}^2)}\right.$$
$$\left.\times\left\{\frac{(x-\mu_X)^2}{\sigma_X^2} + \frac{(y-\mu_Y)^2}{\sigma_Y^2} - 2\rho_{X,Y}\frac{(x-\mu_X)(y-\mu_Y)}{\sigma_X\sigma_Y}\right\}\right] \quad (5.23)$$

ここで, μ_X, μ_Y は実数, σ_X, σ_Y は正の実数, $\rho_{X,Y}$ は -1 から 1 までの実数である．これらは, X と Y の期待値と標準偏差, 両者の相関係数に対応する．

5.7.2 2変量正規分布の性質

2変量正規分布にしたがう確率変数の同時密度関数 (5.23) の等高線（密度が等しくなる点の軌跡）は楕円形になる．これは, 式 (5.23) の exp[ ] の [ ] 内の値がある一定値になる x と y の組み合わせが楕円形になることからわかる．

X の周辺密度関数 $f_X(x)$ を求めるには, 式 (5.23) を変数 y について積分すればよい．その準備として, 式 (5.23) の exp[ ] の [ ] 内を y について平方完成する．結果のみを示せば, 以下のとおりになる．

$$-\frac{(x-\mu_X)^2}{2\sigma_X^2} - \frac{\{(y-\mu_Y) - \rho_{X,Y}(\sigma_Y/\sigma_X)(x-\mu_X)\}^2}{2\sigma_Y^2(1-\rho_{X,Y}^2)}$$

この平方完成を利用して, 式 (5.23) を以下のように変形する．

$$f_{X,Y}(x,y) = f_X(x)\,f_{Y|X}(y|x)$$

ただし,

$$f_X(x) = \frac{1}{\sqrt{2\pi}\sigma_X}\exp\left\{-\frac{(x-\mu_X)^2}{2\sigma_X^2}\right\}$$

$$f_{Y|X}(y|x) = \frac{1}{\sqrt{2\pi}\sigma_Y\sqrt{1-\rho_{X,Y}^2}}$$
$$\times \exp\left[-\frac{\{(y-\mu_Y) - \rho_{X,Y}\frac{\sigma_Y}{\sigma_X}(x-\mu_X)\}^2}{2\sigma_Y^2(1-\rho_{X,Y}^2)}\right] \quad (5.24)$$

である．後で確認するように, $f_X(x)$ は X の周辺密度関数, 式 (5.24) は $X=x$ があたえられたときの Y の条件つき密度関数になっている．

さて, $f_{X,Y}(x,y) = f_X(x)\,f_{Y|X}(y|x)$ を y について積分する．$f_X(x)$ には y がふくまれていない．y の積分については, $f_X(x)$ をあたかも定数のよ

うにみなせる。$f_{Y|X}(y|x)$ を y について積分すれば結果は 1 になる。なぜなら，式 (5.24) が正規分布にしたがう確率変数の密度関数となっているからである。その期待値と分散は以下のとおりあたえられる。

$$E_{Y|X}(Y|x) = \mu_Y + \rho_{X,Y} \frac{\sigma_Y}{\sigma_X}(x - \mu_X) \tag{5.25}$$

$$V_{Y|X}(Y|x) = \sigma_Y^2 (1 - \rho_{X,Y}^2) \tag{5.26}$$

積分して得られる X の周辺密度関数 $f_X(x)$ は，正規分布 $N(\mu_X, \sigma_X^2)$ となる。つまり，2 変量正規分布にしたがう確率変数の周辺分布は正規分布になる。

同時密度関数 (5.23) を周辺密度関数で除せば条件つき密度関数であるから，式 (5.24) から条件つき分布も正規分布になることがわかる。このことから，$X = x$ があたえられたときの Y の条件つき期待値と条件つき分散は，それぞれ，式 (5.25), (5.26) であたえられる。X と Y の役割を入れ替えれば，$Y = y$ があたえられたときの X の条件つき密度関数や Y の周辺密度関数がえられる。

条件つき期待値 (5.25) を**回帰関数**ともよぶ。回帰関数が直線になることは，2 変量正規分布のきわだった特徴である。縦軸方向で見た直線の周りのバラツキ（条件つき分散 (5.26)）は，σ_Y^2 が小さいほど，そして，$\rho_{X,Y}$ の絶対値が 1 に近いほど，小さくなる。

式 (5.23) の中の $\rho_{X,Y}$ は X と Y の相関係数になる。このことは，以下のように確かめられる。通常の期待値と条件つき期待値の関係を利用して，X と Y の共分散を求める。

$$\begin{aligned}
Cov(X, Y) &= E\{(X - \mu_X)(Y - \mu_Y)\} \\
&= E_X[E_{Y|X}\{(X - \mu_X)(Y - \mu_Y)|X\}] \\
&= E_X[(X - \mu_X) E_{Y|X}\{(Y - \mu_Y)|X\}] \\
&= \rho_{X,Y} \frac{\sigma_Y}{\sigma_X} E_X\{(X - \mu_X)^2\} = \rho_{X,Y} \sigma_X \sigma_Y
\end{aligned}$$

したがって，$\rho_{X,Y}$ は X と Y の相関係数になっている。

$X = x$ をあたえられたときの Y の条件つき密度関数 (5.24) から，X と Y とが独立となるのは $\rho_{X,Y} = 0$ となることが必要十分である。なぜなら，式 (5.24) が x に依存しないためには，$\rho_{X,Y} = 0$ でなければならない（σ_X と σ_Y を正と仮定しているので）。逆に，$\rho_{X,Y} = 0$ であれば，式 (5.24) は x に

5.7 連続型多次元確率分布の例：2変量正規分布

依存しない．独立性と無相関性とが同義になることは，正規分布にしたがう確率変数の便利な特徴である．

図 5.2 には，データから計算した平均と標準偏差，相関係数から求めた回帰関数（実線）と X をあたえたときの近似的な Y の条件つき平均（黒丸）をあらわしている．後者は，父親の身長 x を小さい順に 10 のグループに分け，グループごとに x の平均を横軸に，y（息子の身長）の平均を縦軸にとって打点している．データから求めた近似的な Y の条件つき平均は，データからパラメータを推定した回帰関数 (5.25) の付近に出現している．

最後に，2 変量正規分布にしたがう X と Y の線形結合 $U = aX + bY$ が正規分布にしたがうことが示せる（付録参照）．U の期待値と分散は，それぞれ，

$$E(U) = a\mu_X + b\mu_Y$$
$$V(U) = a^2\sigma_X^2 + b^2\sigma_Y^2 + 2ab\,\rho_{X,Y}\sigma_X\sigma_Y$$

となる．U が正規分布にしたがうという性質を利用すれば，より具体的に，

$$U \sim N(a\mu_X + b\mu_Y,\, a^2\sigma_X^2 + b^2\sigma_Y^2 + 2ab\,\rho_{X,Y}\sigma_X\sigma_Y)$$

となることがわかる．

X と Y とが独立であれば，以下のとおり簡便になる．

$$U \sim N(a\mu_X + b\mu_Y, a^2\sigma_X^2 + b^2\sigma_Y^2)$$

さらに，X と Y が独立で，かつ，期待値 μ と分散 σ^2 が共通の場合の和 $X + Y$ の分布は，以下のとおりとなる．

$$X + Y \sim N(2\mu, 2\sigma^2)$$

このことを拡張すれば，X_i $(i = 1, 2, \ldots, n)$ が相互に独立に同一の正規分布 $N(\mu, \sigma^2)$ にしたがうとき，以下の関係が成り立つ．

$$\sum_{i=1}^{n} X_i \sim N(n\mu, n\sigma^2)$$

X_i の算術平均を

$$\bar{X} = \frac{1}{n}\sum_{i=1}^{n} X_i$$

と記せば，$\bar{X}$ が，$\sum_{i=1}^{n} X_i$ の定数 (n^{-1}) 倍であることから，

$$\bar{X} \sim N(\mu, \sigma^2/n)$$

となることがわかる．これらの性質はしばしば使われる．

5.7.3 2 変量正規分布の利用例

Karl Pearson の父親の身長 X と息子の身長 Y が 2 変量正規分布 (5.23) で近似できるとする．ただし，

$$\mu_X = 67.7, \quad \sigma_X^2 = 7.53, \quad \mu_Y = 68.5, \quad \sigma_Y^2 = 7.92, \quad \rho_{X,Y} = 0.50$$

とする（これらは，データから計算した算術平均などである）．父親の身長と息子の身長の合計 $X+Y$ が 140 インチ以下になる確率を計算する．

$$\mu_X + \mu_Y = 136.4, \quad \sigma_X^2 + 2\rho_{X,Y}\sigma_X\sigma_Y + \sigma_Y^2 = 23.2$$

であるから，

$$X + Y \sim N(136.4, 23.2)$$

となる．したがって，正規近似にもとづく確率は以下のように求められる．

$$\Pr(X + Y \leq 140) = \Pr\left(\frac{X+Y-136.4}{\sqrt{23.2}} \leq \frac{140-136.4}{\sqrt{23.2}}\right)$$
$$\doteqdot \Phi(0.747) \doteqdot 0.773$$

父親の身長と息子の身長の和が 140 以下になる個体の割合をデータから求めると，0.765 となっており，正規近似から求めた数値に近い．

練習問題 5

1. サイコロを 1 つ投げたときの出目を X とする．つぎに，X 個のサイコロを投げたときの出目の合計を Y とする．Y の期待値と分散を求めなさい．
2. 多項分布における条件つき確率関数が式 (5.21) であたえられることを確かめなさい．
3. 2 変量正規分布にしたがう確率変数の密度関数 (5.23) を X の周辺密度関数 $f_X(x) = (\sqrt{2\pi}\sigma_X)^{-1} \exp\{-(x-\mu_x)^2/2\sigma_X^2\}$ で除し，その結果が $X = x$ をあたえたときの Y の条件つき密度関数 (5.24) になることを確かめなさい．

付録 5

付録 5.1　2 変量正規分布にしたがう確率変数の 1 次結合

ここでは，行列演算によって，2 変量正規分布 (5.23) にしたがう確率変数の 1 次結合が正規分布にしたがうことを示す。

行列によって，2 変量正規分布の確率密度関数 (5.23) が以下のように書き換えられる。

$$f_{X,Y}(x, y) = (2\pi)^{-1} |\Sigma|^{-1/2} \exp\left\{-\frac{1}{2}(\boldsymbol{x} - \boldsymbol{\mu})' \Sigma^{-1} (\boldsymbol{x} - \boldsymbol{\mu})\right\}$$

ただし，

$$\boldsymbol{x} = \begin{pmatrix} x \\ y \end{pmatrix}, \quad \boldsymbol{\mu} = \begin{pmatrix} \mu_X \\ \mu_Y \end{pmatrix}, \quad \Sigma = \begin{pmatrix} \sigma_X^2 & \rho_{X,Y} \sigma_X \sigma_Y \\ \rho_{X,Y} \sigma_X \sigma_Y & \sigma_Y^2 \end{pmatrix}$$

である。(X, Y) から，1 次結合によって 2 つの確率変数を作る。

$$\begin{pmatrix} U \\ W \end{pmatrix} = \begin{pmatrix} a & b \\ c & d \end{pmatrix} \begin{pmatrix} X \\ Y \end{pmatrix}$$

右辺の係数行列を A とする。

$$|A| = ad - bc \neq 0$$

と仮定する。このとき，変数変換に対応して，(U, W) の確率密度関数が以下のように求められる。

$$f_{U,W}(u, w) = (2\pi)^{-1} |\Sigma|^{-1/2} \|A\|^{-1} \exp\left\{-\frac{1}{2}(A^{-1}\boldsymbol{u} - \boldsymbol{\mu})' \Sigma^{-1} (A^{-1}\boldsymbol{u} - \boldsymbol{\mu})\right\}$$

ただし，$\|A\|$ は行列式 $|A|$ の絶対値であり，$\boldsymbol{u} = (u, w)'$ である。行列演算の性質を使うと，以下の式が導かれる。

$$|\Sigma|^{-1/2} \|A\|^{-1} = |A\Sigma A'|^{-1/2}$$
$$(A^{-1}\boldsymbol{u} - \boldsymbol{\mu})' \Sigma^{-1} (A^{-1}\boldsymbol{u} - \boldsymbol{\mu}) = (\boldsymbol{u} - A\boldsymbol{\mu})' (A\Sigma A')^{-1} (\boldsymbol{u} - A\boldsymbol{\mu})$$

表記の簡単のため，以下の新しい記号を導入する。

$$\boldsymbol{\nu} = A\boldsymbol{\mu}, \quad \tilde{\Sigma} = A\Sigma A'$$

これらの新しい記号によって，(U, W) の確率密度関数は以下のように書き直せる。

$$f_{U,W}(u, w) = (2\pi)^{-1} |\tilde{\Sigma}|^{-1/2} \exp\left\{-\frac{1}{2}(\boldsymbol{u} - \boldsymbol{\nu})' \tilde{\Sigma}^{-1} (\boldsymbol{u} - \boldsymbol{\nu})\right\}$$

つまり，(U, W) は 2 変量正規分布にしたがう。U の分布は (U, W) の周辺分布にあたるから，正規分布になる。その期待値と分散は直接的な計算によって求められる。

6 正規分布から派生する確率分布

この章の目的

この章では，正規分布を利用して作られる3つの分布について紹介する。具体的には，

- χ^2（カイ2乗）分布と
- t 分布
- F 分布

について説明する。これらの分布は，第7章以降に登場する。

6.1 χ^2 分 布

6.1.1 χ^2 分布にしたがう確率変数

標準正規分布 $N(0, 1)$ にしたがう独立な確率変数を Z_i $(i = 1, 2, \ldots, m)$ とする。確率変数 Z_i の2乗和を Y_m とする。すなわち，

$$Y_m = Z_1^2 + Z_2^2 + \cdots + Z_m^2 = \sum_{i=1}^{m} Z_i^2 \tag{6.1}$$

この確率変数 Y_m がしたがう確率分布を**自由度 m の χ^2 分布**とよぶ。Y_m が自由度 m の χ^2 分布にしたがうことを以下のとおり記す。

$$Y_m \sim \chi^2(m)$$

6.1 χ^2 分布

互いに独立な正規分布 $N(\mu, \sigma^2)$ にしたがう確率変数を X_i $(i = 1, 2, \ldots, m)$ とする。このとき,
$$Z_i = \frac{X_i - \mu}{\sigma} \sim N(0, 1)$$
であるから,
$$\frac{\sum_{i=1}^{m}(X_i - \mu)^2}{\sigma^2} \sim \chi^2(m)$$
となる。

χ^2 分布は,正規分布にしたがうデータから計算した分散と密接な関係をもつ。また,t 分布と F 分布の発生にも関連する。

6.1.2 χ^2 分布にしたがう確率変数の期待値と分散

$Y_m \sim \chi^2(m)$ のとき,その期待値が
$$E(Y_m) = m$$
となることはつぎのように示される。$Z_i \sim N(0, 1)$ であるから,
$$E(Z_i^2) = V(Z_i) = 1$$
である。したがって,
$$E(Y_m) = \sum_{i=1}^{m} E(Z_i^2) = m$$
となる。すなわち,χ^2 分布にしたがう確率変数の期待値は自由度に等しい。

$Y_m \sim \chi^2(m)$ のとき,
$$V(X_m) = 2m$$
となることは以下のようにしてわかる。$Y_m = \sum_{i=1}^{m} Z_i^2$ とあらわせて,Z_i が相互に独立であるから
$$V(Y_m) = \sum_{i=1}^{m} V(Z_i^2)$$
となる。ある確率変数の分散は,その確率変数の 2 乗の期待値から期待値の 2 乗を引けば求められる。今の場合,
$$V(Z_i^2) = E(Z_i^4) - \{E(Z_i^2)\}^2$$
となる。部分積分などによって,以下の式が導ける(付録参照)。

$$E(Z_i^4) = 3$$

また，Z_i が標準正規分布にしたがうことから，$E(Z_i^2) = 1$ である。したがって，$V(Z_i^2) = 2$ となり，$V(Y_m) = 2m$ が導かれる。

6.1.3 χ^2 分布の確率密度関数

自由度 m の χ^2 分布にしたがう確率変数 Y_m の密度関数は，以下の式であたえられる（付録参照）。

$$f_{Y_m}(x) = \frac{1}{2^{\frac{m}{2}} \Gamma\left(\frac{m}{2}\right)} x^{\frac{m}{2}-1} \exp\left\{-\frac{x}{2}\right\} \tag{6.2}$$

ただし，

$$\Gamma(p) = \int_0^\infty x^{p-1} \exp\{-x\} dx \quad (p > 0)$$

はガンマ関数である。ガンマ関数の性質を付録にまとめる。

式 (6.2) は，自由度 m の変化に応じて形状を変える。図 6.1 には，いくつかの自由度に応じた χ^2 分布の密度関数の形状を示す。標準正規確率変数の 2 乗和として表現できることから，χ^2 分布にしたがう確率変数の実現値は非負である。自由度 m が小さいほど分布の頂点が左に寄る性質がある。

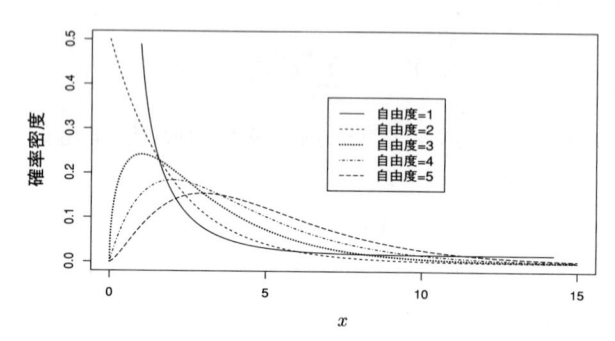

図 6.1 χ^2 分布にしたがう確率変数の密度関数

6.1.4 χ^2 分布にしたがう確率変数の和

独立な χ^2 確率変数の和は χ^2 確率変数となる。つまり，

$$Y_{m_1} \sim \chi^2(m_1), \quad Y_{m_2} \sim \chi^2(m_2)$$

が互いに独立であれば，

6.2 t 分布

$$Y_{m_1} + Y_{m_2} \sim \chi^2(m_1 + m_2)$$

となる。このことは，自由度 m の χ^2 分布にしたがう確率変数が，m 個の独立な標準正規確率変数の 2 乗の和としてあらわせることからわかる。

6.2 t 分布

6.2.1 t 分布にしたがう確率変数

Z を標準正規分布にしたがう確率変数，Y_m を自由度 m の χ^2 分布にしたがう確率変数とする。両者は独立であると仮定する。このとき，

$$X = \frac{Z}{\sqrt{Y_m/m}} \tag{6.3}$$

のしたがう分布を自由度 m の t **分布**とよぶ。確率変数 X が自由度 m の t 分布にしたがうことを以下のとおり記す。

$$X \sim t(m)$$

6.2.2 t 分布の確率密度関数

確率変数 $X \sim t(m)$ の密度関数は以下の式であたえられる（付録参照）。

$$f_X(x) = \frac{\Gamma\left(\frac{m+1}{2}\right)}{\sqrt{m\,\pi}\,\Gamma\left(\frac{m}{2}\right)} \left(1 + \frac{x^2}{m}\right)^{-\frac{m+1}{2}} \tag{6.4}$$

いくつかの自由度に応じた密度関数 (6.4) を図 6.2 に示す。

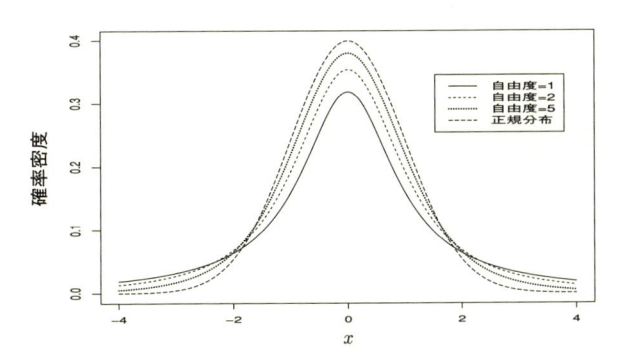

図 6.2 t 分布にしたがう確率変数の密度関数

t 分布の密度関数は $x = 0$ を対称線として左右対称である。形状は標準正規分布に似ている。ただし，左右の裾は標準正規分布のそれよりも厚く，反対に頂点付近の密度は標準正規分布のそれよりも低い。自由度が大きくなるにつれて標準正規分布との相違は小さくなり，自由度が 30 より大きいと，ほとんど差がなくなる。t 分布の左右の裾が標準正規分布のそれよりも厚いことから，t 分布の上側 0.05 点は，標準正規分布のそれよりも若干大きな値となる。

6.2.3 t 分布にしたがう確率変数の期待値と分散

確率変数 $X \sim t(m)$ の期待値と分散は，

$$E(X) = 0$$
$$V(X) = \frac{m}{m-2}$$

であたえられることが知られている。ただし，期待値は $m > 1$ のとき，分散は $m > 2$ のときに存在する（付録参照）。

6.3 F 分布

6.3.1 F 分布にしたがう確率変数

2 つの独立な χ^2 確率変数を

$$Y_{m_1} \sim \chi^2(m_1), \quad Y_{m_2} \sim \chi^2(m_2)$$

とする。このとき，確率変数

$$X = \frac{Y_{m_1}/m_1}{Y_{m_2}/m_2} \tag{6.5}$$

のしたがう確率分布を自由度 (m_1, m_2) の **F 分布**とよぶ。F 分布を定める自由度は 2 つあるので，どちらが分子または分母の自由度に対応するかに注意する。確率変数 X が自由度 (m_1, m_2) の F 分布にしたがうことを以下のとおり記す。

$$X \sim F(m_1, m_2)$$

6.3.2 F 分布の確率密度関数

確率変数 $X \sim F(m_1, m_2)$ の密度関数は，以下のとおりとなる（付録参照）．

$$f_X(x) = \frac{1}{B\left(\frac{m_1}{2}, \frac{m_2}{2}\right)} m_1^{\frac{m_1}{2}} \, m_2^{m_2} \, x^{\frac{m_1}{2}-1} \, (m_2 + m_1 \, x)^{-\frac{m_1+m_2}{2}} \quad (6.6)$$

ただし，

$$B(p, q) = \int_0^1 x^{p-1}(1-x)^{q-1} dx$$

はベータ関数である．ベータ関数の性質を付録にまとめる．

F 分布にしたがう確率変数の密度関数は 2 つの自由度に応じて変化する．図 6.3 にはいくつかの例を示す．

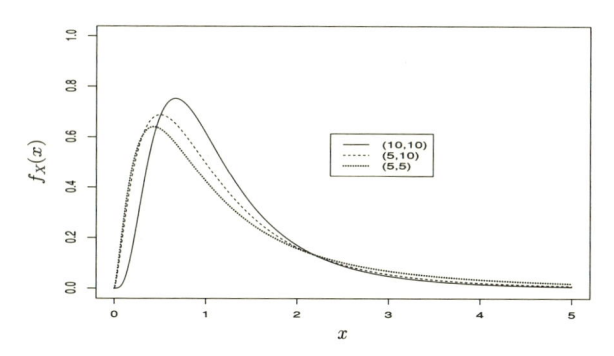

図 6.3 F 分布にしたがう確率変数の密度関数

6.3.3 F 分布にしたがう確率変数の期待値と分散

確率変数 $X \sim F(m_1, m_2)$ の期待値と分散は，それぞれ，

$$E(X) = \frac{m_2}{m_2 - 2}$$
$$V(X) = \frac{2m_2^2(m_1 + m_2 - 2)}{m_1(m_2 - 2)^2 (m_2 - 4)}$$

となることが知られている（付録参照）．ただし，期待値は $m_2 > 2$ のとき，分散は $m_2 > 4$ のときに存在する．

6.4 正規確率変数の算術平均と分散

正規分布 $N(\mu, \sigma^2)$ から独立に発生した n 個の確率変数を X_i ($i = 1, 2, \ldots, n$) と記す。これらの算術平均と分散を，

$$\bar{X} = \frac{1}{n}\sum_{i=1}^{n} X_i$$

$$S^2 = \frac{1}{n-1}\sum_{i=1}^{n}(X_i - \bar{X})^2$$

と記す。$\bar{X}$ と S^2 とについて，つぎの性質が成り立つ。

1. $\bar{X}$ と S^2 とが独立になる。
2. $\bar{X}$ が $N(\mu, \sigma^2/n)$ したがう。
3. $(n-1)S^2/\sigma^2$ が $\chi^2(n-1)$ にしたがう。

第1の性質は，同一の正規分布から発生した独立な確率変数の中心の位置の尺度（算術平均）とバラツキの尺度（分散）とがたがいに無関係であることを述べている。すなわち，算術平均の確率的な出方と分散の確率的な出方とは連動しない。このため，中心の位置に関する情報（$\bar{X}$ に要約される μ の情報）とバラツキの大きさに関する情報（S^2 に要約される σ^2 の情報）とを別々に考察できる。このことは，正規分布に関する推測を簡約にする。

第2の性質は，多変量正規分布の性質の1つとして前章で説明した。

第3の性質は，n 個の観測値 X_i ($i = 1, 2, \ldots, n$) から計算される分散が，χ^2 分布にしたがう確率変数の定数倍であらわせることを述べている。

第1の性質と第3の性質とは，Helmert 変換という巧妙な方法で一挙に示せる。いま，X_i ($i = 1, 2, \ldots, n$) を以下のように変換する。

$$U_1 = \sum_{i=1}^{n} X_i/\{\sqrt{n}\sigma\} = \sqrt{n}\bar{X}/\sigma$$

$$U_2 = \{X_1 - X_2\}/\{\sqrt{2}\sigma\}$$

$$U_3 = \{X_1 + X_2 - 2X_3\}/\{\sqrt{6}\,\sigma\}$$

$$\ldots$$

$$U_n = \{X_1 + X_2 + \cdots + X_{n-1} - (n-1)X_n\}/\{\sqrt{n(n-1)}\,\sigma\}$$

6.4 正規確率変数の算術平均と分散

U_i $(i = 1, 2, \ldots, n)$ は,すべて正規分布の線形結合で作られている。したがって,おのおのが正規分布にしたがう。正規分布にしたがう確率変数においては,共分散が 0 であれば独立といえる。直接的な計算によって,

$$Cov(U_i, U_j) = 0 \quad (i \neq j)$$

となることがわかる。つまり,U_i $(i = 1, 2, \cdots, n)$ は相互に独立である。とくに,U_1 は算術平均 $\bar{X}$ の定数倍であるから,$\bar{X}$ と U_i $(i = 2, 3, \ldots, n)$ とは独立である。

さて,$i = 2, 3, \ldots, n$ について,

$$E(U_i) = 0, \quad V(U_i) = 1$$

となることが直接的な計算によって確かめられる。つまり,U_i は相互に独立に標準正規分布 $N(0, 1)$ にしたがう確率変数である。したがって,

$$\sum_{i=2}^{n} U_i^2 \sim \chi^2(n-1)$$

が成り立つ。個々の U_i が $\bar{X}$ と独立なので,$\sum_{i=2}^{N} U_i^2$ と $\bar{X}$ も独立である。

ところで,辛抱強く計算すると,

$$\sum_{i=1}^{n} U_i^2 = \sum_{i=1}^{n} X_i^2/\sigma^2$$

となることがわかる。たとえば,$\sum_{i=1}^{n} U_i^2$ の X_1^2/σ^2 の係数が 1 となることは,

- $1/n : U_1^2$ における X_1^2/σ^2 の係数
- $1/(2 \times 1) : U_2^2$ における X_1^2/σ^2 の係数
- $1/(3 \times 2) : U_3^2$ における X_1^2/σ^2 の係数
- …
- $1/\{n(n-1)\} : U_n^2$ における X_1^2/σ^2 の係数

をすべて合計すれば確かめられる。他の項についても同じように確かめていけば,結局,

- X_i^2/σ^2 の係数が 1

- $X_i X_j/\sigma^2$ $(i \neq j)$ の係数が 0

となることがわかる。これらから，

$$\sum_{i=1}^n X_i^2/\sigma^2 - U_1^2 = \sum_{i=2}^n U_i^2$$

が $\bar{X}$ と独立に $\chi^2(n-1)$ にしたがうことがわかる。ここで，周知の公式

$$\sum_{i=1}^n (X_i - \bar{X})^2 = \sum_{i=1}^n X_i^2 - n\bar{X}^2$$

を適用すると，

$$\sum_{i=1}^n X_i^2/\sigma^2 - U_1^2 = (n-1)S^2/\sigma^2$$

と書き直せる。結局，$\bar{X}$ と $(n-1)S^2/\sigma^2$ (そして，その定数倍である S^2) とが独立であることと，$(n-1)S^2/\sigma^2 \sim \chi^2(n-1)$ とが同時に示された。

同一の正規分布から発生した独立な確率変数の $\bar{X}$ と $(n-1)S^2/\sigma^2$ とが独立で，かつ，前者が $N(\mu, \sigma^2/n)$ に，後者が $\chi^2(n-1)$ にしたがうことから，

$$T = \frac{\bar{X} - \mu}{\sqrt{S^2/n}} \sim t(n-1) \tag{6.7}$$

となることが導かれる。このことは，2 つの独立な確率変数

$$Z = \frac{\bar{X} - \mu}{\sqrt{\sigma^2/n}} \sim N(0, 1)$$

$$Y_{n-1} = \frac{(n-1)S^2}{\sigma^2} \sim \chi^2(n-1)$$

から作られる比 $Z/\sqrt{Y_{n-1}/(n-1)}$ に T が等しいことからわかる。T は，σ^2 をふくんでおらず，しかも μ とも σ^2 とも無関係な分布 (t 分布) にしたがう。後に見るように，このことは，μ に関する推測を簡明にする。T が $t(n-1)$ にしたがうことは，統計学の歴史における発見の 1 つであった。

F 分布が適用される場面の 1 つとして，2 種類の正規分布から独立に発生した確率変数の分散比があげられる。2 つの独立標本

$$X_{1i} \sim N(\mu_1, \sigma_1^2) \quad (i = 1, 2, \ldots, n_1)$$

$$X_{2j} \sim N(\mu_2, \sigma_2^2) \quad (j = 1, 2, \ldots, n_2)$$

とする。2つの標本から計算される標本分散を，
$$S_1^2 = \frac{1}{n_1 - 1}\sum_{i=1}^{n_1}(X_{1i} - \bar{X}_1)^2, \quad S_2^2 = \frac{1}{n_2 - 1}\sum_{j=1}^{n_2}(X_{2j} - \bar{X}_2)^2$$
とする。ただし，
$$\bar{X}_1 = n_1^{-1}\sum_{i=1}^{n_1}X_{1i}, \quad \bar{X}_2 = n_2^{-1}\sum_{j=1}^{n_2}X_{2j}$$
である。このとき，
$$\frac{(n_1-1)S_1^2}{\sigma_1^2} \sim \chi^2(n_1-1), \quad \frac{(n_2-1)S_2^2}{\sigma_2^2} \sim \chi^2(n_2-1)$$
であり，両者が独立であることから，
$$\frac{\sigma_2^2}{\sigma_1^2}\frac{S_1^2}{S_2^2} \sim F(n_1-1, n_2-1)$$
となることがわかる。とくに，$\sigma_1^2 = \sigma_2^2$ を想定する場合は，分散比 S_1^2/S_2^2 が $F(n_1-1, n_2-1)$ にしたがう。

練習問題 6

1. $Y_1 = Z_1^2$ として，Y_1 の密度関数を求める。ただし，$Z_1 \sim N(0,1)$ である。手順として，Y_1 の分布関数 $F_{Y_1}(t) = \Pr(Y_1 \le t)$ を求め，$F_{Y_1}(t)$ を t について微分する。$t \le 0$ のとき $F_{Y_1}(t) = 0$ となる（$Z_1^2 \ge 0$ だから）ので，$t > 0$ とする。

$$F_{Y_1}(t) = \Pr(Z_1^2 \le t) = \Pr(-\sqrt{t} \le Z_1 \le \sqrt{t})$$
$$= 2\Pr(0 \le Z_1 \le \sqrt{t}) = 2\int_0^{\sqrt{t}} \frac{1}{\sqrt{2\pi}}\exp\left\{-\frac{x^2}{2}\right\}dx.$$

1つ1つの等号が成り立つことを確かめよ。$F_{Y_1}(t)$ を t について微分すれば，$t > 0$ における Y_1 の密度関数 $f_{Y_1}(t)$ が求められる。合成関数の微分の公式から，$d\{\int_0^{h(t)} g(x)\,dx\}/dt = g(h(t))\{d\,h(t)/dt\}$ を利用する。$\Gamma(1/2) = \sqrt{\pi}$ となることが知られているので，$m = 1$ のときの式 (6.4) と同じ結果が導ける。

2. $X_{m_1, m_2} \sim F(m_1, m_2)$ とする。$t > 0$ について，以下の式が成り立つ理由を述べよ。
$$\Pr(X_{m_1, m_2} \le t) = \Pr(X_{m_2, m_1} \ge t^{-1}).$$

付 録 6

付録 6.1 標準正規分布に従う確率変数の 4 乗の期待値

$Z \sim N(0, 1)$ とする。部分積分を利用して，以下のように展開できる。

$$\begin{aligned}
E(Z) &= \int_{-\infty}^{\infty} z^4 \frac{1}{\sqrt{2\pi}} \exp\left\{-\frac{z^2}{2}\right\} dz \\
&= \frac{1}{\sqrt{2\pi}} \int_{-\infty}^{\infty} z^3 \left(-\exp\left\{-\frac{z^2}{2}\right\}\right)' dz \\
&= \left[-\frac{1}{\sqrt{2\pi}} z^3 \exp\left\{-\frac{z^2}{2}\right\}\right]_{-\infty}^{\infty} + 3\int_{-\infty}^{\infty} \frac{1}{\sqrt{2\pi}} z^2 \exp\left\{-\frac{z^2}{2}\right\} dz \\
&= 3V(Z) = 3
\end{aligned}$$

付録 6.2 χ^2 分布の確率密度関数

$m = 1$ のとき，すなわち，$Y_1 = Z^2$（ただし，$Z \sim N(0, 1)$）のとき，Y_1 の確率密度関数は式 (6.2) であたえられる（練習問題 6.1）。

$m = k \ (k \geq 1)$ のときに，自由度 $m = k$ の χ^2 分布の確率密度関数が式 (6.2) であたえられると仮定して，$m = k+1$ のときも，自由度 $m = k+1$ の χ^2 分布の確率密度関数が式 (6.2) であたえられることを示す。2 つの確率変数 $Y_k \sim \chi^2(k)$，$Y_1 \sim \chi^2(1)$ が独立であると仮定する。両者が独立なので，これら 2 つの確率変数の同時確率密度関数は周辺確率密度関数の積となる。

$$f_{Y_k, Y_1}(y_k, y_1) = f_{Y_k}(y_k) f_{Y_1}(y_1)$$

ただし，$f_{Y_m}(x)$ は式 (6.2) であたえられる。

このとき，以下の 1 対 1 の変換によって，確率変数 Y と U を定義する。

$$Y = Y_1 + Y_k, \quad U = Y_1$$

変数変換のヤコビアンは 1 となる。したがって，新しい 2 つの確率変数の同時確率密度関数は，以下のとおりとなる。

$$f_{Y, U}(x, u) = f_{Y_k}(x - u) f_{Y_1}(u) \times 1$$

確率変数 $Y = Y_1 + Y_k$ の確率密度関数は，$g_{Y, U}(x, u)$ を u について積分することによって求められる。Y_1 と Y_k が非負の確率変数であることから，$0 < u < x$ となることに注意すれば，以下の式の展開が得られる。

$$f_Y(x) = \int_0^x f_{Y, U}(x, u) du$$

付録 6

$$
\begin{aligned}
&= \int_0^x \frac{1}{2^{\frac{1}{2}}\Gamma\left(\frac{1}{2}\right)} u^{\frac{1}{2}-1} \exp\left\{-\frac{u}{2}\right\} \frac{1}{2^{\frac{m}{2}}\Gamma\left(\frac{m}{2}\right)} (x-u)^{\frac{m}{2}-1} \\
&\quad \times \exp\left\{-\frac{(x-u)}{2}\right\} du \\
&= \frac{1}{2^{\frac{m+1}{2}}\Gamma\left(\frac{m}{2}\right)\Gamma\left(\frac{1}{2}\right)} \exp\left\{-\frac{x}{2}\right\} \int_0^x u^{\frac{1}{2}-1} (x-u)^{\frac{m}{2}-1} du \\
&= \frac{1}{2^{\frac{m+1}{2}}\Gamma\left(\frac{m}{2}\right)\Gamma\left(\frac{1}{2}\right)} x^{\frac{m+1}{2}-1} \exp\left\{-\frac{x}{2}\right\} \\
&\quad \times \int_0^x \left(\frac{u}{x}\right)^{\frac{1}{2}-1} \left(1-\frac{u}{x}\right)^{\frac{m}{2}-1} x^{-1} du \\
&= \frac{1}{2^{\frac{m+1}{2}}\Gamma\left(\frac{m}{2}\right)\Gamma\left(\frac{1}{2}\right)} x^{\frac{m+1}{2}-1} \exp\left\{-\frac{x}{2}\right\} \int_0^1 w^{\frac{1}{2}-1} (1-w)^{\frac{m}{2}-1} dw \\
&= \frac{B\left(\frac{m}{2}, \frac{1}{2}\right)}{2^{\frac{m+1}{2}}\Gamma\left(\frac{m}{2}\right)\Gamma\left(\frac{1}{2}\right)} x^{\frac{m+1}{2}-1} \exp\left\{-\frac{x}{2}\right\}
\end{aligned}
$$

ただし，$B(p, q)$ はベータ関数である。

今後の活用のため，ここで，この関数とガンマ関数の性質をまとめておく[1]。

$$\Gamma(p+1) = p\Gamma(p), \quad \Gamma(1) = 1, \quad \Gamma\left(\frac{1}{2}\right) = \sqrt{\pi}, \, B(p,q)\Gamma(p+q) = \Gamma(p)\Gamma(q)$$

最後の等式を $f_Y(x)$ の最右辺に利用すれば，$m = k+1$ のときにも式 (6.2) が成り立つことがわかる。

付録 6.3 t 分布の確率密度関数と期待値，分散

(1) t 分布の確率密度関数

2 つの独立な確率変数

$$Z \sim N(0, 1), \quad Y \sim \chi^2(m)$$

を用意する。これらの確率変数から，

$$X = \frac{Z}{\sqrt{Y/m}}, U = Y$$

を定義する。変数変換のヤコビアンは $\sqrt{u/m}$ となる。X と U の同時確率密度関数から X の周辺確率密度関数を求める。

$$f_X(x) = \int_0^\infty \frac{1}{2^{\frac{m+1}{2}}\sqrt{m\pi}\,\Gamma\left(\frac{m}{2}\right)} u^{\frac{m}{2}-1} \exp\left\{-\frac{u\left(1+\frac{x^2}{m}\right)}{2}\right\} du$$

---

[1] たとえば，西原・瀧澤・山下 (2007) p. 209, p. 222 参照。

$$= \frac{\Gamma\left(\frac{m+1}{2}\right)}{\sqrt{m\pi}\,\Gamma\left(\frac{m}{2}\right)} \left(1 + \frac{x^2}{m}\right)^{-\frac{m+1}{2}}$$

$$\times \frac{1}{2^{\frac{m+1}{2}}\Gamma\left(\frac{m+1}{2}\right)} \int_0^\infty w^{\frac{m+1}{2}-1} \exp\left\{-\frac{w}{2}\right\} dw$$

最右辺の最後の因子は，自由度 $m+1$ の χ^2 分布の確率密度関数の積分に相当するので，1 に等しい．

(2) t 分布に従う確率変数の期待値と分散

$X \sim t(m)$ とする．X の期待値の定義式は，

$$E(X) = \int_{-\infty}^\infty \frac{\Gamma\left(\frac{m+1}{2}\right)}{\sqrt{m\pi}\,\Gamma\left(\frac{m}{2}\right)} x \left(1 + \frac{x^2}{m}\right)^{-\frac{m+1}{2}} dx$$

とあわらせる．この積分が存在するためには，

$$2 \times \frac{m+1}{2} - 1 > 1$$

つまり，$m > 1$ でなければならない．積分の値が有限であれば，確率密度関数が $x = 0$ について対称になることから，積分の値は 0 となる．つまり，t 分布に従う確率変数の期待値は，自由度が $m \geq 2$ のときに存在し，その値は，

$$E(X) = 0$$

となる．

$E(X) = 0$ として，X の分散の定義式は，

$$E(X) = \int_{-\infty}^\infty \frac{\Gamma\left(\frac{m+1}{2}\right)}{\sqrt{m\pi}\,\Gamma\left(\frac{m}{2}\right)} x^2 \left(1 + \frac{x^2}{m}\right)^{-\frac{m+1}{2}} dx$$

とあわらせる．この積分が存在するためには，

$$2 \times \frac{m+1}{2} - 2 > 1$$

つまり，$m > 2$ でなければならない．

積分の値を求めるためには，以下の公式を利用する[2]．変数変換 $y = x/(1+x)$ の変換のヤコビアンが $(1-y)^{-2}$ であるから，

$$\int_0^\infty \frac{x^{p-1}}{(1+x)^{q-1}} dx = \int_0^1 y^{p-1}(1-y)^{q+1}(1-y)^{-2} dy = B(p, q)$$

この式をもちいれば，以下のような展開を得る．途中で，変数変換 $w = x^2/m$ とそのヤコビアンが $\sqrt{m/w}$ となることを用いる．

---

[2] 鈴木 (1975) p. 79.

付録 6

$$V(X) = \frac{\Gamma\left(\frac{m+1}{2}\right)}{\sqrt{m\pi}\,\Gamma\left(\frac{m}{2}\right)} \int_0^\infty \frac{mw}{(1+w)^{\frac{m+1}{2}}} \frac{\sqrt{m}}{\sqrt{w}} dw$$

$$= \frac{m\Gamma\left(\frac{m+1}{2}\right) B\left(\frac{3}{2}, \frac{m-2}{2}\right)}{\sqrt{\pi}\,\Gamma\left(\frac{m}{2}\right)} = \frac{m\Gamma\left(\frac{m+1}{2}\right) \Gamma\left(\frac{3}{2}\right) \Gamma\left(\frac{m-2}{2}\right)}{\sqrt{\pi}\,\Gamma\left(\frac{m}{2}\right) \Gamma\left(\frac{m+1}{2}\right)}$$

$$= \frac{m}{m-2}$$

付録 6.4　F 分布の確率密度関数と期待値，分散

(3)　F 分布の確率密度関数

独立な確率変数 $Y_1 \sim \chi^2(m_1)$, $Y_2 \sim \chi^2(m_2)$ を用意する．両者が独立であるから，同時確率密度関数は，両者の確率密度関数の積となる．

Y_1 と Y_2 から，1 対 1 の変数変換によって，新たな確率変数を定義する．

$$U = Y_1/Y_2, \quad W = Y_2$$

変数変換のヤコビアンは w となる．U と W の同時確率密度関数は，以下のとおりとなる．

$$f_{U,W}(u,w) = \frac{1}{2^{\frac{m_1+m_2}{2}} \Gamma\left(\frac{m_1}{2}\right) \Gamma\left(\frac{m_2}{2}\right)} (uw)^{\frac{m_1}{2}-1} w^{\frac{m_2}{2}-1} \exp\left\{-\frac{w(1+u)}{2}\right\}$$

この同時密度確率関数を w について積分する．変数変換 $v = w(1+u)$ を利用すると，以下の式が求まる．

$$f_U(u) = \int_0^\infty f_{U,W}(u,w) dw$$

$$= \frac{u^{\frac{m_1}{2}-1}}{2^{\frac{m_1+m_2}{2}} \Gamma\left(\frac{m_1}{2}\right) \Gamma\left(\frac{m_2}{2}\right)} \int_0^\infty w^{\frac{m_1+m_2}{2}-1} \exp\left\{-\frac{w(1+u)}{2}\right\} dw$$

$$= \frac{\Gamma\left(\frac{m_1+m_2}{2}\right)}{\Gamma\left(\frac{m_1}{2}\right) \Gamma\left(\frac{m_2}{2}\right)} u^{\frac{m_1}{2}-1} (1+u)^{-\frac{m_1+m_2}{2}}$$

$$\times \frac{1}{2^{\frac{m_1+m_2}{2}} \Gamma\left(\frac{m_1+m_2}{2}\right)} \int_0^\infty v^{\frac{m_1+m_2}{2}-1} \exp\left\{-\frac{v}{2}\right\} dv$$

最右辺の最後の因子は，自由度 $m_1 + m_2$ の χ^2 分布の確率密度関数の積分に相当するので，1 に等しい．

最後に，変換 $Y = (m_2/m_1)U \sim F(m_1, m_2)$ を利用すれば，$F(m_1, m_2)$ の確率密度関数が求められる．

(4)　F 分布に従う確率変数の期待値と分散

上で定義した U の期待値を求める．その期待値の定義式は，以下であたえられる．

$$E(U) = \frac{\Gamma\left(\frac{m_1+m_2}{2}\right)}{\Gamma\left(\frac{m_1}{2}\right)\Gamma\left(\frac{m_2}{2}\right)} \int_0^\infty u\, u^{\frac{m_1}{2}-1}(1+u)^{-\frac{m_1+m_2}{2}}\, du$$

この積分は，
$$\frac{m_1+m_2}{2} - \frac{m_1}{2} > 1$$
つまり，$m_2 > 2$ のときに存在する。t 分布の分散を導くときに用いたベータ関数に関する公式を利用して，以下の展開を得る。

$$E(U) = \frac{\Gamma\left(\frac{m_1+m_2}{2}\right)}{\Gamma\left(\frac{m_1}{2}\right)\Gamma\left(\frac{m_2}{2}\right)} B\left(\frac{m_1}{2}+1, \frac{m_2}{2}-1\right)$$
$$= \frac{\Gamma\left(\frac{m_1+m_2}{2}\right)}{\Gamma\left(\frac{m_1}{2}\right)\Gamma\left(\frac{m_2}{2}\right)} \frac{\Gamma\left(\frac{m_1}{2}+1\right)\Gamma\left(\frac{m_2}{2}-1\right)}{\Gamma\left(\frac{m_1+m_2}{2}\right)}$$
$$= \frac{m_1}{m_2-2}$$

$Y = (m_2/m_1)U$ とすれば，以下の式が求められる。
$$E(Y) = \frac{m_2}{m_2-2}$$

つぎに，U の分散を求める。これは，
$$V(U) = E(U^2) - (E(U))^2$$
で求められる。$E(U^2)$ は，以下のとおりあたえられる。

$$E(U^2) = \frac{\Gamma\left(\frac{m_1+m_2}{2}\right)}{\Gamma\left(\frac{m_1}{2}\right)\Gamma\left(\frac{m_2}{2}\right)} \int_0^\infty u^2\, u^{\frac{m_1}{2}-1}(1+u)^{-\frac{m_1+m_2}{2}}\, du$$

この積分は，
$$\frac{m_1+m_2}{2} - \frac{m_1}{2} - 1 > 1$$
つまり，$m_2 > 4$ のときに存在する。U の期待値を求めたときに使った方法を適用すれば，以下の展開を得る。

$$E(U^2) = \frac{\Gamma\left(\frac{m_1+m_2}{2}\right)}{\Gamma\left(\frac{m_1}{2}\right)\Gamma\left(\frac{m_2}{2}\right)} B\left(\frac{m_1}{2}+2, \frac{m_2}{2}-2\right) = \frac{m_1(m_1+2)}{(m_2-2)(m_2-4)}$$

したがって，
$$V(U) = \frac{m_1(m_1+2)}{(m_2-2)(m_2-4)} - \left(\frac{m_1}{m_2-2}\right)^2 = \frac{2m_1(m_1+m_2-2)}{(m_2-2)^2(m_2-4)}$$

$Y = (m_2/m_1)U$ とすれば，Y の分散が以下のように求められる。
$$V(Y) = \frac{2m_2^2(m_1+m_2-2)}{m_1(m_2-2)^2(m_2-4)}$$

7 標本抽出

―この章の目的―

この章では，統計的推測の基礎となる標本抽出について説明する。具体的には，

- 母集団と標本
- 母数と統計量
- 統計量の標本分布
- 大数の法則と中心極限定理

について説明する。

7.1 母集団と標本，標本抽出

母集団は，有限母集団と無限母集団とに大別される。最初に，直感的に理解しやすい有限母集団によって母集団と標本，標本抽出の概念について説明する。

説明のため，ある特定の選挙に関する世論調査を例とする。**有限母集団**とは，有限個の要素をもつ関心対象の全体を指す。たとえば，今の例では，有権者全体が母集団である。

母集団を構成する有権者1人1人の支持政党を正確に知りたければ，全員にそれを尋ねなければならない。そのように，有限の母集団全体を調査する方法を**全数調査**とよぶ。

しかし，全数調査はいつも実行できるとはかぎらない．たとえば，有権者の居住範囲が広く，一定の期間内に全員の支持政党を調べるのが，時間や費用の面から無理である場合がある．その代わりに，母集団の一部を調べることならできるとする．母集団の一部（集合）を**標本**（サンプル）とよぶ．標本を選ぶことを**標本抽出**（サンプリング）または単に抽出とよぶ．抽出された標本を調査する方法を**標本調査**とよぶ．標本をどのように抽出するかは大切な問題である．それについては後ほど詳しく説明する．

　有限母集団の場合に比べて，無限母集団とそこからの標本抽出は直感的にとらえにくい．説明のため，サイコロを1つ投げる試行を例に取る．

　サイコロを投げる試行は何度でも繰り返せる．したがって，試行の結果のすべてを調べ尽くすことはできない．しかし，数十回試行を繰り返した結果を観察して1の目の出る経験的な割合から，そのサイコロが1の目を出す確率について類推することには意味があるだろう．このとき，その数十回の試行を標本と見る．対応する母集団は，試行の背景にある確率的な仕組みそのものである．

　同じことを別の角度からつぎのようにも表現できる．サイコロを投げるという試行を無限回繰り返す状況を観念的に想像する．いま，これから観察する数十回の試行の結果は，観念的に無限回繰り返す試行の一部である．このように表現すれば，確率的な仕組みそのものが無限回繰り返す試行の別名とみなされる．無限回繰り返す試行を**無限母集団**とよぶことにする．数十回の観察は，無限母集団の一部であるから標本とよべる．標本を得るために実施する複数回の試行が標本抽出にあたる．

7.2　確率標本抽出

　確率標本抽出の概念を説明するために，有限母集団の場合にもどる．簡単のため，母集団の大きさ（サイズ．集団の構成要素の数）を $N=5$ とし，母集団の構成要素を A, B, C, D, E とする．たとえば，5人の人が母集団を構成していると考えればいい．

　この母集団からサイズ $n=2$ の標本を抽出する．つまり，A, B, C, D, E から2つを選ぶ．ここでは，「1つの要素が2回選ばれることがない」という

条件で標本を抽出する。この条件のもとにおける標本は，以下の10とおりの組み合わせに尽きる。

(1) (A, B)　　(2) (A, C)　　(3) (A, D)　　(4) (A, E)　　(5) (B, C)
(6) (B, D)　　(7) (B, E)　　(8) (C, D)　　(9) (C, E)　　(10) (D, E)

標本抽出は，10とおりの組み合わせから1つを選ぶこととも定義できる。

10とおりの中から1つを選ぶ方法はいくらでもある。そのどれもが標本抽出とよべる。しかし，本書で考察する標本抽出はつぎの1種類に限る。それは，**確率標本抽出**とよばれる。確率標本抽出とは，10とおりの組み合わせのどれがどの確率で発生するかをあらかじめ決めておく標本抽出である。そうでない標本抽出は**有意標本抽出**とよばれる。

後に詳しく説明するように，確率標本抽出のもとでは，抽出した標本がどのくらいの確率で手許にあるのかが明らかなので，標本から母集団についての推測が可能となる。これに対して，有意標本抽出ではそれが困難である。本書で確率標本抽出しか扱わない理由はそこにある。

7.3 無作為標本抽出

確率標本抽出の中でもっとも基本的なものは（単純）**無作為標本抽出**である。有限母集団からの非復元抽出の場合，無作為標本抽出とは「どの標本の組み合わせも等確率で発生する標本抽出」と定義される。ここでの例においては，10とおりの標本のどれもが1/10の確率で発生するような標本抽出である。

無作為標本抽出の実行方法はいくつもある。たとえば，10とおりの組み合わせのそれぞれを表に書いたカードを10枚用意して，よく切ってから1枚を抜く。この方法は，無作為抽出法の条件が満たされることが分かりやすいという長所をもつ反面，母集団のサイズと標本のサイズが大きくなると実行が困難になるという短所をもつ。

もう少し現実的な方法は，つぎのように逐次的に構成要素を抜き取ることである。まず，1つの構成要素を等確率で抜き取る。たとえば，$\boxed{A}$，$\boxed{B}$，$\boxed{C}$，$\boxed{D}$，$\boxed{E}$と書いてある5枚のカードをよく切って1枚を抜き取る。残り4枚のカードをよく切って，もう1枚を抜き取る。抜き取られた2枚のカードに書

かれている構成要素を標本とする．この方法では，抜き取ったカードをもとに戻さない．抜き取り前の状態が復元されないことから**非復元抽出**とよばれる．

この方法によれば，無作為標本抽出が実現できることは容易に確かめられる．たとえば，(A, B) という標本が抽出される確率は，

1. 最初に $\boxed{A}$ が抜き取られて，つぎに $\boxed{B}$ が抜き取られる確率と，
2. 最初に $\boxed{B}$ が抜き取られて，つぎに $\boxed{A}$ が抜き取られる確率

の和である．したがって，それはつぎのとおり計算される．

$$1/5 \times 1/4 + 1/5 \times 1/4 = 1/10$$

無作為標本抽出のもとでは，どの構成要素も等しい確率で標本にふくまれる．このことは，標本として可能な10とおりの組み合わせの中で，どの構成要素も4回ずつ登場していることからわかる．つまり，10とおりのどの組み合わせも等しい確率で抽出する結果，どの構成要素も等しい確率で標本にふくまれる．その意味で，無作為標本抽出は，母集団の構成要素の1つ1つが満遍なく観察対象となりうる方法である．

無限母集団からの無作為標本抽出を説明するために，今度は，「A, B, C, D, E の中から1つを選ぶ」という実験を何度も繰り返すとする．もう少し具体的に述べれば，$\boxed{A}$，$\boxed{B}$，$\boxed{C}$，$\boxed{D}$，$\boxed{E}$ から1枚を抜き取る．それをもとに戻してからまた1枚を抜き取る．それをもとに戻してからまた1枚を抜き取る，という実験を何度も繰り返す．ただし，1回ごとの実験で A, B, C, D, E の札が抜き取られる確率は一定不変（等しくなくてもよい）であり，それぞれの実験は独立であるとする．非復元抽出と異なり，同じ札が複数回出現しうる．このことから，抜き取ったカードを戻してから抜き取るような抽出を**復元抽出**とよぶ．概念上，復元抽出は無限回繰り返せる．おのおのの実験が独立であるから，同じ条件のもとで抜き取りが無限回繰り返される状況が想定できる．

いま，この実験を2回繰り返して止めたとしよう．これは，概念上，無限回繰り返される実験のうちの2つを観察していることとみなせる．これら2回の実験の結果を，無限母集団からの大きさ $n = 2$ の無作為標本とよぶ．

独立に，かつ，同一条件の下で実験が繰り返されると想定しているので，実験の結果が出現する順番は実験結果の性質には影響を及ぼさない．たとえば，

表 7.1 復元抽出の出現確率（抜き取り確率が等しい場合）

1回目の抜き取りの結果	2回目の抜き取りの結果					合計
	A	B	C	D	E	
A	1/25	1/25	1/25	1/25	1/25	1/5
B	1/25	1/25	1/25	1/25	1/25	1/5
C	1/25	1/25	1/25	1/25	1/25	1/5
D	1/25	1/25	1/25	1/25	1/25	1/5
E	1/25	1/25	1/25	1/25	1/25	1/5
合計	1/5	1/5	1/5	1/5	1/5	1

最初の 2 回を観察する代わりに，実験を 3 回繰り返して 1 回目と 3 回目の結果を合わせるのでもよい．

ここでの例で，A, B, C, D, E が各回の実験において等しい確率 1/5 で抜き取られるとする．そのとき，出現しうる結果のすべて（標本空間）と，おのおのの出現確率は表 7.1 のようにあらわせる．

7.4 母数と統計量，統計量の標本分布

いま，前節でもちいた例において，A, B, C, D, E に，それぞれ，

$$5, 15, 25, 45, 55$$

を割り当てるとする．割り当てた数値を x であらわす．1 つ 1 つの値を x_A などであらわす．列記すれば，以下のとおりである．

$$x_A = 5, \ x_B = 15, \ x_C = 25, \ x_D = 45, \ x_E = 55$$

もっと具体的に，$\boxed{A}, \boxed{B}, \boxed{C}, \boxed{D}, \boxed{E}$ の裏側に，それぞれ，5, 15, 25, 45, 55 という数字が書いてあるところを想像してもよい．

7.4.1 非復元抽出の場合

まず，有限母集団からの非復元抽出を考える．標本の大きさを $n = 2$ とする．母集団の大きさが $N = 5$ であるから，標本から知り得るのは母集団の一部の x の値である．標本にふくまれなかった x の値は不明である．たとえば，

標本として A と B が選ばれた場合, x_A と x_B とは観察できるけれども, x_C, x_D, x_E を正確に知ることはできない.

母数と統計量

母集団における個々の値を標本から正確に知ることはできない. そこで, 母集団の特徴を要約するような数値について推量できないかを考察する. 母集団の x から計算されるものを**母数**とよぶ. 母集団の x を使って計算される算術平均や分散, 中央値などが母数の例である. とくに, 算術平均や分散は要約表現として多用される. このことから, **母平均**, **母分散**という呼称も使われる.

母集団の x から母数を計算したのと同様の式ををもちいて, 標本の x から母数に対応するものを計算できる. いわば, 標本の特徴を要約するような数値である. 標本の x から (母数に依存せずに) 計算されるものを**統計量**とよぶ. 標本から計算した平均や分散, 中央値などが統計量の例である. 母数の場合と同じく, 算術平均と分散はとくに**標本平均**, **標本分散**とよばれる.

母数の値と統計量の値とは異なるのが普通である. たとえば, 母平均と標本平均とは等しくない. ここでの例で標本の大きさを $n = 2$ とした場合, 標本平均の取りうる値は以下の 10 とおりである.

1. 標本 (A, B) に対応する $(5 + 15)/2 = 10$
2. 標本 (A, C) に対応する $(5 + 25)/2 = 15$
3. 標本 (A, D) に対応する $(5 + 45)/2 = 25$
4. 標本 (A, E) に対応する $(5 + 55)/2 = 30$
5. 標本 (B, C) に対応する $(15 + 25)/2 = 20$
6. 標本 (B, D) に対応する $(15 + 45)/2 = 30$
7. 標本 (B, E) に対応する $(15 + 55)/2 = 35$
8. 標本 (C, D) に対応する $(25 + 45)/2 = 35$
9. 標本 (C, E) に対応する $(25 + 55)/2 = 40$
10. 標本 (D, E) に対応する $(45 + 55)/2 = 50$

どれも, 母平均 $(5 + 15 + 25 + 45 + 55)/5 = 29$ と異なる. 統計量と母数との差を**標本誤差**とよぶ.

統計量の標本分布

1つ1つの標本平均を母平均と比べても，両者が異なるとしかいえない。そこで，標本平均を確率変数としてとらえ，母平均との関係を調べる。

いま，大きさ $n = 2$ の標本で観察できる標本平均を $\bar{X}$ と書くことにする。A, B, C, D, E のうちどの2つが標本に選ばれるかによって $\bar{X}$ の値は変化する。つまり，$\bar{X}$ も標本抽出に伴って変化する確率変数になる。

では，その出現の仕方はどのようになるか。ここの例では正確にそれを求められる。すなわち，以下のとおりとなる。

1. 確率 1/10 で標本 (A, B) が選ばれたとき，$\bar{X} = 10$ となる。
2. 確率 1/10 で標本 (A, C) が選ばれたとき，$\bar{X} = 15$ となる。
3. 確率 1/10 で標本 (A, D) が選ばれたとき，$\bar{X} = 25$ となる。
4. 確率 1/10 で標本 (A, E) が選ばれたとき，$\bar{X} = 30$ となる。
5. 確率 1/10 で標本 (B, C) が選ばれたとき，$\bar{X} = 20$ となる。
6. 確率 1/10 で標本 (B, D) が選ばれたとき，$\bar{X} = 30$ となる。
7. 確率 1/10 で標本 (B, E) が選ばれたとき，$\bar{X} = 35$ となる。
8. 確率 1/10 で標本 (C, D) が選ばれたとき，$\bar{X} = 35$ となる。
9. 確率 1/10 で標本 (C, E) が選ばれたとき，$\bar{X} = 40$ となる。
10. 確率 1/10 で標本 (D, E) が選ばれたとき，$\bar{X} = 50$ となる。

同じ値が出現する場合をまとめると，結局，表 7.2 のとおりとなる。表 7.2 であらわされる確率分布を標本平均 $\bar{X}$ の**標本分布**とよぶ。標本分布という名称の由来は，その確率分布が標本抽出にともなって発生することにある。

表 7.2 有限母集団からの標本抽出に対応する標本平均の標本分布

$\bar{X}$ の実現値	10	15	20	25	30	35	40	50	合計
出現確率	$\frac{1}{10}$	$\frac{1}{10}$	$\frac{1}{10}$	$\frac{1}{10}$	$\frac{2}{10}$	$\frac{2}{10}$	$\frac{1}{10}$	$\frac{1}{10}$	1

確率変数としての標本平均の期待値

標本平均 $\bar{X}$ は確率変数とみなせる。そこで，$\bar{X}$ の期待値と分散を計算してみよう。まず，期待値は以下のとおりとなる。

$$E(\bar{X}) = (1/10) \times 10 + (1/10) \times 15 + (1/10) \times 20$$

$$+ (1/10) \times 25 + (2/10) \times 30 + (2/10) \times 35$$
$$+ (1/10) \times 40 + (1/10) \times 50 = 29$$

すなわち，$E(\bar{X})$ は，有限母集団における平均値（母平均）$\mu = 29$ に等しい。

両者が等しくなる理由は，以下のように説明できる。標本として可能な 10 とおりの組み合わせ，(A, B), (A, C),..., (D, E) の中に，A, B, C, D, E は，みな，4 度登場する。大きさ $n = 2$ の標本に対応する $\bar{X}$ 期待値の計算において，A の値 x_A には，結局，$4 \times (1/10) \times (1/2) = 1/5$ が乗じられることになる。x_B, x_C, x_D, x_E についても同様である。したがって，$E(\bar{X}) = \mu$ が成り立つのである。この考え方は，大きさ N の有限母集団から大きさ n の標本を非復元抽出する場合へ一般化できる。

標本平均 $\bar{X}$ の 1 つ 1 つの実現値は母平均 μ とは等しくならない。しかし，$\bar{X}$ を標本抽出にともなう確率変数とみなすことによって母平均と標本平均との確固たる関係 $E(\bar{X}) = \mu$ を見つけ出すことができる。期待値の計算は $\bar{X}$ の標本分布（確率分布の一種）にもとづく。確率変数の期待値は，確率分布の中心の位置をあらわす。つまり，標本平均 $\bar{X}$ の個々の実現値をすべて集め，その確率的な出方全体（確率分布）の中心の位置を考えることによって，やっと，1 つの数値である母平均 μ との関係が見つけられる。このことが，$\bar{X}$ の標本分布を導入する理由である。

確率変数としての標本平均の分散

つぎに，標本平均 $\bar{X}$ の分散を計算する。それは，以下のように計算できる。

$$\begin{aligned} V(\bar{X}) &= (1/10) \times (10 - 29)^2 + (1/10) \times (15 - 29)^2 \\ &\quad + (1/10) \times (20 - 29)^2 (1/10) \times (25 - 29)^2 \\ &\quad + (2/10) \times (30 - 29)^2 + (2/10) \times (35 - 29)^2 \\ &\quad + (1/10) \times (40 - 29)^2 + (1/10) \times (50 - 29)^2 = 129 \end{aligned}$$

この結果と有限母集団における母分散

$$\begin{aligned} \sigma^2 &= \frac{1}{5}\{(5 - 29)^2 + (15 - 29)^2 + (25 - 29)^2 + (45 - 29)^2 + (55 - 29)^2\} \\ &= 344 \end{aligned}$$

7.4 母数と統計量，統計量の標本分布

との関係は容易には見抜けない．理論的な計算の結果，

$$V(\bar{X}) = \frac{\sigma^2}{n} \frac{(N-n)}{(N-1)}$$

となることが示される（付録参照）．実際，ここでの例に当てはめると，

$$129 = (344/2)\{(5-2)/(5-1)\}$$

となり，確かに成り立つ．

7.4.2 復元抽出のもとでの統計量の標本分布

つぎに，無限母集団からの標本抽出に対応する復元抽出について考察する．すなわち，

1. A, B, C, D, E の中から 1 つを等確率で選ぶ，
2. 抜き取ったものを元に戻す，

という作業を反復する．反復回数を n とする．ここでは，$n=2$ の場合を考察する．最初の抜き取りで観察される値を X_1，2 回目の抜き取りで観察される値を X_2 とする．1 回目の抜き取りについて，A, B, C, D, E が等確率で選ばれるので，

$$\Pr(X_1 = x_A) = \Pr(X_1 = x_B) = \Pr(X_1 = x_C)$$
$$= \Pr(X_1 = x_D) = \Pr(X_1 = x_E) = 1/5$$

となる．2 回目の抜き取りについても，等確率で A, B, C, D, E が選ばれる．復元抽出では，X_2 の出方（確率分布）が X_1 と独立で同一になる．

1 回目と 2 回目の抜き取りの結果 X_1, X_2 が確率的に変化するため，

$$\bar{X} = (X_1 + X_2)/2$$

も確率的に変化する．言い換えれば，標本平均は確率変数である．その出方を求めよう．先と同様に，A, B, C, D, E, に，それぞれ，$5, 15, 25, 45, 55$ を割り当てる．

1 回目の抜き取りと 2 回目の抜き取りは独立である．したがって，たとえば，

$$\Pr(X_1 = x_A, X_2 = x_B) = \Pr(X_1 = x_A)\Pr(X_2 = x_B) = 1/25$$

表 7.3 復元抽出における $\bar{X}$ の実現値

X_1 の実現値	X_2 の実現値				
	5	15	25	45	55
5	5	10	15	25	30
15	10	15	20	30	35
25	15	20	25	35	40
45	25	30	35	45	50
55	30	35	40	50	55

注:各セルが確率 1/25 で発生する。

表 7.4 復元抽出の場合の $\bar{X}$ の標本分布

$\bar{X}$ の実現値	5	10	15	20	25	30	35	40	45	50	55	合計
発生確率	$\frac{1}{25}$	$\frac{2}{25}$	$\frac{3}{25}$	$\frac{2}{25}$	$\frac{3}{25}$	$\frac{4}{25}$	$\frac{4}{25}$	$\frac{2}{25}$	$\frac{1}{25}$	$\frac{2}{25}$	$\frac{1}{25}$	1

が成り立つ。他の実現値についても同じ関係が成り立つ。標本平均の実現値のすべてを表 7.3 に示す。表中の 1 つ 1 つのセルの数値が確率 1/25 で発生する。このことから，復元抽出の場合の $\bar{X}$ の標本分布，すなわち，標本抽出にともなって発生する確率分布は，表 7.4 で与えられる。

復元抽出の場合も，標本平均 $\bar{X}$ が確率的に変動する。ここでの例における期待値は以下のとおり計算できる。

$$\begin{aligned}
E(\bar{X}) &= \frac{1}{25} \times 5 + \frac{2}{25} \times 10 + \frac{3}{25} \times 15 \\
&\quad + \frac{2}{25} \times 20 + \frac{3}{25} \times 25 + \frac{4}{25} \times 30 \\
&\quad + \frac{4}{25} \times 35 + \frac{2}{25} \times 40 + \frac{1}{25} \times 45 \\
&\quad + \frac{2}{25} \times 50 + \frac{1}{25} \times 55 \\
&= 29
\end{aligned}$$

この期待値は，x_A, x_B, x_C, x_D, x_E の算術平均 μ と等しくなる。

「x_A, x_B, x_C, x_D, x_E の算術平均 μ」を別の表現で言い直す。1 回目の抜き取りで観察される数 X_1 は確率変数である。その期待値は，

$$E(X_1) = \frac{1}{5} \times 5 + \frac{1}{5} \times 15 + \frac{1}{5} \times 25 + \frac{1}{5} \times 45 + \frac{1}{5} \times 55 = 29 = \mu$$

7.4 母数と統計量，統計量の標本分布

である。同一の分布にしたがう X_2 の期待値もこれに等しい。これを利用すれば，$\bar{X}$ の期待値は

$$E(\bar{X}) = \frac{1}{2}E(X_1) + \frac{1}{2}E(X_2) = \mu$$

つまり，1 回目（と 2 回目）の抜き取りで観察される X_1 の期待値に等しい。1 回目（と 2 回目）の抜き取りで，x_A, x_B, x_C, x_D, x_E が等確率で抜き取られることから，$E(X_1)$（と $E(X_2)$）が「x_A, x_B, x_C, x_D, x_E の算術平均」と等しくなるので，$E(\bar{X})$ もそれと等しくなる。

復元抽出の場合の $\bar{X}$ の分散は，おのおのの抜き取りが独立で同一になることから以下のように求められる。

$$V(\bar{X}) = \left(\frac{1}{2}\right)^2 V(X_1) + \left(\frac{1}{2}\right)^2 V(X_2) = \frac{1}{2}V(X_1) = 172$$

この値は，表 7.4 から直接計算した値に等しい。

X_1 の期待値と x_A と x_B, x_C, x_D, x_E の算術平均とが等しくなる理由は，A と B，C，D，E が等確率で抜き取られることによる。不等確率の抜き取りでは両者が異なる。そして，標本平均 $\bar{X}$ の期待値は，X_1 の期待値と等しくなる。

7.4.3 有限母集団と無限母集団

有限母集団が想定される状況は，世帯や事業所などの社会構成単位を対象として，所得や売上高の平均や合計を推定したいなどの場合が典型である。そのときは，構成単位のもつ所得や売上高の母集団における算術平均を**母平均**と呼ぶのが相応しい。それが，推定対象となるからである。

他方，無限母集団が想定される状況は，何回か繰り返される実験の結果など，確率変数を生み出す仕組みそのものが推定対象となる。その推定対象の中には，確率変数の期待値などがふくまれる。この場合，確率変数の平均的な値をあらわす期待値を母平均と呼ぶのが相応しい。

7.5 標本平均の標本分布の性質

7.5.1 大数の法則

　有限母集団からの非復元抽出の場合，標本の大きさ n を大きくすると，標本平均 $\bar{X}$ は母平均に近づくと予想される．その予想の根拠は以下のように説明できる．母集団の大きさ N のうち，全部を抽出する（$n = N$）のであれば，標本平均と母平均とは一致する．つぎに，標本の大きさを母集団の大きさよりも 1 つだけ小さく（$n = N - 1$）して標本抽出すれば，標本平均と母平均とは乖離する．標本の大きさと母集団の大きさとの差が大きくなるほど，標本平均と母平均との乖離は大きくなりやすい．逆に言えば，標本の大きさが大きくなるほど，標本平均と母平均との乖離は小さくなりやすい．

　無限母集団からの標本抽出，または，有限母集団からの復元抽出の場合にも，標本の大きさ n が大きくなるほど，標本平均 $\bar{X}$ と母平均のとの乖離が小さくなりやすくなる．実際，「5 つの数値 $5, 15, 25, 45, 55$ から等確率で復元抽出して，おのおのの抜き取りごとに標本平均を計算し，$(n, n^{-1}\sum X_i)$ を描画する．$n = 10{,}000$ までこれを繰り返す」という実験を 3 回実施した（図 7.1）．3 回の実験の結果とも，母平均（1 回の抜き取りの期待値である 29）に近づいていくように見える．ただし，無限母集団からの標本抽出（復元抽出に対応す

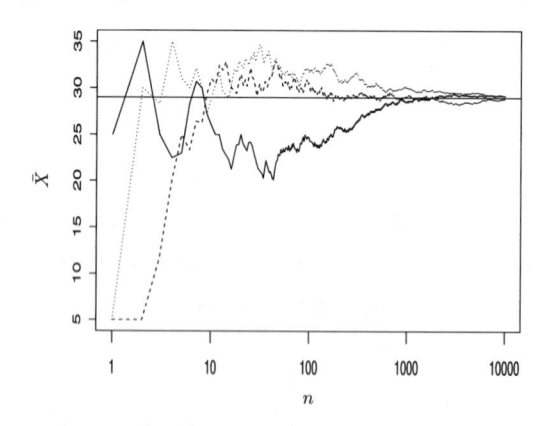

図 7.1　復元抽出の反復実験．横軸は対数目盛

7.5 標本平均の標本分布の性質

る)の場合,取り尽くしはできない.標本の大きさ n が大きくなると,標本平均と母平均との乖離が小さくなりやすくなることには,取り尽くし以外の説明が要る.

標本の大きさ n が大きくなると,標本平均 $\bar{X}$ と母平均(期待値)μ との差が小さくなることは以下のように説明できる.$n=2$ のとき,$\bar{X}$ の最小の実現値は 5 である.これは,2 回の抜き取りで両方とも 5 を抜き取ったときに出現する.その出現確率は,$(1/5)^2 = 1/25$ である.$n=3$ のとき,$\bar{X}$ の最小の実現値は 5 で変わらない.しかし,その出現確率は $(1/5)^3 = 1/125$ と急減する.n が大きくなると,最小の実現値 5 の出現確率はますます小さくなっていく.

同じ仕組みは標本平均の最大の実現値 55 にも当てはまる.n が大きくなるにつれて,最大の実現値の出現確率は急減する.

上の説明から,標本の大きさ n が大きくなるにつれて,観察値 X_i ($i=1, 2, \ldots, n$) のどれもが(母平均に比べて)極端に小さい(ないし大きい)値ばかりになる確率が急減することがわかる.このことから,標本平均 $\bar{X}$ の実現値は,母平均の値からかけ離れたものにはなりにくいと予想される.この予想が正しいことは,以下のチェビシェフの不等式で示される.

$$\Pr(|\bar{X} - \mu| > \epsilon) \leq V(\bar{X})/\epsilon^2 \tag{7.1}$$

ただし,ϵ は任意の(微小な)正の数である.この式は,式 (3.15) において,$k = \epsilon/\sqrt{V(\bar{X})}$ を代入したものである.復元抽出の場合,$V(\bar{X}) = \sigma^2/n$ であるから,n が大きくなるにつれて,式 (7.1) の右辺は小さくなる.左辺は標本平均 $\bar{X}$ と母平均 μ との差が所与の ϵ より大きくなる確率である.それが右辺を超えないのであるから,n の増加ともに,左辺も小さくなる.その結果,n の増加と共に,$\bar{X}$ が μ の近辺に出現する確率が高くなるのである.

標本の大きさ n が大きくなるにつれて,標本平均 $\bar{X}$ が母平均 μ の近辺に発生する確率が 1 に近くなる(式 (7.1))という性質を**大数の法則**とよぶ.正確には,式 (7.1) は**弱法則**とよばれる.ここでの例では,さらに**強法則**(どのように小さく $\epsilon > 0$ を選んでも,ϵ に応じて選んだ番号 n_0 よりも大きなすべての n について,$|\bar{X} - \mu| > \epsilon$ となる確率が 0 に近づく)が成り立つことも

知られている。

式 (7.1) が大数の法則の成立を保証する理由は，n の増加と共に，$\bar{X}$ のバラツキ（分散）$V(\bar{X}) = \sigma^2/n$ が小さくなることに求められる。この仕組みは，有限母集団からの非復元抽出の場合にも作用する。この場合，標本平均の分散は，

$$V(\bar{X}) = \frac{\sigma^2}{n}\frac{N-n}{N-1} \qquad (7.2)$$

で求められる。もし，n が N に近ければ，$(N-n)/(N-1)$ が 0 に近くなる。そのとき，式 (7.1) から，$\bar{X}$ が μ の近辺に出現する確率が 1 に近くなる。さらには，たとえ n が N に比べてずっと小さく，$(N-n)/(N-1)$ が 1 に近い場合でも，n の増加と共に $V(\bar{X})$ は小さくなる。そのときも，式 (7.1) から，$\bar{X}$ が μ の近辺に出現する確率が 1 に近づく。つまり，大数の法則にとって重要なことは，標本の大きさ n が大きくなるにつれて標本平均 $\bar{X}$ のバラツキが小さくなること（σ^2/n が小さくなること）であり，母集団のうちの大部分を観察している（$(N-n)/(N-1)$ が 0 に近い）ことではない。

実際，$N = 1{,}000$ として，標本の大きさが $n = 10$ から $n = 20$ に増加した場合，σ^2/n が半分になる一方で，$(N-n)/(N-1)$ は，約 0.99 から 約 0.98 に変化するにすぎない。標本平均 $\bar{X}$ の分散 $V(\bar{X})$ の減少のほとんどは，σ^2/n の減少からもたらされる。

7.5.2 中心極限定理

標本平均の標本分布とは，標本平均 $\bar{X}$ を（標本抽出にともなって変化する）確率変数と見たときの確率分布であった。標本平均 $\bar{X}$ は，標本で観察された X_i ($i = 1, 2, \ldots, n$) の平均で計算される。観察値 X_i が母集団から発生し，$\bar{X}$ が X_i から計算されるのであるから，$\bar{X}$ は母集団における分布のあり方に依存する。そして，標本の大きさ n が大きくなるに連れて，$\bar{X}$ の厳密な標本分布はいっそう複雑になりそうに思える。

しかし，標本の大きさ n が大きくなると，母集団における分布によらず，標本平均 $\bar{X}$ の標本分布が正規分布によって近似できる，という強力な定理が知られている。むろん，この定理が成立するためには，母集団における分布が満たすべき条件があるけれども，その条件は比較的緩やかである。

7.5 標本平均の標本分布の性質

簡単な数値例

最初の例として，$5, 15, 25, 45, 55$ から復元抽出した場合の標本平均の標本分布を求めてみる。$n = 2$ の場合，$\bar{X}$ の標本分布は表 7.4 で与えられる。表 7.4 を利用すれば，$n = 4$ の場合の標本分布も $n = 2$ の場合と同じ要領で求められる（表 7.4 を新しい確率変数と見立てて，それを 2 つ独立に発生させたときの平均の確率分布を構成すればよい）。同じ要領で，$n = 4$ の $\bar{X}$ の標本分布から $n = 8$ の $\bar{X}$ 標本分布が求められる。

図 7.2 は $n = 2, 4, 8$ に対応した $\bar{X}$ の厳密な標本分布を示す。ただし，比較のため，確率を階級幅で除した確率密度を縦軸としている。$n = 2$ の場合には，母集団の分布（$5, 15, 25, 45, 55$ が等確率で出現する確率分布）の影響が濃厚である。しかし，$n = 4$ になると母集団の分布の影響が薄れ，$n = 8$ になると正規分布とほとんど変わらない。

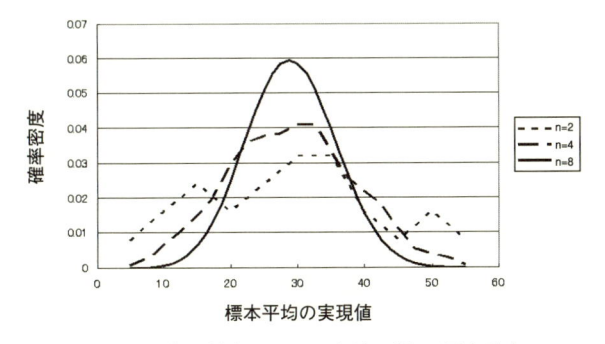

図 7.2　復元抽出における標本平均の標本分布

より複雑な母集団分布による例

この，「標本平均の標本分布が正規分布に近づく」という性質が，もっと複雑な母集団分布についても成り立つかどうかを実験で確かめる。例として，Japan General Social Survey (JGSS) 2010 年から得られる就労年数に関する回答データをもちいる[1]。階級幅 1 のヒストグラムを図 7.3 に示す。回答数

---

[1] このデータは，東京大学社会科学研究所附属社会調査・データアーカイブ研究センター SSJ データアーカイブのリモート集計システムを利用し，同データアーカイブが所蔵する〔JGSS2010〕の個票データを集計したものである。

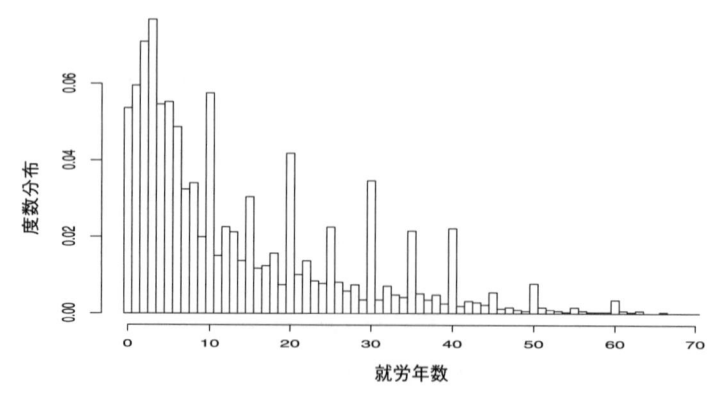

図 7.3　就労年数の度数分布

は $N = 3,056$ である。就労年数の回答の分布は非対称で，5年おきにピークをもつ分布となっている。

　以下では，図 7.3 を母集団の分布と見立てて，復元抽出に対応する $\bar{X}$ の標本分布を観察する。厳密な標本分布を求める代わりに，大きさ n の復元抽出を 100,000 回反復して近似的な標本分布を求める。その結果を図 7.4 に示す。最初の人工的な例に比べると，正規分布への近づき方は緩慢である。しかし，$n = 32$ の場合は，正規分布らしく見える。母集団の分布が非対称で5年ごとにピークがあるにもかかわらず，標本平均の確率的な出方は正規分布に近づく。

　母集団の分布にかかわらず，標本の大きさ n が大きくなるのに伴って，標本平均 $\bar{X}$ の標本分布が正規分布に近づいていく性質を示すのが**中心極限定理**である。後に見るように，この「標本平均の出方が正規分布で近似できる」という性質を，推測で活用する。

　正規分布は，期待値と分散によって1とおりに定まる。復元抽出のもとでは，$\bar{X}$ の期待値は母平均 μ に等しく，$\bar{X}$ の分散は σ^2/n である。このことから，$\bar{X}$ の標本分布は，期待値が μ で分散が σ^2/n である正規分布に近づいていく。ただし，n が限りなく大きくなると，σ^2/n が0に近づいていってしまう。分布の形状が正規分布に近づく様子を表現するには，バラツキを一定にしておくのが便利である。そこで，標本平均 $\bar{X}$ を標準化する。すなわち，標本平均からその期待値（母平均 μ）を減じて，その分散の平方根 $(\sigma/\sqrt{n})$ で除

7.5 標本平均の標本分布の性質

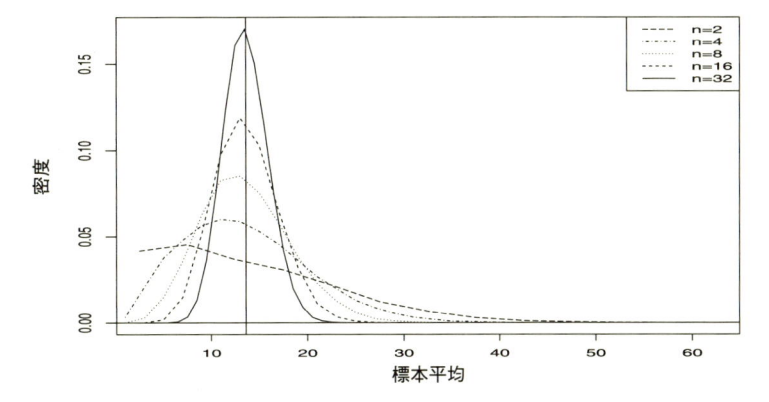

図 7.4 就労年数からの復元抽出のもとでの標本平均の標本分布の近似

す。中心極限定理を言い換えれば，n が大きくなるのに伴って，標準化した標本平均が標準正規分布 $N(0, 1)$ に近づいていくことになる。そのことを，

$$\frac{\bar{X} - \mu}{\sigma/\sqrt{n}} \to_d N(0, 1)$$

と表記する。$\to_d$ は「矢印の左側の確率変数の確率分布が，矢印の右側の確率分布に近づいていく」こと（分布収束）をあらわす。

非復元抽出の場合にも，標本平均 $\bar{X}$ の分布が正規分布に近づくことを実験によって確かめる。図 7.4 と同じ設定で，標本抽出だけを非復元抽出に変更して $\bar{X}$ の標本分布を近似する。その結果は図 7.5 に示されている。

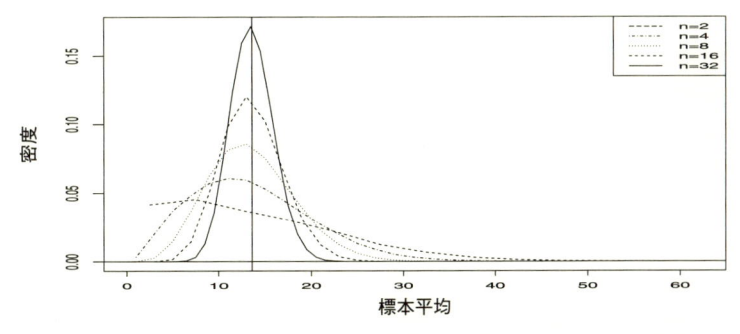

図 7.5 就労年数からの非復元抽出のもとでの標本平均の標本分布の近似

図 7.5 は，復元抽出のもとでの $\bar{X}$ の標本分布（図 7.4）とほとんど変わらない。母集団の大きさ $N = 3,056$ に対して，標本の大きさがたかだか $n = 32$ であるため，非復元抽出のもとでも実際には復元がほとんど発生しない。したがって，復元抽出も非復元抽出も大差ない状況になっている。その結果，復元抽出のときと同じように，$\bar{X}$ の標本分布が正規分布で近似できるのである。ただし，$(N-n)/(N-1)$ が 1 に近いとはいえない場合に備えて，$\bar{X}$ の分散の計算には式 (7.2) をもちいるのが無難である。

7.5.3 標本平均以外の統計量の標本分布

いままで，標本平均の標本分布に関するいくつかの性質を述べた。他の統計量も，標本抽出に伴って値が変わる確率変数であるから標本分布を考えることができる。たとえば，標本分散や標本中央値，標本最小値，標本最大値についても標本分布がある。したがって，これらを確率変数とみなして，その確率的な性質を議論することができる。

ただし，すべての統計量の標本分布が，標本平均の標本分布のように便利な性質をもつとは限らない。たとえば，有限母集団からの復元抽出のもとでの標本最大値の出方を考えれば，母集団における最大値が標本に含まれた場合にだけ標本最大値はそれと等しくなり，その他の場合にはそれよりも小さくなる。したがって，標本最大値の期待値は母集団最大値よりも小さくなる。この場合には，確率変数としての統計量の期待値が母数に等しくなるという性質は成り立たない。

7.5.4 標本平均の標本分布のまとめ

ここで，標本平均 $\bar{X}$ の標本分布を導入する理由を復習しておく。1 つの標本から計算される標本平均の値（1 つの実現値）は，母平均と等しくない。1 つの実現値と母数とを比べているかぎり，両者に差があるということしかいえない。

そこで，「標本平均が標本抽出に伴って変化する確率変数である」ことを利用して，標本平均の確率的な出方全体（標本平均の標本分布）と母平均との対応関係を調べる。すると，

1. 確率変数としての標本平均の期待値が母平均に等しい，
2. 標本の大きさ n が大きくなるにつれて，確率変数としての標本平均のバラツキが小さくなり $(V(\bar{X}) = \sigma^2/n)$，母平均の近辺にますます高い確率で出現しやすくなる（大数の法則），
3. 標本の大きさ n が大きくなるにつれて，確率変数としての標本平均の出方（標本分布）が正規分布で近似できる，

という性質を持つことが分かった．分布全体を考えることによって，1つの数値である母平均との対応関係が見つかった．この対応関係が，母平均に関する推測に役立つ．このことが，標本平均の標本分布を導入した理由の1つである．

練習問題 7

1. $\{-8, 8\}$ からの等確率の復元抽出を考える．
   (a) $n = 2$ の場合の $\bar{X}$ の標本分布を求めなさい．
   (b) $n = 4$ の場合の $\bar{X}$ の標本分布を求めなさい．
   (c) $n = 8$ の場合の $\bar{X}$ の標本分布を求めなさい．
2. X_i を成功確率 p のベルヌーイ確率変数 $(i = 1, 2, \ldots)$ とし，それらは相互に独立とする．中心極限定理を利用して，$(\bar{X} - p)/\sqrt{p(1-p)/n}$ が標準正規分布で近似できることを確かめなさい．このことから，n が大きいとき，2項分布 Binomial(n, p) にしたがう確率変数を正規分布で近似する方法について述べなさい．

付 録 7

付録 7.1 有限母集団からの非復元抽出

有限母集団からの非復元抽出について，確率変数をもちいて表現する．

N 個の要素を持つ集合（母集団）を考える．要素の通し番号を i $(i = 1, 2, \ldots, N)$ であらわす．要素 i には数値 x_i が付されているとする．

この母集団からの，大きさ n の非復元無作為抽出にともなって，確率変数 I_i $(i = 1, 2, \ldots, N)$ を以下のように定義する．

$$I_i = \begin{cases} 1 & (i \text{ が標本にふくまれる}) \\ 0 & (\text{それ以外}) \end{cases}$$

大きさ n の非復元無作為抽出の性質から，確率変数 I_i について以下の性質が成り立つ．

$$\sum_{i=1}^{N} I_i = n$$

$$E(I_i) = \Pr(I_i = 1) = \frac{\binom{N-1}{n-1}}{\binom{N}{n}} = \frac{n}{N} \equiv f$$

$$V(I_i) = E(I_i^2) - (E(I_i))^2 = E(I_i) - (E(I_i))^2 = f(1-f)$$

$$E(I_i I_j) = \frac{\binom{N-2}{n-2}}{\binom{N}{n}} = \frac{n-1}{N-1} f \quad (i \neq j)$$

$$Cov(I_i, I_j) = -\frac{1}{N-1} f(1-f) \quad (i \neq j)$$

ただし，$f = n/N$ は抽出率である。

確率変数 I_i をもちいれば，標本平均 $\bar{X}$ は以下のように表現できる。

$$\bar{X} = \frac{1}{n} \sum_{i=1}^{N} I_i x_i$$

$\bar{X}$ 期待値は，以下のように計算できる。

$$E(\bar{X}) = \frac{1}{n} \sum_{i=1}^{N} E(I_i) x_i$$

$$= \frac{1}{n} f \sum_{i=1}^{N} x_i = \frac{1}{N} \sum_{i=1}^{N} x_i \equiv \mu_x$$

すなわち，標本平均の期待値は，母集団における x_i の算術平均 μ_x に等しい。

$\bar{X}$ の分散は以下のように計算できる。

$$V(\bar{X}) = E[\{\bar{X} - \mu_x\}^2]$$

$$= E\left[\left\{\frac{1}{n} \sum_{i=1}^{n} I_i (x_i - \mu_x)\right\}^2\right]$$

$$= \frac{1}{n^2} \left\{\sum_{i=1}^{N} V(I_i)(x_i - \mu_x)^2 + \sum_{i=1}^{N} \sum_{j \neq i} Cov(I_i, I_j)(x_i - \mu_x)(x_j - \mu_x)\right\}$$

$$= \frac{f(1-f)}{n^2} \left\{\sum_{i=1}^{N}(x_i - \mu_x)^2 - \frac{1}{N-1} \sum_{i=1}^{N} \sum_{j \neq i}(x_i - \mu_x)(x_j - \mu_x)\right\}$$

ここで，$\sum_{i=1}^{N}(x_i - \mu_x) = 0$ を利用して以下の式を得る。

$$0 = \left\{\sum_{i=1}^{N}(x_i - \mu_x)\right\}^2 = \sum_{i=1}^{N}(x_i - \mu_x)^2 + \sum_{i=1}^{N} \sum_{j \neq i}(x_i - \mu_x)(x_j - \mu_x)$$

付録 7

これを代入して整理すれば，以下の式を得る。

$$V(\bar{X}) = \frac{f(1-f)}{n^2} \frac{N}{N-1} \sum_{i=1}^{N}(x_i - \mu_x)^2$$

$$= \frac{1}{n} \frac{1}{N} \sum_{i=1}^{N}(x_i - \mu_x)^2 \frac{N-n}{N-1}$$

$$\equiv \frac{\sigma_x^2}{n} \frac{N-n}{N-1}$$

非復元抽出であることから，$n \leq N$ である。$n = N$ であるとき，つまり，有限母集団のすべてを取り尽くすとき，標本平均は母集団の平均（定数）に等しくなるので，分散が 0 となる。

付録 7.2 有限母集団からの復元抽出

有限母集団からの復元抽出について，確率変数をもちいて表現する。

先と同様に，N 個の要素を持つ集合（母集団）を考える。要素の通し番号を i ($i = 1, 2, \ldots, N$) であらわす。要素 i には数値 x_i が付されているとする。

この母集団からの，大きさ n の復元無作為抽出にともなって，確率変数 J_i ($i = 1, 2, \ldots, N$) を「i 番目の要素が標本に出現した回数」と定義する。復元抽出であることから，J_i は下記の多項分布にしたがう。

$$(J_1, J_2, \ldots, J_N) \sim \text{Multinomial}(n; N^{-1}, N^{-1}, \ldots, N^{-1})$$

多項分布の性質は，第 5 章で説明した。ここで利用する性質を以下にまとめる。

$$\sum_{i=1}^{N} J_i = n, \qquad E(J_i) = n\left(\frac{1}{N}\right)$$

$$V(J_i) = n\left(\frac{1}{N}\right)\left(1 - \frac{1}{N}\right), \qquad Cov(J_i, J_j) = -n\left(\frac{1}{N}\right)^2 \ (i \neq j)$$

確率変数 J_i をもちいれば，標本平均 $\bar{X}$ は以下のように表現できる。

$$\bar{X} = \frac{1}{n} \sum_{i=1}^{N} J_i x_i$$

$\bar{X}$ 期待値は，以下のように計算できる。

$$E(\bar{X}) = \frac{1}{n} \sum_{i=1}^{N} E(J_i) x_i = \frac{1}{n} n\left(\frac{1}{N}\right) \sum_{i=1}^{N} x_i = \mu_x$$

すなわち，標本平均の期待値は，母集団における x_i の算術平均 μ_x に等しい。

$$V(\bar{X}) = E[\{\bar{X} - \mu_x\}^2]$$

$$= E\left[\left\{\frac{1}{n}\sum_{i=1}^{n} J_i(x_i - \mu_x)\right\}^2\right]$$

$$= \frac{1}{n^2}\left\{\sum_{i=1}^{N} V(J_i)(x_i - \mu_x)^2 + \sum_{i=1}^{N}\sum_{j \neq i} Cov(J_i, J_j)(x_i - \mu_x)(x_j - \mu_x)\right\}$$

$$= \frac{1}{nN}\left\{\left(1 - \frac{1}{N}\right)\sum_{i=1}^{N}(x_i - \mu_x)^2 - \left(\frac{1}{N}\right)\sum_{i=1}^{N}\sum_{j \neq i}(x_i - \mu_x)(x_j - \mu_x)\right\}$$

$$= \frac{\sigma_x^2}{n}$$

付録7.3　非復元抽出と復元抽出の比較

　有限母集団からの非復元無作為抽出と復元無作為抽出との相違は，確率変数 I_i と J_i との相違に由来する．両者の相違をいっそう明確にするために，第 k 番目の抜き取り $(k = 1, 2, \ldots, n)$ において，以下の確率変数を導入する．

$$I_i^{(k)} = \begin{cases} 1 & （要素 i が k 番目に抜き取られる）\\ 0 & （そうでない）\end{cases}$$

$$J_i^{(k)} = \begin{cases} 1 & （要素 i が k 番目に抜き取られる）\\ 0 & （そうでない）\end{cases}$$

このとき，任意の k $(1 \leq k \leq n)$ について，以下のことが成り立つ．

$$(I_1^{(k)}, I_2^{(k)}, \ldots, I_N^{(k)}) \sim \text{Multinomial}(1; N^{-1}, N^{-1}, \ldots, N^{-1})$$

このことは以下のように確かめられる．非復元無作為抽出のもとで，ある要素 i が k 番目に抜き取られるのは，$k-1$ 番目までは抜き取られず，k 番目で抜き取られる場合に限られる．したがって，以下の式が成り立つ．

$$\Pr(I_i^{(k)} = 1) = \frac{N-1}{N}\frac{N-2}{N-1}\cdots\frac{N-k+1}{N-k+2}\frac{1}{N-k+1} = \frac{1}{N}$$

k 番目に抜き取られる要素は1つだけである．したがって，$I_i^{(k)} = 1$ であれば，$I_j^{(k)} = 0$ $(j \neq i)$ である．これらのことから，主張が正しいことがわかる．

　他方，復元無作為抽出においては，どの抜き取りにおいても，N 個の要素から1つを無作為に選ぶので，以下のことが成り立つ．

$$(J_1^{(k)}, J_2^{(k)}, \ldots, J_N^{(k)}) \sim \text{Multinomial}(1; N^{-1}, N^{-1}, \ldots, N^{-1})$$

いま，k 番目の抜き取りで観察される値を X_k $(k = 1, 2, \ldots, n)$ と書くことにする．非復元無作為抽出のもとでは，以下のようにあらわせる．

付 録 7

$$X_k = \sum_{i=1}^{N} I_i^{(k)} x_i$$

同様に復元無作為抽出のもとでは，以下のようにあらわせる．

$$X_k = \sum_{i=1}^{N} J_i^{(k)} x_i$$

任意の k について，非復元無作為抽出の X_k の周辺確率分布と復元無作為抽出の X_k の周辺確率分布とは同一の分布となっている．すなわち，どちらの場合でも，任意の k について，X_k は，確率 N^{-1} で x_1，確率 N^{-1} で x_2，$\cdots$，確率 N^{-1} で x_N となるような確率変数となる．

しかし，すべての抜き取り $(1 \leq k \leq n)$ に同時に見たときに，$I_i^{(k)}$ のしたがう分布と $J_i^{(k)}$ のしたがう分布とは異なっている．たとえば，

$$I_i = \sum_{k=1}^{n} I_i^{(k)}, \, J_i = \sum_{k=1}^{n} J_i^{(k)}$$

であるけれども，前者が高々 1（非復元抽出）であるのに対して，後者は最大で n（復元抽出）である．

とくに，復元無作為抽出の場合，X_k と X_l $(k \neq l)$ が互いに独立になる．このことから，分散の計算が容易になり，復元無作為抽出のもとでは，$V(\bar{X}) = \sigma^2/n$ となることがわかる．

これに対して，非復元無作為抽出のもとでは，X_k と X_l $(k \neq l)$ とが独立にならない．その理由は，$(I_1^{(k)}, I_2^{(k)}, \ldots, I_N^{(k)})$ と $(I_1^{(l)}, I_2^{(l)}, \ldots, I_N^{(l)})$ とが独立ではないからである．実際，$k \neq l$ について，以下の式が求められる．

$$Cov(I_i^{(k)}, I_j^{(l)}) = E(I_i^{(k)} I_j^{(l)}) - E(I_i^{(k)}) E(I_j^{(l)}) = \begin{cases} -\dfrac{1}{N^2} & (i = j) \\ \dfrac{1}{N} \dfrac{1}{N-1} - \dfrac{1}{N^2} & (i \neq j) \end{cases}$$

上の式が成り立つことは以下のように確かめられる．まず，$i = j$ のとき，非復元抽出であることから，$I_i^{(k)} I_i^{(l)} = 0$ $(k \neq l)$ である．つぎに，$i \neq j$ のとき，一般性を失うことなく $k < l$ として，

$$\begin{aligned}
E(I_i^{(k)} I_j^{(l)}) &= \Pr(I_i^{(k)} I_j^{(l)} = 1) \\
&= \Pr(I_i^{(k)} = 1, I_j^{(l)} = 1) \\
&= \Pr(I_i^{(l)} = 1) \Pr(I_j^{(k)} = 1 | I_i^{(l)} = 1) \\
&= \frac{1}{N} \frac{N-2}{N-1} \frac{N-3}{N-2} \cdots \frac{N-k}{N-k+1} \frac{1}{N-k} \\
&= \frac{1}{N(N-1)}
\end{aligned}$$

このことから，X_k と X_l $(k \neq l)$ の共分散は，以下のように求められる．

$$Cov(X_k, X_l) = \sum_{i=1}^{N}\sum_{j=1}^{N} Cov(I_i^{(k)}, I_j^{(l)}) x_i\, x_j$$

$$= -\sum_{i=1}^{N} \frac{1}{N^2} x_i^2 + \sum_{i=1}^{N}\sum_{j\neq i} \left\{ \frac{1}{N(N-1)} - \frac{1}{N^2} \right\} x_i x_j$$

$$= -\sum_{i=1}^{N} \frac{1}{N^2} x_i^2 + \left\{ \frac{1}{N(N-1)} - \frac{1}{N^2} \right\} \{(\sum_{i=1}^{N} x_i)^2 - \sum_{i=1}^{N} x_i^2 \}$$

$$= -\frac{1}{(N-1)} \sigma_x^2$$

X_k と X_l の共分散が負になる理由は，k 回目で大きな x が抜き取られるとすると，l 回目では，それ以外のものから選ぶことになるので，相対的に小さな x が選ばれやすくなるからである。

結果的に，非復元抽出のもとでの標本平均の分散は以下のように求められる。

$$V(\bar{X}) = \frac{1}{n^2} \left\{ \sum_{k=1}^{n} V(X_k) + \sum_{k=1}^{n}\sum_{l\neq k} Cov(X_k, X_l) \right\}$$

$$= \frac{1}{n^2} \left\{ n\sigma_x^2 - \frac{n(n-1)}{N-1} \sigma_x^2 \right\}$$

$$= \frac{\sigma_x^2}{n} \frac{N-n}{N-1}$$

8 推　　定

この章の目的

この章では，推定について述べる。具体的には，
- 点推定の考え方
- 点推定量の求め方
- 区間推定の考え方
- 母平均の区間推定
- 成功確率の区間推定

について説明する。

8.1 推定の意味

　ある母集団から抽出された標本にもとづいて，未知なる母数の大きさを推し量ることを**推定**という。

　推定は，点推定と区間推定とに大別される。**点推定**は，母数になるべく近い統計量によって母数を推定することを意味する。推定に利用する統計量を**推定量**とよぶ。つまり，なるべく母数の値に近くなりやすい推定量（標本から得られる情報）を選ぶことが点推定の課題である。

　区間推定は，標本情報から，なるべく高い確率で母数がふまれる区間を構成することを意味する。理論的には，後述する統計的仮説検定と密接な関係がある。

8.2 点 推 定

8.2.1 推定量の評価基準

同一の分布からの大きさ n の無作為標本 $X_1, X_2, \ldots, X_n$ から母平均 $\mu = E(X_i)$ を推定することを考える。

●例● サイコロの出目の期待値

例として，X_i をサイコロの出目として，サイコロを 3 回投げて $\mu = E(X_i)$ を推定する問題を考える．つまり，そのサイコロの出目の平均的な値 μ がどれほどであるかを大きさ $n = 3$ の標本から推定したい．サイコロは歪んでいる可能性があり，すべての出目が等しい確率で出るとは限らない．したがって，μ も 7/2 に等しいとは限らない．

標本平均 $\bar{X}$ を，母平均 μ の推定量としよう．このことを記号で

$$\hat{\mu} = \bar{X} \tag{8.1}$$

と書く．推定対象である母数にハットをつけて推定量をあらわす記法は統計学でよくもちいる．この式は，「母平均 μ の推定量として，標本平均を $\bar{X}$ を使う」ことを意味している．

式 (8.1) によって，つまり，標本平均によって母平均を推定することは自然に思える．母平均が母集団の分布における中心の位置をあらわすのだから，標本に出現した X_i の値の中心である $\bar{X}$ は母平均の近くに出やすいと予想される．

けれども，母平均の近くに出現しやすい推定量は他にも考えられる．たとえば，$X_{(k)}$ が「標本に出現した X_i を昇順に並べた k 番目の値（つまり，小さい方から k 番目の値）」をあらわすとして，標本中央値，

$$\hat{\mu} = X_{(2)}$$

としても，分布の中心に位置する母平均の近くに出現しやすいと予想される．

いま，$\bar{X}$ と $X_{(2)}$ とのどちらが推定量として優れているかを比較することにする．比較のためには基準が必要である．どのような基準がありえるか．

それを考えるために，まず，$\bar{X}$ と $X_{(2)}$ の確率分布を求める．各回におけるサイコロの出目の確率を

$$p_j = \Pr(X_i = j) \quad (j = 1, 2, \ldots, 6)$$

と記す．サイコロが歪んでいるかもしれず，p_j は 1/6 に等しいとは限らない．

とはいえ，まず出発点として，仮に，すべての p_j が 1/6 に等しい場合を考察

8.2 点推定

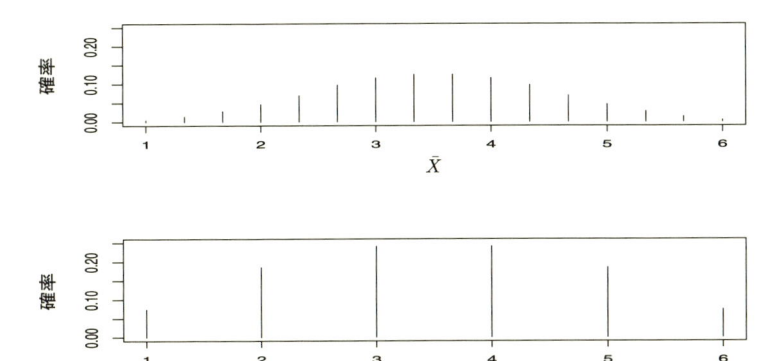

図 8.1 標本平均と標本中央値の標本分布

する。この場合，母平均は $\mu = 7/2$ となる。このとき，$\bar{X}$ と $X_{(2)}$ の標本分布は図 8.1 のようになる。

図 8.1 から，$\bar{X}$ も $X_{(2)}$ も母平均 $\mu = 7/2$ を中心としてバランスよく分布しているように見える。両者の期待値を図 8.1 にしたがって計算すると，

$$E(\bar{X}) = 7/2, \quad E(X_{(2)}) = 7/2$$

となっている。つまり，すべての目が同じ確率で発生するという前提のもとでは，$\bar{X}$ の期待値も $X_{(2)}$ の期待値も母平均に等しい。推定量の期待値を推定量の標本分布の中心の位置とみなすなら，中心の位置だけでは $\bar{X}$ と $X_{(2)}$ の優劣は決まらない。

そこで，別の観点から両者を比べる。推定量の評価基準としてより重要な項目の1つは，母数からの乖離が小さいことである。図 8.1 から，$\bar{X}$ よりも $X_{(2)}$ の方が母平均 $\mu = 7/2$ から大きく乖離しやすいように見える。たとえば，両者とも，実現値の最小値は1である。しかし，

$$\Pr(\bar{X} = 1) = (1/6)^3 \doteqdot 0.005$$

であるのに対して，

$$\begin{aligned}
\Pr(X_{(2)} = 1) &= \Pr(X_{(1)} = X_{(2)} = 1, X_{(3)} \geq 1) \\
&= \Pr(X_{(1)} = X_{(2)} = 1, X_{(3)} = 1) \\
&\quad + \Pr(X_{(1)} = X_{(2)} = 1, X_{(3)} > 1) \\
&= (1/6)^3 + 3(1/6)^2(5/6) \doteqdot 0.074
\end{aligned}$$

となる。母平均からの乖離が小さいという観点からは $\bar{X}$ の方が優れている。

8.2.2 平均2乗誤差

$\bar{X}$ と $X_{(2)}$ の差を明確にするために，母平均からの乖離の程度を数値化する。1つの尺度は，**平均2乗誤差**（MSE, Mean Square Error）である。これは，以下の式で定義される。

$$\mathrm{MSE}_{\hat{\mu}}(P) = E_P\{(\hat{\mu}-\mu)^2\} \tag{8.2}$$

ここで，P は母集団からの標本抽出に関する確率分布をあらわす。$E_P(\cdot)$ は P のもとでの期待値である。MSE は，母数と推定量との差の2乗の期待値である。MSE が大きいほど，推定量と母数との平均的な乖離が大きい。

図 8.1 にしたがって $\bar{X}$ と $X_{(2)}$ の平均2乗誤差を計算すると，

$$\mathrm{MSE}_{\bar{X}}(P) \doteq 0.97,\ \mathrm{MSE}_{X_{(2)}}(P) \doteq 1.88$$

となる。ここでの P は「1 から 6 までの整数がどれも 1/6 の確率で発生する分布」である。MSE を基準とすれば，$X_{(2)}$ よりも $\bar{X}$ の方が優れた推定量となる。

MSE は，(1) 推定量の期待値（推定量の中心の位置）と母数とのずれと，(2) 推定量の分散（期待値の回りのバラつき）との両方を兼備した尺度であることが以下のように示せる。まず，母平均の推定量 $\hat{\mu}$ の期待値 $E_P(\hat{\mu})$ がつぎの性質をもつことに注意する。$E_P\{\hat{\mu}-E_P(\hat{\mu})\}=0$ つまり，平均からの偏差の期待値は 0 となる。

これをもちいて，平均2乗誤差を以下のように分解できる。

$$\begin{aligned}\mathrm{MSE}_{\hat{\mu}}(P) &= \{E_P(\hat{\mu})-\mu\}^2 + E_P[\{\hat{\mu}-E_P(\hat{\mu})\}^2]\\ &= \{E_P(\hat{\mu})-\mu\}^2 + V_P(\hat{\mu}) \end{aligned} \tag{8.3}$$

式 (8.3) の右辺第1項は，推定量の期待値と母数とのずれをあらわす。推定量の期待値と母数との差を**偏り**とよぶ。この用語をもちいれば，式 (8.3) の右辺第1項は偏りの2乗をあらわす。右辺第2項は，推定量の分散である。分解式 (8.3) から，MSE は推定量のバラツキと偏りとを合算した尺度である。後に述べる不偏推定量については，式 (8.3) の右辺第1項が 0 となる。

ここまで，仮に $p_j = 1/6$ であるとして説明を続けてきた。ここで，必ずしも $p_j = 1/6$ であるとは限らない場合に戻る。p_j がどのように変化しても（た

8.2 点推定

だし、p_j は非負で $\sum_j p_j = 1$)、標本平均 $\bar{X}$ の期待値は母平均 μ に等しい。このことは、$E_P(X_i) = \mu$ から導ける。

他方、$X_{(2)}$ の期待値は μ に等しくなるとは限らない。たとえば、母集団からの標本抽出に関する確率分布 P' を

$$p_1 = p_2 = 3/12, \quad p_3 = p_4 = 1/6, \quad p_5 = p_6 = 1/12$$

とする。このとき、$X_{(2)}$ の期待値は以下のように求められる。

$$E_{P'}(X_{(2)}) = 1165/432 \doteq 2.7$$

これは、X_i の期待値より小さい。

$$E_{P'}(X_i) = \mu = 17/6 \doteq 2.8$$

この P' について、標本平均の平均2乗誤差は以下のとおりである。

$$\mathrm{MSE}_{\bar{X}}(P') = 59/108 \doteq 0.55$$

他方、標本中央値の平均2乗誤差は以下のとおりとなる。

$$\mathrm{MSE}_{X_{(2)}}(P') = 37897/23328 \doteq 1.62$$

P' のもとでも、MSE を基準とすれば、$X_{(2)}$ よりも $\bar{X}$ の方が優れている。

8.2.3 不偏性

これまでの考察を簡単にまとめる。標本平均 $\bar{X}$ は、

- 分布 P「1から6までの整数が、それぞれ、$1/6$ の確率で生じる」
- 分布 P'「1から6までの整数が、それぞれ、$3/12, 3/12, 2/12, 2/12, 1/12, 1/12$ の確率で生じる」

のどちらのもとでも、期待値が母平均に等しくなる。母集団からの標本抽出に関する分布を

- P「1から6までの整数が、それぞれ、p_j ($j = 1, 2, \ldots, 6$) の確率で生じる。ただし、$p_j \geq 0$ かつ $\sum_{j=1}^{6} p_j = 1$ を満たすものとする」

と一般化しても、以下の性質をもつ。

$$E_P(\bar{X}) = \mu \tag{8.4}$$

式 (8.4) のように，想定しうる範囲内のどの母集団においても，推定量の期待値が推定対象母数に等しくなるような推定量を**不偏推定量**とよぶ。上の例で，標本平均 $\bar{X}$ は母平均の不偏推定量になっている。他方，標本中央値 $X_{(2)}$ は母平均の不偏推定量ではない。不偏推定量でない推定量は，偏りをもつという。

不偏性は，推定量の出方のバランスに着目した基準とみなせる。たとえば，推定量 $\hat{\mu}$ が μ の不偏推定量であれば，$\hat{\mu}$ が真の値 μ よりも大きくなったり小さくなったりすることはあっても，平均的な値である期待値 $E_P(\hat{\mu})$ は真の母数 μ に等しくなる。もし，偏りをもつ，たとえば，$E_P(\hat{\mu}) < \mu$ であるすると，過小推定が発生しやすくなると予想される。

多少の偏りがあったとしても，母数からの乖離が小さければ（MSE が小さければ），好ましい推定量であるということがありえる。さらに，n が大きくなるにつれて，偏りが徐々に小さくなることが分かっていれば，n が大きいときの偏りの影響は小さいと期待できる。しかし，n が大きくなっても影響が残り続けるような偏りは好ましくない。

8.2.4 一 致 性

標本の大きさ n が大きくなるにつれて，推定量が母数の近辺に高い確率で出現することは自然な要求であろう。n が大きくなっても，推定量が母数に近づかないなら，標本を大きくする意味がない。

標本の大きさ n が大きくなると，推定量 $\hat{\mu}$ が高い確率で母平均 μ の近辺に出現する性質を**一致性**とよぶ。形式的には，どのように $\epsilon > 0$ を小さく選んでも，n が大きくなるにつれて，$\Pr(|\hat{\mu} - \mu| \leq \epsilon)$ が 1 に近づくことと表現できる。同じことを，n が大きくなるにつれて，$\Pr(|\hat{\mu} - \mu| > \epsilon)$ が 0 に近づくとも言い換えられる。一致性をもつ推定量は**一致推定量**とよばれる。

分散の存在する同一の分布からの無作為標本から計算した標本平均 $\bar{X}$ については，大数の法則から

$$\lim_{n \to \infty} \Pr(|\bar{X} - \mu| > \epsilon) = 0$$

が成り立つ。つまり，$\hat{\mu} = \bar{X}$ は母平均 μ の一致推定量である。

8.3 点推定量の求め方

点推定量を求める方法として，積率法と最尤法の 2 つを紹介する．

8.3.1 積 率 法

1 つは**積率法**とよばれる．母集団における k 次の積率は，

$$\mu_k = E\{X^k\}$$

で定義される．標本における k 次の積率は，

$$\hat{\mu}_k = \frac{1}{n}\sum_{i=1}^{n} X_i^k$$

で計算する．これが μ_k の推定量である．$\hat{\mu}_k$ が μ_k の一致推定量になるような状況では，n が大きいとき，μ_k と $\hat{\mu}_k$ との乖離が小さいと期待できる．

積率法とは，標本から計算した積率で母集団の積率を置き換えて推定する方法である．たとえば，積率法によれば，母平均（母集団の 1 次の積率）を標本平均（標本の 1 次の積率）で推定する．母分散については，$\sigma^2 = \mu_2 - \mu_1^2$ と書き表せることを利用して，

$$\hat{\sigma}^2 = \frac{1}{n}\sum_{i=1}^{n} X_i^2 - \bar{X}^2 = \frac{1}{n}\sum_{i=1}^{n}(X_i - \bar{X})^2$$

によって母分散の推定量とする．

8.3.2 最 尤 法

もう 1 つは**最尤法**とよばれる．n が大きくなるにつれて最尤法による推定量は近似的に不偏でありバラツキ（分散）も相対的に小さいことが多い．

最尤法とは，以下に述べる尤度関数を最大にすることによって推定量を得る方法をさす．尤度関数を説明するために，サイコロを n 回投げて，その結果から 6 の目が出る確率 p を推定する問題を例に取る．X_i を，i 回目にサイコロを投げたときに，6 の目が出たときに 1，6 以外の目が出たときに 0 となる確率変数とする．このとき，$(X_1, X_2, \ldots, X_n)$ の同時確率関数は，

$$p^{\sum_{i=1}^{n} x_i}(1-p)^{n-\sum_{i=1}^{n} x_i}$$

と書ける。ただし，x_i は，X_i の実現値をあらわし，0 または 1 を取る。

この確率関数は，母数 p をふくむ式となる。そこで，これを p の関数と見て，

$$L(p; x_1, x_2, \ldots, x_n) = p^{\sum_{i=1}^n x_i}(1-p)^{n-\sum_{i=1}^n x_i}$$

とあらわすことにする。関数 $L(p; x_1, x_2, \ldots, x_n)$ を**尤度関数**とよぶ。最尤法とは，尤度関数 $L(p; x_1, x_2, \ldots, x_n)$ を最大にする p を母数 p の推定量とする方法である。微分によって，尤度関数は，$p = n^{-1}\sum_{i=1}^n x_i$ のとき最大になることが確かめられる。したがって，この場合の最尤法による推定量は

$$\hat{p} = \frac{1}{n}\sum_{i=1}^n X_i = \bar{X}$$

つまり，出目 6 の出現割合である。

8.4 区間推定

8.4.1 区間推定の仕組み

母平均の区間推定の基本的な仕組みを説明する。その鍵は，標本平均の標本分布（標本平均の確率的な出方）にある。

標本平均 $\bar{X}$ は，標本抽出にともなって確率的に変化する。つまり，標本抽出をやり直せば，異なる値が標本平均として出現する。標本抽出にともなって発生する確率分布を**標本分布**とよぶのであった。

標本平均の標本分布を正確に求めることが難しいこともある。しかし，無作為標本抽出のもとでは，中心極限定理によって，標本の大きさ n が大きければ，$\bar{X}$ の標本分布は正規分布で近似できる。確率変数としての標本平均の期待値と分散は，それぞれ，μ と σ^2/n であった。ただし，μ は母平均，σ^2 は母分散をあらわす。まとめれば，無作為標本抽出のもとでは，以下の結果がえらる。

$$\frac{\bar{X} - \mu}{\sqrt{\sigma^2/n}} \to_d N(0, 1)$$

これを利用すれば，

$$\Pr\left(-1.96 \leq \frac{\bar{X} - \mu}{\sqrt{\sigma^2/n}} \leq 1.96\right) \doteq 0.95$$

が成り立つことがわかる。この式の $(\cdot)$ 内は，2 つの不等式から成る。すな

8.4 区間推定

わち,
$$-1.96 \leq \frac{\bar{X} - \mu}{\sqrt{\sigma^2/n}}, \quad \frac{\bar{X} - \mu}{\sqrt{\sigma^2/n}} \leq 1.96$$

それぞれを μ について解けば, 以下の式が得られる.

$$\mu \leq \bar{X} + 1.96\sqrt{\frac{\sigma^2}{n}}, \quad \mu \geq \bar{X} - 1.96\sqrt{\frac{\sigma^2}{n}}$$

逆に, これら2つの不等式を変形して, 前の2つの不等式にもどることもできる. したがって, 前の2つの不等式と後ろの2つの不等式とは同じ条件を示している. 条件として同値であれば, その成否も同じになる. このことから, 後ろの2つの不等式をひとまとめに表現すれば, 以下の式が成り立つ.

$$\Pr\left(\bar{X} - 1.96\sqrt{\frac{\sigma^2}{n}} \leq \mu \leq \bar{X} + 1.96\sqrt{\frac{\sigma^2}{n}}\right) \doteq 0.95 \quad (8.5)$$

式 (8.5) は以下のように解釈できる. μ は未知である. 仮に, 過去の経験等から σ^2 の値がおおよそでも分かっているとすると, 区間

$$\bar{X} \pm 1.96\sqrt{\frac{\sigma^2}{n}}$$

が計算できる. $\bar{X}$ が確率変数であるので, この区間も確率的に移動する. この確率的に移動する区間の中に未知の μ がふくまれる確率が約 0.95 となる.

ただし, この場合の確率の意味には注意を要する. $\bar{X}$ が確率変数とみなせるのは, 標本抽出を繰り返す状況を想定するときである. すなわち, 1組の標本を抽出すれば, 標本平均の1つの実現値が得られる. もう1度標本抽出をやり直せば, 標本平均の別の実現値が得られる. 標本抽出を何回か繰り返せば, その都度, 標本平均の異なる実現値が得られる. このように, 反復される標本抽出のもとで, 標本平均 $\bar{X}$ は確率変数とみなすことができた. したがって, ここでいう確率も, 標本抽出を繰り返すという状況で計算された確率である.

実際には, 母分散 σ^2 も未知である. したがって, 区間 $\bar{X} \pm 1.96\sqrt{\sigma^2/n}$ を標本情報から計算することはできない. しかし, 標本情報から母分散 σ^2 に近い値を計算する, つまり, σ^2 の推定量を考えることはできそうである. その候補の1つは, 以下の式であたえられる**標本不偏分散**である.

$$S^2 = \frac{1}{n-1}\sum_{i=1}^{n}(X_i - \bar{X})^2 \quad (8.6)$$

ここで，$(n-1)$ で除す理由は以下のように説明できる．まず，
$$\sum_{i=1}^{n}(X_i - \bar{X})^2 = \sum_{i=1}^{n}(X_i - \mu)^2 - n(\bar{X} - \mu)^2$$
が成り立つことに注意する．両辺の期待値を計算すれば，以下の式が導ける．
$$E\left\{\sum_{i=1}^{n}(X_i - \bar{X})^2\right\} = E\left\{\sum_{i=1}^{n}(X_i - \mu)^2\right\} - nE\left\{(\bar{X} - \mu)^2\right\}$$
$$= (n-1)\sigma^2$$
このことは，S^2 が σ^2 の不偏推定量であることを示す．S^2 は σ^2 の一致推定量でもある．標本不偏分散 S^2 も標本抽出にともなって変化する確率変数である．

母分散 σ^2 の代わりになる S^2 が得られたので，式 (8.5) における σ^2 に S^2 を代入する．しかし，もともと定数であるものを確率変数で置き換えるのであるから，式 (8.5) と同じように 0.95 とい確率が確保できるとは限らない．しかし，σ^2 をその一致推定量 S^2 で置き換えても，n が大きくなるにつれて，近似的に，以下の式が成り立つことが知られている．
$$\frac{\bar{X} - \mu}{\sqrt{S^2/n}} \to_d N(0, 1)$$
このことから，以下の式が導かれる．
$$\Pr\left(\bar{X} - 1.96\sqrt{\frac{S^2}{n}} \leq \mu \leq \bar{X} + 1.96\sqrt{\frac{S^2}{n}}\right) \doteqdot 0.95 \quad (8.7)$$
式 (8.7) は，「未知の母平均 μ が標本から計算できる区間 $\bar{X} \pm 1.96\sqrt{S^2/n}$ にふくまれる確率が 0.95 である」ことを述べている．

8.4.2 母平均 μ の区間推定

前項の説明から，
$$[\bar{X} - 1.96\sqrt{S^2/n}, \bar{X} + 1.96\sqrt{S^2/n}] \quad (8.8)$$
とすれば，約 0.95 の確率で母平均がふくまれる．区間 (8.8) を**信頼係数** 0.95 の**信頼区間**とよぶ．信頼係数を別の値，たとえば 0.99 にすると，$\sqrt{S^2/n}$ の係数は ± 2.57 となる．

8.4 区間推定

●例● 就労年数データからの無作為標本

数値例として，就労年数データ（図 7.3）をもちいる．これを母集団と見立てて，大きさ $n = 30$ の標本を独立に復元抽出したところ，以下のような結果が得られた．

$$6, 5, 20, 12, 8, 0, 4, 21, 9, 0, 35, 4, 18, 10, 30,$$
$$1, 0, 17, 2, 0, 8, 9, 15, 1, 7, 10, 23, 10, 21, 8$$

これらの観察値から計算した標本平均と標本不偏分散は以下のとおりである．

$$\bar{X}_{obs} = \frac{1}{30}(6 + 5 + \cdots + 8) \doteq 10.5$$

$$S^2_{obs} = \frac{1}{30-1}\{(6 - 10.5)^2 + (5 - 10.5)^2 + \cdots + (8 - 10.5)^2\} \doteq 83.9$$

ここで，添え字 obs は，観察値にもとづいて計算した数値（確率変数 $\bar{X}$ と S^2 の実現値）であることを意味する．信頼係数 0.95 の信頼区間は，

$$10.5 \pm 1.96\sqrt{83.9/30} \doteq [7.2, 13.7]$$

と求められる．母集団から計算した母平均は $\mu = 13.6$ である．上で計算した信頼区間には母平均がふくまれていることになる．

ここで，信頼係数という用語に関する注意を記す．式 (8.8) に記した $\bar{X}$ と S^2 は標本抽出にともなって変化する確率変数である．標本を抽出する前なら，この区間に母平均 μ がふくまれる確率が約 0.95 であるという表現は正しい．

しかし，標本抽出後は，確率変数が実現値となって区間推定値が確定する．実現値であることを強調すれば，区間推定値は以下のように表記できる．

$$\left[\bar{X}_{obs} - 1.96\sqrt{S^2_{obs}/n},\ \bar{X}_{obs} + 1.96\sqrt{S^2_{obs}/n}\right]$$

ひとたび区間推定値が数値として計算されれば，母平均 μ がこの区間にふくまれるか否かは確定し，頻度という意味での確率という用語は適用できない．

とはいえ，そもそも 1.96 という係数は，母平均 μ が信頼区間の中にふくまれる確率が 0.95 になるように選んだはずである．では，標本抽出後に計算された区間推定値と確率という用語とはどのように結び付けられるのか．

1 つの解決は以下のとおりである．区間 (8.8) が確率約 0.95 で母平均 μ をふくむ．であれば，標本抽出を多数回繰り返したとすると，実際に計算された区間推定値のうち約 95% のものが母平均 μ をふくむ．つまり，標本抽出後の区間推定値が 1 つの実現値にすぎないとしても，「標本抽出が繰り返されるという状況を仮想すれば，95% の確率で母平均 μ がその区間にふくまれる」という意味で，その推定値は確率と結びついている．ただし，1 つの実現値に確率という用語はそぐわないので，信頼係数という用語を使う．

●実験例● 就労年数データからの標本抽出の反復

就労年数データ（図 7.3）を母集団と見立てて，大きさ $n = 30$ の標本を独立に復元抽出し，式 (8.8) によって信頼係数 0.95 区間推定値を構成する．これを 100,000 回反復し，区間推定値が母平均 $\mu = 13.6$ をその中にふくむ割合を計算する．

実験の結果，その割合は 0.93 となった．この捕捉率は信頼係数 0.95 に近い．

最初の 100 回の結果を図示する．図 8.2 にはその結果を示す．横軸が信頼係数 0.95 の区間推定値の下限と上限の値を，縦軸が実験の順番を示す．横の線分が区間推定値をあらわす．母平均 $\mu = 13.6$ （縦の実線）がふくまれたときには線分が実線で，そうでないときは破線で表されている．図 8.2 は，最初の 100 回中 97 回が母平均をふくんだことを示している．

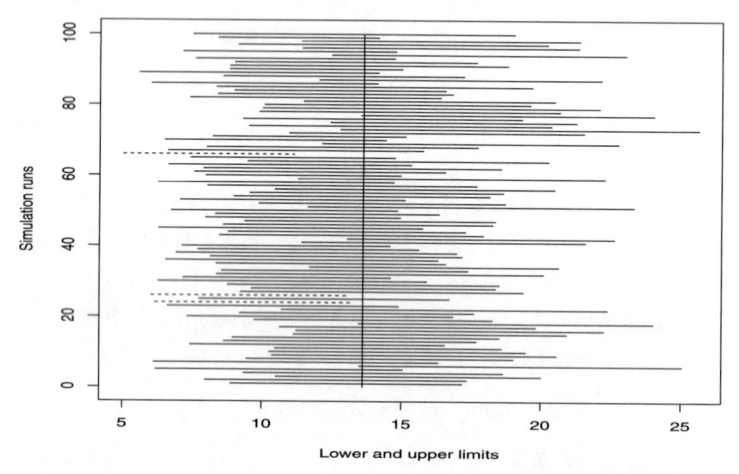

図 8.2 就労年数データによる区間推定値の実験結果の一部

注：横向きの線分は区間推定値をあらわす．母平均 $\mu = 13.6$ を線分がふくんだときに実線，そうでないとき破線で表されている．

8.4.3 成功確率 p の推定

結果が 2 つ（成功 S と失敗 F）であり，成功確率 p が一定であるような試行（ベルヌーイ試行）を独立に n 回繰り返す．その結果から，成功確率 p を推定する．たとえば，あるサイコロで出目が 1 に成る確率を n 回の試行の結果から推定するのが典型的な例である．

8.4 区間推定

成功確率 p が母平均の一種とみなせることから，その区間推定も母平均の区間推定から導ける．確率変数 X_i ($i = 1, 2, \ldots, n$) を成功が発生したときには $X_i = 1$，そうでないときには $X_i = 0$ となるベルヌーイ確率変数 (4.1) とする．その期待値が，$E(X_i) = p$ であることはすでに説明した．すなわち，成功確率 p は確率変数 X_i の期待値（母平均）とみなせる．このことから，p の推定量として X_i の標本平均

$$\hat{p} = \bar{X} = \frac{1}{n}\sum_{i=1}^{n} X_i$$

つまり，標本で観察される成功比率を用いることにする．

ベルヌーイ確率変数では $X_i^2 = X_i$ となるため，標本分散が簡単に計算できる．

$$S^2 = \frac{1}{n-1}\sum_{i=1}^{n}(X_i - \bar{X})^2 = \frac{1}{n-1}\left\{\sum_{i=1}^{n} X_i^2 - n\bar{X}^2\right\}$$
$$= \frac{n}{n-1}\hat{p}(1-\hat{p}) \tag{8.9}$$

ベルヌーイ確率変数についても，n が大きければ，$\bar{X}$ の分布が正規分布で近似できる．したがって，成功確率 p に関する信頼係数 0.95 の信頼区間は以下の式で与えられる．

$$\left[\hat{p} - 1.96\sqrt{\hat{p}(1-\hat{p})/(n-1)},\ \hat{p} + 1.96\sqrt{\hat{p}(1-\hat{p})/(n-1)}\right] \tag{8.10}$$

(1) 仕事満足度の区間推定

JGSS2010 では，現在の仕事の満足度を尋ねている．その結果を表 8.1 に示す．表 8.1 を母集団と見立てて，そこから無作為抽出によって 50 人を選ぶ．この標本から，母集団における「満足」または「どちらかといえば満足」の割合 ($p = (812 + 1231)/3075 \fallingdotseq 0.664$) を推定する．

標本の中の 50 人のうち 35 人が「満足」または「どちらかといえば満足」と回答していたとする．標本平均と標本分散の実現値は以下のようになる．

$$\hat{p}_{obs} = 35/50 = 0.7$$
$$S_{obs}^2 = 50 \times 0.7 \times 0.3/(50-1) \fallingdotseq 0.214$$

表 8.1 JGSS2010 による現在の仕事の満足度

満足度	度数
満足している	812
どちらかといえば満足している	1,231
どちらともいえない	719
どちらかといえば不満である	228
不満である	82
わからない	3
合計	3,075

資料：JGSS2010 ただし，無回答・非該当を除いた結果．

式 (8.8) によって信頼係数 0.95 区間推定値を求めると，以下のようになる．

$$0.7 \pm 1.96\sqrt{\frac{0.214}{49}} \doteq [0.57, 0.83]$$

この区間推定値は，母集団における割合 $p = 0.664$ をふくんでいる．

●実験例● 仕事満足度データからの標本抽出の反復

表 8.1 を母集団として，大きさ $n = 50$ の標本を 100,000 回抽出し，式 (8.8) によって信頼係数 0.95 区間推定値を求める実験をした．その結果，母集団における割合 $p = 0.664$ が 0.923 の割合でふくまれた．これは名目値 0.95 に近い．

(2) 推定精度に応じた標本の大きさ

上で計算した区間推定値 $[0.57, 0.83]$ はかなり広い．では，ある程度狭い，たとえば $\pm 0.02(2\%)$ の範囲で p を推定するためには，標本の大きさ n はどれくらい必要か．

正規分布による近似が適用できる状況，つまり，以下の条件が近似的に成り立つ状況を考える．

$$\frac{\hat{p} - p}{\sqrt{\frac{p(1-p)}{n}}} \sim N(0, 1)$$

このことから，以下の式が導ける．

$$\Pr\left(-1.96\sqrt{\frac{p(1-p)}{n}} \leq \hat{p} - p \leq 1.96\sqrt{\frac{p(1-p)}{n}}\right) \doteq 0.95$$

したがって，
$$1.96\sqrt{p(1-p)/n} \le 0.02$$
となるように n を選べば，推定精度が ± 0.02 の幅に収まる。しかし，p は未知である。そこで，最悪の想定，すなわち，もっとも大きな n が必要な場合（$p(1-p)$ が最大になる場合）である $p = 1/2$ を想定する。1.96 が 2 とほとんど等しいので，結果的に以下の式で標本の大きさ n が定まる。
$$1/\sqrt{n} \le 0.02$$
つまり，n は 2,500 程度必要になる。もし，$\pm 0.01(1\%)$ の範囲で母集団の割合 p を推定したいとすると，n は 10,000 程度必要になる。

これらの見積もりは，復元抽出する場合や，母集団の大きさ N が標本の大きさ n に対してずっと大きい場合に非復元無作為抽出する場合を想定している。

もし，母集団の大きさ N が標本の大きさ n に対してそれほど大きくないときの非復元無作為抽出である場合には，推定精度を ± 0.02 に収めるには，以下の式を満たすように n を選ぶ。
$$\sqrt{\frac{N-n}{n(N-1)}} \le 0.02$$
ただし，N の値がおおよそでもわかっていることが前提である。

たとえば，仕事満足度データでは，$N = 3{,}075$ なので，上の式に代入して n について解くと，$n \ge 1379.2$ つまり，1,380 程度の大きさの標本が必要になる。

8.5 正規母集団からの標本にもとづく区間推定

これまで，n が大きい場合に $\bar{X}$ の標本分布が正規分布で近似できることを利用して母平均 μ や成功確率 p の信頼区間の構成方法を述べてきた。中心極限定理のおかげで，母集団分布にかかわりなく，正規近似が利用できた。

もし，母集団分布が正規分布に近いと想定できるのであれば，n が小さいときにも，信頼区間を構成できる。たとえば，測定誤差や身長はほぼ正規分布したがうことが経験的に知られているので，以下で述べる方法が適用できる。

8.5.1 母平均 μ の区間推定

同一の正規分布から独立に大きさ n の標本を得るとする。

$$X_i \sim N(\mu, \sigma^2) \quad (i = 1, 2, \ldots, n)$$

このとき，式 (6.7)，すなわち，

$$T = \frac{\bar{X} - \mu}{\sqrt{S^2/n}} \sim t(n-1)$$

が成り立つ。標本から計算できる統計量 T の標本分布が既知である。これを活用して区間推定を構成する。自由度 $n-1$ の t 分布の上側 0.025 (2.5%) 点を

$$t_{0.025}(n-1)$$

と記す。この記号で 1 つの数値を表していることに注意する。たとえば，自由度 $10 - 1 = 9$ のとき，$t_{0.025}(9) = 2.262$ である。$t_{0.025}(n-1)$ の値は，正規分布の上側 0.025 点である 1.96 よりも大きくなる。

t 分布は 0 を中心に左右対称になるので，式 (6.7) であたえられる T について，

$$\Pr\left(-t_{0.025}(n-1) \leq T \leq t_{0.025}(n-1)\right) = 0.95$$

が成り立つ。この式の T に式 (6.7) の右辺を代入し，カッコ内を同等な内容の式に変形すれば，以下の式が得られる。

$$\Pr\left(\bar{X} - t_{0.025}(n-1)\sqrt{S^2/n} \leq \mu \leq \bar{X} + t_{0.025}(n-1)\sqrt{S^2/n}\right) = 0.95$$

この式の最右辺と最左辺は標本内の X_i と t 分布表から求めらる。つまり，標本から計算できるものが，未知の母平均 μ をふくむ確率が 0.95 となっている。したがって，母平均 μ の信頼係数 0.95 の信頼区間は，以下のようになる。

$$\left[\bar{X} - t_{0.025}(n-1)\sqrt{S^2/n},\ \bar{X} + t_{0.025}(n-1)\sqrt{S^2/n}\right] \tag{8.11}$$

●例● NB10 の重量の区間推定

例として，アメリカの Nathonal Bureau of Standard が公表している，NB10（名目重量が 10g である重り）の測定結果の一部から，NB10 の真の重さがどれほどであるのかを推定する[1]。5 つの測定結果が得られた（単位：g）。

---

[1] Freedman, et al. (2007), p. 98.

8.5 正規母集団からの標本にもとづく区間推定

$$9.999591, \ 9.999600, \ 9.999594, \ 9.999601, \ 9.999598$$

標本平均と標本不偏分散の計算結果は以下のとおりである。

$$\bar{X}_{obs} = 9.999597$$
$$S^2_{obs} = 1.77 \times 10^{-11}$$

自由度 $5-1=4$ の t 分布の上側 0.025 点は $t_{0.025}(5-1)=2.776$ である。したがって、NB10 の真の重さについての信頼係数 0.95 の信頼区間は、以下のとおりとなる。

$$9.999597 \pm 2.776\sqrt{1.77 \times 10^{-11}/5} = [9.99592, 9.99602]$$

名目重量 10g は信頼区間内にふくまれていない。おそらく、NB10 の真の重さは、名目重量 10g よりも若干軽い。

8.5.2 母分散の区間推定

標本不偏分散 S^2 の標本分布が既知であることを利用して、母分散 σ^2 の信頼区間を構成することもできる。自由度 $n-1$ の χ^2 分布の下側 0.025 点を $\chi^2_{0.025}(n-1)$、上側 0.025 点（下側 0.975）点を $\chi^2_{0.975}(n-1)$ と記す。$(n-1)S^2/\sigma^2$ が自由度 $n-1$ の χ^2 分布にしたがう。このことから、

$$\Pr\left\{\chi^2_{0.025}(n-1) \leq \frac{(n-1)S^2}{\sigma^2} \leq \chi^2_{0.975}(n-1)\right\} = 0.95$$

が成り立つ。カッコの中を σ^2 について整理すれば、信頼係数 0.95 の信頼区間が以下のように求められる。

$$\left[\frac{(n-1)S^2}{\chi^2_{0.975}(n-1)}, \frac{(n-1)S^2}{\chi^2_{0.025}(n-1)}\right] \tag{8.12}$$

●例● **NB10 の測定誤差の分散の区間推定**

例として、前項の NB10 の測定結果から、測定のバラツキ σ^2 の信頼区間を構成する。標本不偏分散は 1.77×10^{-11}、自由度 $5-1=4$ の χ^2 分布の下側 0.025 点と上側 0.025 点は、それぞれ、

$$\chi^2_{0.025}(5-1) = 0.484, \qquad \chi^2_{0.975}(5-1) = 11.143$$

である。σ^2 についての信頼係数 0.95 の信頼区間は、以下のとおりである。

$$\left[\frac{(5-1)1.77 \times 10^{-11}}{11.143}, \frac{(5-1)1.77 \times 10^{-11}}{0.484}\right] = [6.35 \times 10^{-12}, 1.46 \times 10^{-10}]$$

σ^2 を精確に推定するには，n が大きくなければならない。$n=5$ では，信頼区間の上限が下限の約 23 倍となっており，乖離が大きい。

練習問題 8

1. 本文が 500 ページある英文図書の，本文中にふくまれる単語数を調べたい。10 ページを無作為抽出してスキャンしたところ，302, 327, 340, 281, 375, 183, 258, 321, 338, 389 であった。これについて以下の問に答えなさい。
   (a) 1 ページ当たりの単語数の分布が正規分布で近似できるとして，この本の本文の 1 ページ当たり単語数について，信頼係数 0.95 の信頼区間を構成しなさい。
   (b) 1 ページ当たり単語数の信頼区間を利用して，500 ページの本文にふくまれる単語数について，信頼係数 0.95 の信頼区間を構成しなさい。1 ページ当たりの平均単語数（母平均）を 500 倍すると 500 ページ全体の単語数（総数）になるという関係を利用する。
   (c) ある人がつぎのように主張した：「1 ページ当たりの単語数のバラツキは大きい。1 行当たりの単語数のバラツキは小さい。だから，何行かを無作為抽出して，それにもとづいて 500 ページの本文中にふくまれる単語数を推定した方がいい」。この主張の短所を考察しなさい。
2. ある大学の教師が，自分の大学の学生の国政選挙投票率を調べようとして，大学の在籍者 50,000 人から無作為に 200 人の学生を選び，直近の衆議院選挙の投票について尋ねたところ，90 人が投票にいったと答えた。これについて，以下の問に答えなさい。
   (a) その大学の学生の投票率について，信頼係数 0.95 の信頼区間を構成しなさい。
   (b) もし，選ばれた 200 人の学生全員からは回答がえられず，10 人が無回答であったとする。無回答の扱いについて考察しなさい。

9 仮説検定

この章の目的

この章では，統計的仮説検定の基本について説明する．具体的には，
- 仮説検定の基本的な仕組み
- 第1種の過誤と第2種の過誤
- 母平均，母集団比率の検定
- 母平均の差，母集団比率の差の検定

などについて解説する．

9.1 仮説検定の仕組み

仮説検定とは，自分の設定する仮説が，実際に観察される事実と矛盾するか否かを判断する方法である．その仕組みを説明するためにつぎのような状況を考える．

友人から「ジャンケンをして，先に5回負けた方が相手に昼ごはんをおごることにしよう」と持ちかけられたとする．それに応じてジャンケンをしたところ，友人が立て続けに5回勝った．

もし，そのような場面に出くわしたら，多くの人が変だと感じるだろう．インチキとはいわないまでも，自分のジャンケンの癖を友人が知っていたからこんな話を持ち出したのではないか，と疑う人が多いであろう．

この判断はほとんど直感的であるように思える。しかし，違和感を持つ理由を筋道立てて考察すると，複雑な思考を経て結論にいたっている。

その思考の過程とは以下のようなものであろう。もし，相手が自分と同じ条件でジャンケンをしていれば，勝負は五分五分のはずである。しかし，相手が同じ条件でジャンケンをしているかどうかは不明である。不明であるけれども，議論を先に進めるために，「勝負は五分五分である」という想定が正しいものといったん仮定しよう。このように，成否が不明ながら，議論を先に進めるために，ひとまず正しいとする仮説を**作業仮説**という。

つぎに，作業仮説が正しいとして，自分が目の当たりにしている現象が発生する確率を計算する。ただし，日常の判断では，この計算はさほど厳密でない。が，「同じ条件でジャンケンをすれば，一方が立て続けに5回勝つことは滅多にない」という程度のことが経験的に感知できるだけで十分である。

最後に，作業仮説のもとでの確率の評価にもとづいて結論をくだす。正反対の結論が2とおりある。

1. 作業仮説「相手が，自分と同じ条件でジャンケンをしている」が誤りであると判断する。
2. 作業仮説「相手が，自分と同じ条件でジャンケンをしている」が誤りとは判断できない。

計算した確率が0に近いほど，第1の結論が自然となる。確率が0でないかぎり，誤る可能性が残る。けれども，「滅多に起きないことが実際に生じた」と考えるよりは，「確率計算の想定である作業仮説に間違いがあった」と考える方が自然である。逆に，この確率が高くなるほど，第2の結論が自然となる。

ジャンケンの例では，「相手と自分とが同じ条件でジャンケンしている」（作業仮説）が正しいなら，相手が立て続けに5回勝つ（実際に起きた現象）が発生する確率が極めて低いので，変だ（作業仮説が正しくない）と感じるのである。

このように，一見直感的と思えた判断も，作業仮説が正しいと想定したときの確率にもとづいて，その成否を合理的に判断している。この思考法は頻繁にもちいられており，自然なものと受け取れる。統計的**仮説検定**は，この自然な思考法を整理したものである。

9.2 仮説検定の構図

9.2.1 帰無仮説と対立仮説

仮説検定の手続きを説明するために，以下のような問題を考える[1]。

果樹が2本ある。一方をA，もう一方をBとする。Aから採れた果実の方がおいしいと評判である。しかし，外見からはどちらの木から採れたかを区別できない。2本の木から取れる果実の重量が以下のような特徴をもつとする。

- 果樹A：平均が450g，標準偏差が50gの正規分布で近似できる。
- 果樹B：平均が470g，標準偏差が50gの正規分布で近似できる。

いま，どちらか一方の木から取れた箱入りの果実が40個ある。どちらの木から取れたかは分からない。箱の中の果実の重さを測ったところ，平均が464gであった。どちらの木から採れたとするのが妥当であろうか。

箱の中の果実の重さの平均値は，Bから採れる果実の重さの平均により近い。したがって，Bから採れた果実と考えるのがよさそうに思える。しかし，Aから採れる果実にも大小の差があり，40個の果実の平均がたまたま大きかったということもありそうである。とくに，Aから採れた果実の評判が良い（高く売れる）のであるから，Aから採れた果実であるという判断は捨てがたい。

外見で区別できないので，判断の材料は果実の重さの測定値である。箱の中の果実40個を，AまたはBから採取された無作為標本と見る。記号では，

$$X_i \sim N(\mu, 50^2) \quad (i=1, 2, \ldots, 40)$$

とあらわす。Aからの標本のときは$\mu = 450$，Bからのときは$\mu = 470$である。

標本から，どちらの母平均が相応しいかを結論したい。母平均に関する判断なので，中心の位置の標本情報を集約した標本平均$\bar{X}$にもとづいて結論をくだすのは自然であろう。つまり，以下の2のいずれかが正しいことになる。

- $\mu = 450$（果樹Aから採れた果実）：$\bar{X} \sim N(450, 50^2/40)$
- $\mu = 470$（果樹Bから採れた果実）：$\bar{X} \sim N(470, 50^2/40)$

---

[1] ここでの説明はホーエル（邦訳1981）pp. 158-163にもとづく。ただし，題材は変更した。

いま，「$\mu = 450$」（果樹 A から採れた果実）をかりに正しい仮説としよう。統計的仮説検定におけるそのような仮説を**帰無仮説**とよぶ。これは作業仮説に相当する。成否不明ながら，差し当たり正しいと想定される仮説である。

それに対して，「$\mu = 470$」（果樹 B から採れた果実）を**対立仮説**とよぶ。これは，帰無仮説が否定された暁に採択される仮説である。

帰無仮説と対立仮説をそれぞれ，以下のように表記する。

$$H_0 : \mu = 450$$
$$H_1 : \mu = 470$$

すると，目下の問題は，$\bar{X}$ にもとづいて，H_0 を斥けるか否かである。H_0 を斥けることを H_0 を**棄却**するという。H_0 が棄却されるとき，H_1 が採択される。

9.2.2 2種類の過誤

箱の中の果実は，必ず，A か B かのどちらかから採取されている。したがって，真の状態は，以下のいずれか 1 つである。

- 箱の中の果実は果樹 A から採取された（H_0 が正しい）。
- 箱の中の果実は果樹 B から採取された（H_1 が正しい）。

他方，下される結論は，以下のいずれか 1 つである。

- 帰無仮説 H_0 を棄却しない。
- 帰無仮説 H_0 を棄却する（対立仮説 H_1 を採択する）。

真の状態と下される決定との組み合わせは表 9.1 に示す 4 とおりである。

表 9.1 真の状態と下される決定の組み合わせ

下される結論	真の状態	
	H_0 が正しい	H_1 が正しい
H_0 を棄却しない	正しい結論	第 2 種の過誤
H_0 を棄却する	第 1 種の過誤	正しい結論

真の状態と結論とが合致していれば，正しい結論を下したことになる。そうでなければ，誤った結論を下している。誤りには，以下の 2 種類がある。

9.2 仮説検定の構図

- (a) H_0 が正しいにもかかわらず，それを棄却する．
- (b) H_1 が正しいにもかかわらず，H_0 を棄却しない（H_1 を採択しない）．

誤りを犯す確率は低いに越したことはない．しかし，証拠が増えない（標本の大きさが $n = 40$ よりも大きくならない）状況では，2種類の誤り (a), (b) を犯す確率を同時に低くすることはできない．

この点を少し先取りして大雑把に説明すると，以下のようになる．帰無仮説 H_0 を棄却するかどうかを，標本平均 $\bar{X}$ にもとづいて決定する．具体的には，$\bar{X}$ の大小に応じて，H_0 を棄却しないか，H_0 を棄却する（H_1 を採択する）かを決める．$H_0 : \mu = 450$ の方が $H_1 : \mu = 470$ よりも小さな母平均を指定している．だから，$\bar{X}$ が小さいときは H_0 を棄却せず，$\bar{X}$ が大きいときは H_0 を棄却するのが自然であろう．

もし，(a) の誤りを犯す確率を低くしたいなら，$\bar{X}$ が多少大きくても H_0 を棄却しなければよい．しかし，それでは (b) の誤りを犯す確率が高くなる．

反対に，(b) の誤りを犯す確率を低くするために，$\bar{X}$ が小さ目であっても H_0 を棄却すれば，(a) の誤りを犯す確率が高くなる．

$\bar{X}$ の境界をどこに定めても，(a) の誤りを犯す確率と (b) の誤りを犯す確率とには「あちらを立てればこちらが立たず」というトレード・オフの関係がある．

9.2.3 検定手続きの構成

統計学における標準的な解決策は，2段階方式で妥協点を見出すことである．

第1段階 「(a)H_0 が正しいにもかかわらず，H_0 を棄却する」という誤りを犯す確率が，一定値 α 以下になるようにする．

第2段階 第1段階における，(a) の誤りを犯す確率が α 以下になるようにする，という条件を満たしつつ，「(b)H_1 が正しいにもかかわらず，H_0 を棄却しない」という誤りを犯す確率 β を最低にする．

通常，α は 0 と 1 の間で 0 に近い数値，たとえば，$\alpha = 0.05$ とする．α を小さくすることは，(a) の誤りを犯す確率をまず低くすることを意味する．言い換えれば，H_0 が正しいときには滅多に起きない現象が実際に発生しないかぎ

り，H_0 を棄却しない規則を定めたことになる．

(a) の誤りを**第1種の過誤**とよぶ．α を**有意水準**とよぶ．

(a) の誤りの確率が一定値以下に制御されるのであれば，(b) の誤りを犯す確率 β は低いほどよい．(b) の誤りを**第2種の過誤**とよぶ．$1-\beta$ を**検出力**とよぶ．β を最低にすることと $1-\beta$ を最高にすることとは同じであるから，第2段階は検出力を最高にするとも表現できる．

標準的な解決策では帰無仮説 H_0 と対立仮説 H_1 とが非対称な役割を果たす．H_0 は基準になる仮説としての役割を果たし，第1種の過誤を犯す確率は一定値以下に制御される．他方，H_1 は副次的な役割を果たし，第2種の過誤を犯す確率は，第2段階で最低にされるものの，一定値以下に制御される保証はない．このように，2つの仮説を非対称に扱うことは必ずしも説得力のある解決策ではない．しかし，ここで示した2段階方式でトレード・オフの問題に接近すると，簡明な解が得られる．

その解が得られる仕組みを図で説明する．$\bar{X}$ の値によって結論を下すということは，$\bar{X}$ の値が，数直線上のある領域 D に発生したら H_0 を棄却し，そうでなければ棄却しない，という具体的な手続きを意味する．そのような D を H_0 の**棄却域**とよぶ．第1段階の要請「第1種の過誤を犯す確率を α 以下にする」ことは，「H_0 が正しいとき，$\bar{X}$ が棄却域 D にふくまれる確率を α 以下にする」ことと同じである．

いま，第1種の過誤を犯す確率と第2種の過誤を犯す確率とを図示するために，（最適ではない）棄却域 D を取る．図 9.1 では，棄却域 D が数直線上の 461 あたりから 465 あたりの間にある．第1種の過誤を犯す確率は，H_0 が正しいときの $\bar{X}$ の標本分布の下で，棄却域 D に対応する部分の面積（図 9.1 の陰影部）であらわせる．なぜなら，第1種の過誤を犯す確率は，H_0 が正しいときに $\bar{X}$ が棄却域 D にふくまれる確率だからである．

他方，第2種の過誤を犯す確率は，H_1 が正しいときの $\bar{X}$ の標本分布の下で，棄却域 D 以外に対応する部分の面積（図 9.1 の斜線部）であらわせる．なぜなら，第2種の過誤を犯す確率は，H_1 が正しいときに $\bar{X}$ が棄却域 D にふくまれない確率だからである．

9.2 仮説検定の構図

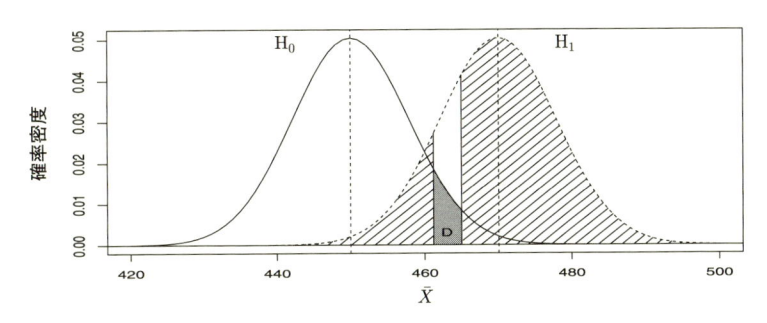

図 9.1 第 1 種の過誤と第 2 種の過誤を犯す確率の図示

2 段階接近法の第 1 段階の要請は,第 1 種の過誤を犯す確率(図 9.1 の陰影部の面積は一例)を α 以下にすることであった。しかし,この要請だけでは棄却域は 1 とおりに決まらない。なぜなら,H_0 が正しいときの $\bar{X}$ の標本分布(図 9.1 において実線であらわされた正規曲線)の下側の面積が α 以下になるような棄却域 D の選び方は無数にあるからである。

第 1 段階の要請を満たしつつ,第 2 段階の要請,つまり,第 2 種の過誤を犯す確率(図 9.1 の陰影部の面積は一例)を最低にするのであれば,棄却域が「$\bar{X}$ が,ある値 c よりも大きいとき:$\bar{X} > c$」に 1 とおりに定まる。

その理由は以下のように説明できる。まず,図 9.1 から,第 1 種の過誤を犯す確率を高くするほど,第 2 種の過誤を犯す確率が低くなりそうなことが見て取れる。たとえば,図 9.1 において,領域 D の幅を広げると第 1 種の過誤を犯す確率が高くなると同時に,第 2 種の過誤を犯す確率が低くなる。とすれば,第 1 種の過誤を犯す確率は,許容範囲内の最高値 α まで高くしておくのが,第 2 種の過誤を犯す確率 β を最低にする観点から望ましい。

そこで,図 9.1 の陰影部の面積が α に等しくなるものに注目する。棄却域 D に対応する陰影部の面積が α になるという条件のもとで,斜線部の面積が最小になるようにするには,棄却域 D をなるべく右側に配置するのがよい。なぜなら,D を右に動かすほど,(1)H_0 が正しいときの $\bar{X}$ の標本分布の密度(縦軸の値)が低くなり,(2)数直線に占める棄却域 D の幅が拡大し,(3)その幅に対応する,H_1 が正しいときの $\bar{X}$ の標本分布の密度が高くなり,(4)第 2 種の過誤を犯す確率が急速に減少するからである。棄却域 D を右端まで移動

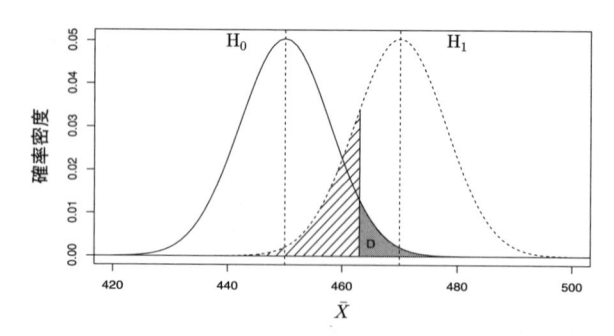

図 9.2 最適な棄却域と第 2 種の過誤を犯す確率

した結果が，ある値 c よりも大きな領域 $\bar{X} > c$ で与えられる棄却域である。

定数 c は，第 1 種の過誤を犯す確率が α に等しくなるようにする．つまり，H_0 が正しいときに，$\Pr(\bar{X} > c) = 0.05$ が成り立つように c を決める．H_0 が正しいとき，$\bar{X} \sim N(450, 50^2/40)$ であるから，以下のようになる．

$$c = 450 + 1.64\sqrt{50^2/40} \fallingdotseq 463$$

2 段階接近法で得られた棄却域と 2 種類の過誤を犯す確率とを図 9.2 に示す．図 9.1 と比べると，第 2 種の過誤を犯す確率 β が低くなっていることがわかる．

最初の問題にもどれば，観察された標本平均 464g が 463g よりも大きいので，H_0 を棄却する．つまり，40 個の果実は果樹 A から採取されたのではない（果樹 B から採取された）と結論する．

9.3　検定の整理と拡張

9.3.1　片側検定

(1) これまでの議論の整理

前節で述べた検定の構図を形式的に整理する．

正規母集団からの無作為標本

$$X_i \sim N(\mu, \sigma^2) \quad (i = 1, 2, \ldots, n)$$

を得るとする．差し当たり，σ^2 を既知とする．帰無仮説と対立仮説を

9.3 検定の整理と拡張

$$H_0 : \mu = \mu_0$$
$$H_1 : \mu = \mu_1$$

とあらわす。ただし，μ_0 と μ_1 は，それぞれ，帰無仮説と対立仮説で指定される母平均の値で，$\mu_0 < \mu_1$ とする。先の例では，$\mu_0 = 450, \mu_1 = 470$ であった。

この場合，有意水準 $\alpha = 0.05$ の H_0 の棄却域は，$\bar{X} > c$ となる。ただし，定数 c の値は，以下のとおりあたえられる。

$$c = \mu_0 + 1.64\sqrt{\sigma^2/n} \tag{9.1}$$

H_0 の棄却域が右側の領域となるのは，対立仮説 H_1 の指定する μ の値が帰無仮説 H_0 のそれよりも大きい（$\mu_0 < \mu_1$）からである。前節の 2 段階接近法によって導かれ結論は，「H_0 で小さめの母平均を指定しているのだから，$\bar{X}$ が大きすぎるときに H_0 を棄却する」という直感とも合う。定数 c の値を確定できることが 2 段階接近法の利点である。

もし，対立仮説 H_1 の指定する母平均が帰無仮説 H_0 のそれよりも小さかった場合（$\mu_0 > \mu_1$），H_0 の棄却域は左側になる。つまり，$\bar{X} < c$ で，

$$c = \mu_0 - 1.64\sqrt{\sigma^2/n}$$

とする。その理由は，前節で説明した 2 段階接近法において，対立仮説が正しいときの $\bar{X}$ の標本分布が，帰無仮説が正しいときのそれよりも左側に位置するためである。

(2) 対立仮説の拡張

右側検定の問題に戻って，今度は，対立仮説を拡張する。

$$H_0 : \mu = \mu_0$$
$$H_1 : \mu > \mu_0$$

つまり，H_1 では，母平均が μ_0 より大きいということだけが指定されており，特定の値は指定されていない。先の例になぞらえれば，A 以外に果樹 B, C, … といくつもあって，A から採取される果実の平均的な重量がもっとも小さ

いような場面で，箱入りの果実がAから採取されたかどうかを知りたい．対立仮説において母平均が指定されていないので，図9.1における H_1 が正しいときの $\bar{X}$ の標本分布（点線であらわされた正規曲線）の位置が定まっていない．その結果，第2種の過誤を犯す確率 β が計算できない．

結論を先取りすれば，対立仮説が $H_1 : \mu > \mu_0$ に拡張されても，H_0 の棄却域は右側 $\bar{X} > c$ となる．定数 c も以前と同じで，有意水準が $\alpha = 0.05$ であれば，式 (9.1) であたえられる．

対立仮説が拡張されても H_0 の棄却域が変わらない理由は以下のとおり説明できる．いま，対立仮説 H_1 にふくまれる仮説の1つとして

$$H_2 : \mu = \mu_2$$

を取り出す．ただし，$\mu_0 < \mu_2$ となるように μ_2 を決める．帰無仮説 H_0 を対立仮説 H_2 に対して検定する．そのとき，H_0 の棄却域は右側 $\bar{X} > c$ になる．有意水準が $\alpha = 0.05$ なら，c の値は式 (9.1) であたえられる．

つぎに，対立仮説 H_1 にふくまれる別の仮説として，

$$H_3 : \mu = \mu_3$$

を取り出す．ただし，$\mu_0 < \mu_3$ であり，$\mu_2 \neq \mu_3$ とする．H_0 を H_3 に対して検定するときも，H_0 の棄却域は右側 $\bar{X} > c$ になる．有意水準が $\alpha = 0.05$ なら，c の値は式 (9.1) であたえられる．

このように考えると，H_1 の一部として，μ_0 よりも大きい母平均を指定した対立仮説を設定し，H_0 の棄却域を構成すると常に $\bar{X} > c$ となる．であるならば，$H_1 : \mu > \mu_0$ を対立仮説としたときの $H_0 : \mu = \mu_0$ の棄却域として $\bar{X} > c$ を採用するのが自然である．結局，対立仮説を上のように拡張しても，帰無仮説の棄却域は変わらないことがわかった．

(3) 帰無仮説の拡張

さらに，今度は，帰無仮説の方も拡張する．

$$H_0 : \mu \leq \mu_0$$

$$H_1 : \mu > \mu_0$$

9.3 検定の整理と拡張

前節の果樹の例になぞらえれば，たくさんの果樹があり，それらを果実の平均重量の小さなグループと大きなグループとに分けて，箱入りの果実の親木がどちらのグループから採取されたのかを知りたい。

結論から先に述べれば，この場合にも H_0 の棄却域は $\bar{X} > c$ となる。その理由は以下のように説明できる[2]。

統計的仮説検定では，標本に照らして，H_0 と H_1 とのいずれかを選択する。H_1 から見て，H_0 の指定する μ のなかでもっとも自分と区別がつきにくいのは $\mu = \mu_0$ である。もっとも手強い $\mu = \mu_0$ という仮説が棄却されれば，H_0 で指定されるその他の μ の値も同時に棄却されるとみなせる。したがって，$\mu = \mu_0$ を帰無仮説とした検定と同じ手続きで検定すればよい。

左側検定のときにも，

$$H_0 : \mu = \mu_0$$
$$H_1 : \mu < \mu_0$$

という組み合わせ，または，

$$H_0 : \mu \geq \mu_0$$
$$H_1 : \mu < \mu_0$$

という組み合わせの仮説検定の H_0 の棄却域は，$\bar{X} < c$ となる。有意水準が 0.05 であれば，$c = \mu_0 - 1.64\sqrt{\sigma^2/n}$ となる。

ここでは，母平均 μ に関して検定するための統計量（標本から計算できるもの）として $\bar{X}$ を利用した。検定に利用する統計量を**検定統計量**とよぶ。

検定統計量は1とおりとはかぎらない。たとえば，σ^2 が既知であれば，

$$Z = \frac{\bar{X} - \mu_0}{\sqrt{\sigma^2/n}}$$

も標本から計算できる。帰無仮説 $H_0 : \mu = \mu_0$ が正しければ，$Z \sim N(0, 1)$ である。対立仮説が $H_1 : \mu > \mu_0$ であれば，有意水準 0.05 の H_0 の棄却域を

$$Z > 1.64$$

とする。$\bar{X}$ をもちいた棄却域と同等であることがわかる。

---

[2] ここでの説明は，刈屋・勝浦 (1994) p. 193 にならった。

9.3.2 両側検定

X_i が独立に正規分布 $N(\mu, \sigma^2)$ にしたがうとする。ここでも説明のために σ^2 を既知とする。

ここで，以下のような帰無仮説と対立仮説を考える。

$$H_0 : \mu = \mu_0$$

$$H_1 : \mu \neq \mu_0$$

すなわち，$\mu = \mu_0$ であるか否かを確かめたい，けれども，$\mu > \mu_0$ と $\mu < \mu_0$ のいずれの可能性も否定できない，という場合である。果樹の例になぞらえれば，果実の平均重量が A よりも大きい木も小さい木もある中で，箱入りの果実が A から採れたものなのかどうかを知りたい，という状況である。

帰無仮説 H_0 が正しいときの $\bar{X}$ の標本分布は一意に（$\mu = \mu_0$）定まる。が，対立仮説 H_1 が正しいときの $\bar{X}$ の標本分布は，H_0 が正しいときのそれよりも，左側にも右側にも出現しうる。このとき，H_0 の棄却域をどう構成すべきか。

安全策を取るなら，$\mu > \mu_0$ と $\mu < \mu_0$ との両方の場合に備えて H_0 の棄却域を設けるべきである。仮に，$\mu > \mu_0$ の場合に備えて H_0 の棄却域を右側だけに設けると，$\mu < \mu_0$ であったときに H_0 をうまく棄却できない。逆に，$\mu < \mu_0$ の場合に備えて H_0 の棄却域を左側だけに設けると，$\mu < \mu_0$ であったときに H_0 をうまく棄却できない。

対立仮説のもとでの $\mu > \mu_0$ と $\mu < \mu_0$ との両方の場合に備えるために，先の 2 段階接近法の第 1 段階に条件を加える。すなわち，「第 1 種の過誤を犯す確率が α 以下で，かつ，検出力（第 2 種の過誤を犯さない確率）が α 以上になる」ことを条件とする。追加された条件は，対立仮説 $H_1 : \mu \neq \mu_0$ のもとでのどの μ についても，検出力が有意水準以上になることを要求する。

H_0 の右側棄却域 $\bar{X} > \mu_0 + 1.64\sqrt{\sigma^2/n}$ はこの条件を満たさない。なぜなら，$\mu < \mu_0$ であったとき，$\bar{X}$ がその右側棄却域にふくまれる確率（検出力）が 0.05 よりも小さくなってしまうからである。左側の棄却域もこの条件を満たさない。このように，追加された条件は，$\mu > \mu_0$ と $\mu < \mu_0$ との両方の場合に備えた検定方法に選択肢を限定するという効果をもつ。

結果だけを述べれば，そのように検定方法を限定した上で選ばれた最適な検定方法は以下のとおりとなる。$\bar{X}$ が小さすぎるとき（$\mu < \mu_0$ の場合への備え），または，$\bar{X}$ が大きすぎるとき（$\mu > \mu_0$ の場合への備え），$H_0 : \mu = \mu_0$ を棄却する。具体的には，$\bar{X} < c_1$，または，$\bar{X} > c_2$ のとき，H_0 を棄却する。ただし，有意水準を 0.05 とするとき，

$$c_1 = \mu_0 - 1.96\sqrt{\sigma^2/n}$$
$$c_2 = \mu_0 + 1.96\sqrt{\sigma^2/n}$$

である。1.96 は，標準正規分布の上側 0.025（2.5%）点であり，有意水準が 0.05 であることから決まる。同じことを以下のように表現してもよい。

$$\frac{|\bar{X} - \mu_0|}{\sqrt{\sigma^2/n}} > 1.96$$

この検定方式は，H_0 の棄却域が両側となることから，**両側検定**とよばれる。

条件を追加して導かれた結果は，「H_1 が正しいとき，μ_0 と比べて $\bar{X}$ が小さすぎるときと大きすぎるときの両方がありうる。だから，どちらかが起きたら H_0 を棄却すればいい」という直感とも合う。その直感が，検出力が最高になるという意味での合理性をもっている。

9.4 σ^2 が未知の場合

これまで，説明のために σ^2 を既知とした。しかし，実際には σ^2 が未知である。その場合の検定の方法について以下に述べる。

9.4.1 正規母集団からの標本

母分散 σ^2 が未知であっても，母集団が（近似的にでも）正規分布であるということであれば，以下のように対処できる。

正規分布からの大きさ n の無作為標本

$$X_i \sim N(\mu, \sigma^2) \quad (i = 1, 2, \ldots, n)$$

から計算した統計量

$$T = (\bar{X} - \mu)/\sqrt{S^2/n}$$

は，自由度 $n-1$ の t 分布にしたがう。ただし，

$$S^2 = (n-1)^{-1} \sum_{i=1}^{n} (X_i - \bar{X})^2$$

は標本不偏分散である。T の計算に必要な未知母数は μ だけであり，t 分布は母集団の未知母数に依存しない。このことを利用して検定を構成できる。

帰無仮説と対立仮説を以下のとおりとする。

$$H_0 : \mu = \mu_0$$

$$H_1 : \mu > \mu_0$$

このとき，t 分布にもとづく右側の領域が H_0 の棄却域となる。

その直感的な説明は以下のとおりあたえられる。帰無仮説 H_0 が正しいとすれば，$\mu = \mu_0$ なのだから，

$$T = \frac{\bar{X} - \mu_0}{\sqrt{S^2/n}}$$

が自由度 $n-1$ の t 分布 $t(n-1)$ にしたがう。しかし，もし，H_1 が正しいとすると，この T は $t(n-1)$ よりも高めの値になりやすい。なぜなら，

$$T = \frac{\bar{X} - \mu}{\sqrt{S^2/n}} + \frac{\mu - \mu_0}{\sqrt{S^2/n}}$$

の右辺第1項が $t(n-1)$ にしたがう（真の μ をもちいているので）一方で，右辺第2項は（$\mu - \mu_0 > 0$ なので）正の確率変数となるからである。したがって，T が大きすぎるときに H_0 を棄却するのが自然である。H_0 の棄却域は $T > c$ となる。ただし，c は有意水準 α の値から決まる。具体的には，H_0 が正しいときに T が棄却域にふくまれる確率が α に等しくなるように c を選ぶ。つまり，$t(n-1)$ の上側 α 点を c とすればよい。有意水準を 0.05 とすれば，

$$T > t_{0.05}(n-1)$$

が H_0 の棄却域になる。

左側検定や両側検定についても $t(n-1)$ にもとづいて検定方式を構成できる。

9.4 σ^2 が未知の場合

●例● NB10 の重量の検定

実例として，前章の NB10 の測定結果をもちいる．再度引用すれば，

$$9.999591,\ 9.999600,\ 9.999594,\ 9.999601,\ 9.999598$$

である．この結果から名目重量 10g と等しいか否かを確かめるため，帰無仮説と対立仮説を以下のとおりとする．

$$H_0 : \mu = 10$$
$$H_1 : \mu \neq 10$$

検定等計量は以下のとおりである．

$$|T| = |\bar{X} - 10|/\sqrt{S^2/5}$$

H_0 の棄却域は以下のとおりである．

$$|T| > t_{0.025}(5-1) = 2.776$$

標本から計算される検定等計量の値は以下のとおりである．

$$|T|_{obs} = |9.999597 - 10|/\sqrt{1.77 \times 10^{-11}/5} = 214.192$$

これは H_0 の棄却域にふくまれる．したがって，H_0 は棄却され，NB10 の真の重量は 10g ではないとの結論を得る．

9.4.2 正規分布ではない母集団からの標本

母集団が正規分布で近似できると仮定できない場合でも，標本の大きさ n がある程度大きければ，標本平均 $\bar{X}$ の標本分布が正規分布で近似できる（中心極限定理）．さらに，n が大きいとき，母分散 σ^2 を標本不偏分散 S^2 で置き換えても，正規分布による近似は妥当する．これらを合わせると，真の母平均を μ とすると，$(\bar{X} - \mu)/\sqrt{S^2/n}$ の確率分布が標準正規分布 $N(0, 1)$ で近似できる．このことから，母集団の分布が不明であり，σ^2 が未知であっても，標本の大きさ n がある程度大きければ，正規分布による近似を利用して仮説を検定する．標本の大きさとしては，$n \geq 30$ が目安とされる．

たとえば，両側検定

$$H_0 : \mu = \mu_0$$
$$H_1 : \mu \neq \mu_0$$

について，検定統計量は以下のとおりあたえられ,

$$|T| = |\bar{X} - \mu_0|/\sqrt{S^2/n}$$

H_0 の棄却域を以下のとおりとする。

$$|T| > 1.96$$

●例● **JGSS2010 の就労年数に関する検定**

例として，前章で利用した，就労年数データ図 7.3 からの大きさ $n = 30$ の標本を新たに復元抽出した結果をもちいる。

$$30, 1, 22, 8, 2, 15, 3, 32, 1, 2, 13, 8, 7, 30, 20,$$
$$0, 30, 2, 23, 3, 8, 15, 2, 6, 13, 8, 15, 4, 13, 0$$

就労年数の母平均が 10 年であるかどうか検定する。

$$H_0 : \mu = 10$$
$$H_1 : \mu \neq 10$$

検定統計量は，以下のとおりである。

$$|T| = |\bar{X} - 10|/\sqrt{S^2/n}$$

正規近似を利用した有意水準 0.05 の H_0 の棄却域は $|T| > 1.96$ である。標本平均と標本不偏分散の実現値は，それぞれ，以下のとおりである。

$$\bar{X}_{obs} = 11.2, \quad S^2_{obs} \doteq 101.7$$

検定統計量の実現値は以下のとおりである。

$$|T|_{obs} = |11.1 - 10|/\sqrt{101.7/30} \doteq 0.652$$

この値は H_0 の棄却域にはふくまれない。したがって，$\mu = 10$ を否定する証拠はえられなかった。

就労年数データ図 7.3 について母集団全体から計算したほんとうの母平均の値は $\mu = 13.6$ であった。この値は帰無仮説 $H_0 : \mu = 10$ と異なる。にもかかわらず，H_0 は棄却されなかった。このことからもわかるとおり，H_0 が棄却されないことは，H_0 が正しいということを意味するのではない。標本からは H_0 を強く否定する証拠が得られなかったということ示すにすぎない。

標本と矛盾しない仮説はほかにもあり，たとえば,

$$H_0 : \mu = 14, \quad H_1 : \mu \neq 14$$

と設定しても，H_0 は棄却されない．これに対して，

$$H_0: \mu = 16, \quad H_1: \mu \neq 16$$

という仮説を設定すると，H_0 が棄却される．つまり，$\mu = 16$ ではないということが自信をもって言える程度の強い証拠は得られたことになる．

H_0 が棄却された場合は，「H_0 はたぶん間違いである」ということが積極的に主張できる．これは，有意水準 α を小さな値に設定するためである．第 1 種の過誤を犯す確率を低く制御したということは，よほどおかしなことが起きない限り（H_0 が正しいとすると滅多に起きないことが実際に起きない限り），H_0 を斥けないことを意味する．それにもかかわらず，滅多に起きないことが実際に起きたのだから，強く否定できることになる．

H_0 が棄却される場合とされない場合とで結論に強弱の違いが生じるのは，H_0 と H_1 の扱いの違いによる．

9.5 成功確率または母集団の比率の検定

成功確率または母集団における比率 p は母平均の一種とみなせる．このことを利用すれば，母平均に関する検定の応用として，成功確率または母集団における比率 p の検定を構成できる．

確率 p で 1，$1-p$ で 0 となる確率変数 X_i を独立に n 個得る．たとえば，「無作為に抽出した住民が，ある政策に賛成のときに 1，そうでないときに 0」とすれば，p は全住民のうち，その政策に賛成する者の比率である．

標本平均を

$$\hat{p} = \frac{1}{n} \sum_{i=1}^{n} X_i$$

と書くことにする．正規近似をもちいれば，

$$\frac{\hat{p} - p}{\sqrt{p(1-p)/n}} \to_d N(0, 1)$$

となる．

右側検定

$$H_0: p \leq p_0$$

$$H_1: p > p_0$$

を想定する．検定統計量は以下の式で与えられる．

$$Z = \frac{\hat{p} - p_0}{\sqrt{p_0(1-p_0)/n}} \quad (9.2)$$

$H_0 : p = p_0$ が正しければ，$Z \sim N(0, 1)$ となる．有意水準 0.05 の H_0 の棄却域は $Z > 1.64$ である．

●例● **JGSS2010 データによる労働組合加入率に関する検定**

JGSS2010 のデータから復元無作為抽出したデータから，労働組合加入率について検定する．有効回答のうち 6 割より多くが「労働組合に入っていない」であるかどうかを有意水準 0.05 で検定する．

「労働組合に入っていない」という回答の比率を p とする．帰無仮説と対立仮説を以下のとおりとする．

$$H_0 : p \leq 0.6$$
$$H_1 : p > 0.6$$

検定統計量は以下で与えられる．

$$Z = \frac{\hat{p} - 0.6}{\sqrt{0.6(1-0.6)/50}}$$

対立仮説の方が大きな p を指定しているので，右側が棄却域である．有意水準が 0.05 なので，棄却域は以下のとおりである．

$$Z > 1.64$$

有効回答 $N = 3,063$ から $n = 50$ を無作為抽出したところ，39 の回答が「労働組合に入っていない」であった．観察された標本における比率は以下のとおりである．

$$\hat{p}_{obs} = 39/50 = 0.78$$

検定統計量の計算値は以下のとおりである．

$$Z_{obs} = \frac{0.78 - 0.6}{\sqrt{0.6(1-0.6)/50}} \doteqdot 2.60$$

したがって，H_0 は棄却され，有効回答に占める「労働組合に入っていない」という回答の比率は 6 割より高いといえる．

9.6 母平均の差の検定
9.6.1 標本の大きさが大きい場合

2つの集団 A,B の平均的な X の値に差があるかどうかを知りたいとする。たとえば，A 大学と B 大学とで学生の平均的な通学時間に差があるかどうかを知りたい。両大学の全学生の通学時間が調べられれば，両大学の平均通学時間の大小を比較するだけよい。しかし，在籍者数が膨大であるために全数調査の費用が賄えないとする。そこで，A 大学から無作為に 100 人，B 大学から無作為に 100 人，学生を抽出して通学時間を尋ねた。その結果，A 大学から選ばれた 100 人の学生の平均通学時間が 60 分，標本不偏分散が $9^2 = 81$，B 大学から選ばれた 100 人の学生の平均通学時間が 55 分，標本不偏分散が $8^2 = 64$ であった。この結果から，A 大学全体と B 大学全体の学生の通学時間に差があると結論してもかまわないであろうか。

A 大学から選ばれた 100 人の学生の平均通学時間には，標本抽出にともなう誤差がふくまれる。B 大学から選ばれた 100 人の学生の平均通学時間にも，標本誤差がふくまれる。したがって，両者に差があったとしても，両大学全体（2つの母集団）で平均に差があるとは即断できない。標本抽出にともなう標本誤差を考慮してもなお差があるかどうかを見きわめなければならない。

A 大学から無作為抽出された 100 人の学生の通学時間を X_i $(i = 1, 2, \ldots, n)$，B 大学から無作為抽出された 100 人の学生の通学時間を Y_j $(j = 1, 2, \ldots, m)$ とする。n も m も大きく，標本平均の標本分布が正規分布で近似できることを想定する。すなわち，近似的に，以下のようにあらわせる。

$$\bar{X} \sim N(\mu_A, \sigma_A^2/n)$$
$$\bar{Y} \sim N(\mu_B, \sigma_B^2/m)$$

ただし，μ_A, σ_A^2 は A 大学全体の通学時間の平均と分散，μ_B, σ_B^2 は B 大学全体の通学時間の平均と分散をあらわす。両大学からの標本抽出が独立なので，$\bar{X}$ と $\bar{Y}$ は独立である。2 つの独立な正規確率変数の性質から，近似的に，

$$\bar{X} - \bar{Y} \sim N(\mu_A - \mu_B, \sigma_A^2/n + \sigma_B^2/m)$$

とあらわせる。同じことを，

$$\frac{(\bar{X}-\bar{Y})-(\mu_A-\mu_B)}{\sqrt{\sigma_A^2/n+\sigma_B^2/m}} \to_d N(0,1)$$

ともあらわせる。n と m とが大きければ，未知母分散を標本不偏分散で置き換えても正規分布によって近似できる性質が維持される。したがって，近似的に，

$$\frac{(\bar{X}-\bar{Y})-(\mu_A-\mu_B)}{\sqrt{S_A^2/n+S_B^2/m}} \to_d N(0,1) \qquad (9.3)$$

とあらわせる。ただし，S_A^2 と S_B^2 は以下のとおり定義する。

$$S_A^2 = \frac{1}{n-1}\sum_{i=1}^n (X_i-\bar{X})^2, \quad S_B^2 = \frac{1}{m-1}\sum_{j=1}^m (Y_j-\bar{Y})^2$$

A 大学と B 大学とで通学時間に差があるかどうかに関心があるので，帰無仮説と対立仮説とを以下のように設定する。

$$H_0: \mu_A - \mu_B = 0$$
$$H_1: \mu_A - \mu_B \neq 0$$

本題に入る前に，H_0 の意味についてもう少し説明する。厳密に言えば，A 大学の全学生の平均通学時間と B 大学の全学生の平均通学時間とが正確に等しくはならない。その意味では，H_0 は絶対に成り立たない。それにもかかわらず H_0 を検定対象とするのは，標本から見て，μ_A と μ_B との間にはっきりとした差があるといえるかどうかを調べるためである。

本題にもどって，H_0 を H_1 に対して検定する方式を構成する。H_0 が正しいとき，以下の統計量が近似的に $N(0,1)$ にしたがう。

$$T = \frac{\bar{X}-\bar{Y}}{\sqrt{S_A^2/n+S_B^2/m}} \qquad (9.4)$$

有意水準 0.05 の H_0 の棄却域は $|T| > 1.96$ である。この節の数値例では，検定統計量が以下のように計算される。

$$|T|_{obs} = \frac{60-55}{\sqrt{9^2/100+8^2/100}} \doteq 4.2$$

これは H_0 の棄却域にふくまれる。したがって，H_0 は棄却され，μ_A と μ_B

9.6 母平均の差の検定

との間には差があると結論する。

●例● 就労時間の変化の有無の検定

JGSS2010 の有効回答と JGSS2000 の有効回答からそれぞれ独立に大きさ 50 の無作為標本を抽出して，平均就労時間に変化があったかどうかを検定する。

JGSS2010 の有効回答からの無作為標本として，以下の結果を得た。

58, 30, 16, 18, 2, 1, 24, 8, 13, 38, 10, 21, 32, 20, 32, 11, 6, 1, 5,
35, 10, 6, 9, 0, 3, 23, 40, 30, 10, 0, 6, 27, 35, 5, 8, 17, 5, 2, 4, 63,
17, 28, 20, 9, 17, 35, 10, 12, 22, 2

標本平均と標本不偏分散の計算結果は以下のとおりである。

$$\bar{X}_{obs} = 17.1, \qquad S^2_{A\,obs} \doteq 211.9$$

JGSS2000 の有効回答から無策標本として，以下の結果を得た。

36, 5, 18, 10, 1, 10, 11, 7, 15, 12, 5, 7, 10, 5, 25, 10, 4, 35, 30, 1,
0, 10, 15, 0, 17, 4, 6, 28, 6, 31, 26, 31, 6, 18, 3, 13, 0, 19, 27, 31,
6, 2, 2, 10, 23, 9, 28, 12, 7, 9

標本平均と標本不偏分散の計算結果は以下のとおりである。

$$\bar{Y}_{obs} = 13.3, \qquad S^2_{B\,obs} \doteq 107.4$$

検定統計量の値は以下のとおりである。

$$|T|_{obs} = \frac{|17.1 - 13.3|}{\sqrt{211.9/50 + 107.4/50}} \doteq 1.50$$

したがって，H_0 は棄却されず，2010 年調査の有効回答の平均と 2000 年調査の有効回答の平均とに差があるという証拠は見いだせなかった。

9.6.2 標本の大きさが小さいとき

2 つの集団から得られる標本の大きさ n または m のどちらか一方でも小さいと，母分散を標本不偏分散で置き換えることの影響が無視できなくなる。しかし，もし，2 つの母集団が正規分布であり，$\sigma^2_A = \sigma^2_B$ であると想定できるときには簡便な解決方法が知られている。

共通の母分散を $\sigma^2(= \sigma^2_A = \sigma^2_B)$ と書くことにする。母集団が正規分布で

あるから，無作為標本の標本平均は正規分布にしたがう．2つの母集団からの標本抽出が独立であれば，$\bar{X}$ と $\bar{Y}$ とは独立になる．したがって，以下の式を得る．

$$\frac{(\bar{X} - \bar{Y}) - (\mu_A - \mu_B)}{\sqrt{\sigma^2(1/n + 1/m)}} \sim N(0, 1)$$

他方，正規母集団からの無作為標本から計算した標本不偏分散については，

$$\frac{(n-1)S_A^2}{\sigma^2} \sim \chi^2(n-1), \qquad \frac{(m-1)S_B^2}{\sigma^2} \sim \chi^2(m-1)$$

となる．両者が独立であることと，χ^2 確率変数の加法性とから，

$$\frac{(n-1)S_A^2}{\sigma^2} + \frac{(m-1)S_B^2}{\sigma^2} \sim \chi^2(n+m-2)$$

が得られる．2つの標本が独立であり，かつ，$\bar{X}$ と S_A^2 とが独立，$\bar{Y}$ と S_B^2 とが独立であることを利用すると，以下の関係が導かれる．

$$\begin{aligned} T &= \frac{\{(\bar{X} - \bar{Y}) - (\mu_A - \mu_B)\}/\sqrt{\sigma^2(1/n + 1/m)}}{\sqrt{((n-1)S_A^2/\sigma^2 + (m-1)S_B^2/\sigma^2)/(n+m-2)}} \\ &\sim t(n+m-2) \end{aligned}$$

σ^2 を消去して，母分散 σ^2 の不偏推定量

$$\hat{\sigma}^2 = \{(n-1)S_A^2 + (m-1)S_B^2\}/(n+m-2)$$

を使って T を書き換えると，

$$T = \frac{(\bar{X} - \bar{Y}) - (\mu_A - \mu_B)}{\sqrt{\hat{\sigma}^2(1/n + 1/m)}} \sim t(n+m-2)$$

となる．形式的に，母分散 σ^2 を標本不偏分散 $\hat{\sigma}^2$ で置き換えたために，分布が t 分布に変化したと整理できる．$\hat{\sigma}^2$ は2つの標本不偏分散 S_A^2 と S_B^2 の加重平均となっている．共通の母分散 σ^2 を推定するために，標本の大きさに応じてバラツキの推定量を統合したものとみなせる．

帰無仮説と対立仮説を

$$H_0 : \mu_A - \mu_B = 0$$

$$H_1 : \mu_A - \mu_B \neq 0$$

とする．検定統計量は以下のとおりあたえられる．

$$|T| = \frac{|\bar{X} - \bar{Y}|}{\sqrt{\hat{\sigma}^2(1/n + 1/m)}} \tag{9.5}$$

有意水準 0.05 の H_0 の棄却域は $|T| > t_{0.025}(n+m-2)$ となる。

●例● **Karl Pearson のデータによる親子の身長の差に関する検定**

例として，Karl Pearson の親子の身長データから，父親を無作為に 10 人，息子を無作為に 10 人，独立に選ぶ。2 つの集団からの標本抽出が独立であることに注意する。選ばれた父親の身長（インチ）は，小数第 1 位を四捨五入して，

$$69, 66, 70, 70, 65, 67, 68, 69, 70, 67$$

であった。選ばれた息子の身長（インチ）は，小数第 1 位を四捨五入して，

$$69, 70, 63, 73, 68, 71, 69, 73, 71, 70$$

であった。父親の身長の標本平均と標本不偏分散は，68.1, 3.21 である。息子のそれらは，69.7, 8.23 である。したがって，標本から計算される検定統計量は

$$|T|_{obs} = \frac{68.1 - 69.7}{\sqrt{\frac{(10-1)\times 3.21 + (10-1)\times 8.23}{10+10-2}}(1/10 + 1/10)} \fallingdotseq 1.50$$

である。これは，自由度 $10+10-2=18$ の t 分布の上側 0.025 点 $t_{0.025}(18) = 2.101$ よりも小さい。したがって，H_0 を棄却できない。

Karl Pearson のデータ全体では，父親の平均身長と息子の平均身長との差は約 -1（インチ）となっている。標本の大きさが比較的小さいため，得られた標本からは，-1（インチ）の差が検出できなかった。

9.7 対 標 本

前節の方法は，2 つの標本を独立に抽出したときに適用できる。しかし，たとえば「父親とその息子」の組を無作為抽出したときには適用できない。その理由は，親子の身長には正の相関があり，2 つの独立標本とならないからである。

実際に 20 組の親子を無作為に抽出してみる。その結果（父親の身長 X, 息子の身長 Y）は以下のとおりであった。

$$(69, 69), (71, 70), (64, 67), (71, 74), (71, 73),$$
$$(69, 69), (71, 67), (64, 67), (63, 69), (69, 68),$$

$$(63, 64), (66, 72), (67, 68), (66, 69), (63, 61),$$
$$(68, 70), (67, 68), (67, 68), (71, 71), (68, 74)$$

親子2人を抽出した標本においては，2つの変数が対（ペア）をなす．検定でもこのことを考慮しなければならない．父親の身長が高ければ，その息子の身長も高い傾向があり，2つの変数は独立とはいえないからである．

1つの対処方法は，対の差によって検定統計量を構成することである．

$$D_i = X_i - Y_i$$

親子の組が無作為抽出されているので，D_i は相互に独立になる．しかも，差の標本平均 $\bar{D}$ の期待値が

$$E(\bar{D}) = E(D_i) = E(X_i) - E(Y_i) = \mu_A - \mu_B$$

となる．したがって，以下の仮説を検定すれば母平均の差の検定になる．

$$H_0 : E(D_i) = 0, \qquad H_1 : E(D_i) \neq 0$$

これは，単一の変数 D の母平均が0かどうかの検定である．検定統計量は

$$|T| = \frac{|\bar{D}|}{\sqrt{S_D^2/n}} \tag{9.6}$$

である．ただし，

$$S_D^2 = \frac{1}{n-1} \sum_{i=1}^n (D_i - \bar{D})^2$$

である．X と Y が正規分布にしたがうとき，有意水準 0.05 の H_0 の棄却域は $|T| > t_{0.025}(n-1)$ となる．X と Y に正規性が仮定できなくても，標本の大きさ n が大きければ，$\bar{D}$ が近似的に正規分布にしたがうことを利用して，有意水準 0.05 の H_0 の棄却域を $|T| > 1.96$ とする．

上の数値例によって計算すると，$\bar{D}_{obs} = -1.5$, $\bar{S}^2_{D\,obs} = 7.0$, したがって，

$$|T|_{obs} = |-1.5|/\sqrt{7.0/20} \doteq 2.54$$

となる．これは，$t_{0.025}(20-1) = 2.093$ よりも大きい．したがって，H_0 は棄却され，父親の身長の母平均と息子の身長の母平均とに差が認められる．

同じ標本を，あたかも独立な2標本とみて前項の方法を適用してしまうと，2つの母平均に差がないという仮説を棄却できなくなる．その原因は，X と Y と

の相関を無視して $\bar{X} - \bar{Y}$ の分散を推定してしまうことにある。$D_i = X_i - Y_i$ で分散を推定すれば，$\bar{D} = \bar{X} - \bar{Y}$ の分散が不偏推定される。

9.8 成功確率または母集団の比率の差の検定

成功確率または母集団の比率 p は母平均の一種とみなせる。したがって，母平均の差にならって，成功確率または母集団の比率の差の検定が構成できる。

集団 A からの無作為標本を X_i ($i = 1, 2, \ldots, n$) とする。ただし，X_i は確率 p_A で 1，確率 $1 - p_A$ で 0 となる確率変数である。集団 B からの無作為標本を Y_j ($j = 1, 2, \ldots, m$) とする。ただし，Y_j は確率 p_B で 1，確率 $1 - p_B$ で 0 となる確率変数である。たとえば，地域 A, B における特定の疾病の罹患率が p_A, p_B であり，両者に差があるかどうかを調べるために居住者を無作為抽出する状況を想定する。

標本における比率を

$$\hat{p}_A = \frac{1}{n} \sum_{i=1}^{n} X_i, \qquad \hat{p}_B = \frac{1}{m} \sum_{j=1}^{m} Y_j$$

と記す。標本の大きさ n と m が両方とも大きければ，近似的に，

$$\hat{p}_A \sim N(p_A, p_A(1 - p_A)/n)$$
$$\hat{p}_B \sim N(p_B, p_B(1 - p_B)/m)$$

となる。$\hat{p}_A$ と $\hat{p}_B$ が独立であることから，近似的に，以下の関係が成り立つ。

$$\hat{p}_A - \hat{p}_B \sim N\left(p_A - p_B, \frac{p_A(1 - p_A)}{n} + \frac{p_B(1 - p_B)}{m}\right)$$

帰無仮説と対立仮説を

$$H_0 : p_A - p_B = 0$$
$$H_1 : p_A - p_B \neq 0$$

とする。H_0 が正しいとき，$p = p_A = p_B$（共通の成功確率）と記す。この記法をもちいれば，H_0 が正しいとき，近似的に，

$$\hat{p}_A - \hat{p}_B \sim N(0, p(1 - p)(1/n + 1/m))$$

となる。同じことを，以下のようにあらわしてもよい。

$$\frac{\hat{p}_A - \hat{p}_B}{\sqrt{p(1-p)(1/n + 1/m)}} \to_d N(0, 1)$$

p は未知母数である。標本からこれを推定するには，以下の式をもちいる。

$$\hat{p} = \frac{\sum_{i=1}^{n} X_i + \sum_{j=1}^{m} Y_j}{n+m} = \frac{n\hat{p}_A + m\hat{p}_B}{n+m}$$

これは，H_0 が正しいとき，母集団 A, B の成功確率が等しくなるので，その共通の成功確率を推定するために2つの標本をあわせて成功確率を推定したと解釈できる。検定統計量は以下のようにあたえられる。

$$|T| = \frac{|\hat{p}_A - \hat{p}_B|}{\sqrt{\hat{p}(1-\hat{p})(1/n + 1/m)}} \tag{9.7}$$

有意水準 0.05 の H_0 の棄却域は，$|T| > 1.96$ となる。

●例● 疾病の罹患率の差の検定

例として，2つの地域 A, B から居住者を 200 人ずつ無作為に抽出して，ある特定の疾病の罹患状況を調べたところ，地域 A の標本では 50 人，地域 B の標本では 65 人が罹患していたとする。このとき，両地域における罹患率に差があるかどうかを調べたい。

$$\hat{p}_{A\,obs} = 50/200, \qquad \hat{p}_{B\,obs} = 65/200$$
$$\hat{p}_{obs} = (50+65)/(200+200) = 115/400$$

である。検定統計量の計算結果は

$$|T|_{obs} = \frac{|50/200 - 65/200|}{\sqrt{(115/400)(1-115/400)(1/200+1/200)}} \fallingdotseq 1.66$$

となる。この結果は，H_0 の棄却域にふくまれない。したがって，標本からは地域 A, B の罹患率に差があるという確証が得られなかった。

9.8.1 無作為割付

無作為標本でないときでも，有意差の検定が利用できる状況を説明する。

2つの薬品 A, B の効果に差があるかないかを調べたい。被験者が 400 人いるとしよう。簡単のため，どちらの薬品についても，服用の結果は薬効の有無（効き目があったかなかったか）の2とおりしかないとしよう。したがって，こ

9.8 成功確率または母集団の比率の差の検定

こでの関心は，薬品 A を服用して効果が現れる確率（ないし，効果があらわれる人の割合）p_A と薬品 B のそれ p_B とに差があるかどうかである。

被験者のひとりがどちらか一方の薬品を服用するとする。仮に，400 人のうち 200 人が薬品 A を，残りの 200 人が薬品 B を服用するとしよう。そのとき，p_A と p_B との差の検定がおこなえるようにするためには，どのように 2 つの薬品を被験者に配分すべきか。

この場合，被験者の 2 つのグループは，服用する薬以外の面では同質的であることが望ましい。たとえば，2 つのグループ間で健康状態に差があると，結果が薬効の差によるのか，健康面の差によるのかが判別できない。

もし，薬の効果に影響をあたえる全要因が既知であれば，それらの要因がなるべく揃うようにグループを構成すればよい。しかし，多くの場合，未知の要因による影響の存在を否定できない。未知の要因による影響をもふくめて集団の同質性を保つにはどのような方法がありえるか。

1 つの解決方法が，**無作為割付**である。無作為割付とは，ある被験者に薬品 A, B のいずれかを等確率で割り付けることを意味する。このようにすれば，被験者の誰もが等しい確率でどちらのグループにも入りうるという意味で，グループ間の同質性が保たれる。後に述べるように，実質的には無作為抽出と同じ意味ともみなせる。しかし，無作為割付という表現では，「未知の要因による影響を制御する」という側面が強調される。

無作為割付を実行するとき，実際には，グループの大きさ（人数）を制御するため，400 人から非復元抽出によって選んだ 200 人が薬品 A を服用し，残りの 200 人が薬品 B を服用する。これは，400 人を有限母集団と見立てて，200 人を非復元抽出して薬品 A の効果を観察し，残りの 200 人について薬品 B の効果を観察しているとみなせる[3]。無作為抽出することによって，400 人の有限母集団についての母数 p_A, p_B について推測することが可能となる。このような見方をすれば，最初の 400 人が無作為標本とみなせない場合でも，400 人の中での薬効の相違について検定できることになる。

もともとの 400 人が母集団から無作為抽出されている場合には，無作為割付

---

[3] 無作為割付を有限母集団からの非復元抽出とみなす視点は，Freedman, et al. (2007) pp. A32-A34 に詳述されている。

を実行した後の p_A と p_B との差についての検定方式は，2つの母集団からの無作為抽出した場合の検定方式と同じになる．このときには，無作為抽出の対象となっている母集団における p_A と p_B との差を検定していることになる．

興味深いことに，被験者 400 人を有限母集団と見る（したがって，400 人の選出根拠を問わない）場合にも，p_A と p_B との差についての検定方式は，同じになる [4]．このときには，当該の 400 人に限定して，p_A と p_B との差を検定していることになる．

帰無仮説と対立仮説を以下のように設定する．

$$H_0 : p_A - p_B = 0$$
$$H_1 : p_A - p_B \neq 0$$

無作為割付を実行して結果を調べたところ，薬品 A を服用した 200 人のうち 110 人に，薬品 B を服用した 200 人のうち 140 人に効き目があった．

$$\hat{p}_{A\,obs} = 115/200, \hat{p}_{B\,obs} = 140/200$$
$$\hat{p}_{obs} = (115 + 140)/(200 + 200) = 255/400$$

である．検定統計量は，以下のとおり計算される．

$$|T|_{obs} = \frac{|115/200 - 140/200|}{\sqrt{(255/400)(1 - 255/400)(1/200 + 1/200)}} \doteqdot 2.60$$

有意水準 0.05 の H_0 の棄却域は $|T| > 1.96$ なので $|T|_{obs}$ は棄却域にふくまれる．したがって，この場合には，薬品の効果に差が認められることになる．

9.9 母分散に関する検定

これまで，母平均に関する検定について述べてきた．使用頻度は低いけれども，以下では母分散 σ^2 に関する検定について述べる．検定の対象となる母数は異なるけれども，(1) 仮説を設定し，(2) 帰無仮説のもとでの検定統計量を決

---

[4] 400 人を有限母集団と見るとき，非復元抽出に伴う標本平均の分散が過大に推定される（有限母集団修正が無視されるため）．反面，2 つの薬効の相関が無視されることで逆方向の偏りが発生する．これらが相殺されるので，あたかも無限母集団からの 2 つの無作為抽出についての検定であるとみなして検定統計量を構成しても，結果が正確になる．Freedman, et al. (2007), p. A33.

9.9 母分散に関する検定

めて,その標本分布を導き,(3) 帰無仮説のもとでの確率計算によって帰無仮説を適否を決する,という手続きは同じである.以下では,母分散の値についての検定と,2つの母分散の比についての検定とを説明する.どちらも,母集団が正規分布にしたがうことを仮定する.

9.9.1 母分散の値に関する検定

まず,母分散の値についての検定について述べる.正規分布 $N(\mu, \sigma^2)$ からの大きさ n の無作為標本 X_i $(i = 1, 2, \ldots, n)$ を得る.標本不偏分散の定数倍 $(n-1)S^2/\sigma^2$ が自由度 $n-1$ の χ^2 分布にしたがう.この標本分布を利用すれば,σ^2 の値に関する検定方式が構成できる.

帰無仮説と対立仮説とを以下のように設定する.

$$H_0 : \sigma^2 = \sigma_0^2, \qquad H_1 : \sigma^2 \neq \sigma_0^2$$

ただし,σ_0^2 は正の定数である.H_0 が正しいとき,

$$(n-1)S^2/\sigma_0^2 \sim \chi^2(n-1)$$

となる.このことから,有意水準 0.05 の H_0 の棄却域は,

$$\frac{(n-1)S^2}{\sigma_0^2} < \chi_{0.025}^2(n-1) \quad \text{または} \quad \frac{(n-1)S^2}{\sigma_0^2} > \chi_{0.975}^2(n-1)$$

である.ただし,$\chi_{0.025}^2(n-1)$ と $\chi_{0.975}^2(n-1)$ は,それぞれ,自由度 $n-1$ の χ^2 分布の下側 0.025 点(上側 0.975 点),下側 0.975 点(上側 0.025 点)である.

●例● **Karl Pearson のデータによる父親の身長の分散に関する検定**

Karl Pearson の父親の身長に関するデータから,大きさ $n = 10$ の無作為標本をもちいて,以下の仮説を検定する.

$$H_0 : \sigma^2 = 7.5, \qquad H_1 : \sigma^2 \neq 7.5$$

検定統計量は $(10-1)S^2/7.5$ であり,棄却域は以下のとおりあたえられる.

$$\frac{(10-1)S^2}{7.5} < 2.70 \quad \text{または} \quad \frac{(10-1)S^2}{7.5} > 19.02$$

大きさ 10 の標本(小数点第 1 位を四捨五入)は以下のとおりであった.

$$67, 65, 71, 67, 66, 69, 64, 69, 68, 70$$

これらの値から計算した標本不偏分散は $S_{obs}^2 \doteq 4.93$, したがって, 検定統計量の値は以下のように与えられる.

$$\frac{(10-1)S_{obs}^2}{7.5} \doteq 5.92$$

したがって, H_0 は棄却されず, $\sigma^2 = 7.5$ を否定するにはおよばない.

9.9.2　2つの母分散の比に関する検定

つぎに, 母分散の比の検定について述べる. 分散比の検定は, 推定精度の比較に対応し, 統計分析の中で使用頻度が高い.

2つの正規母集団 A, B があるとする. A から大きさ n の無作為標本

$$X_i \sim N(\mu_A, \sigma_A^2) \quad (i = 1, 2, \ldots, n),$$

B から大きさ m の無作為標本

$$Y_j \sim N(\mu_B, \sigma_B^2) \quad (j = 1, 2, \ldots, m)$$

をえる. 2つの集団からの標本抽出は独立であるとする.

2つ標本から計算される標本不偏分散を以下のように記す.

$$S_A^2 = \frac{1}{n-1} \sum_{i=1}^{n} (X_i - \bar{X})^2$$

$$S_B^2 = \frac{1}{m-1} \sum_{j=1}^{m} (Y_j - \bar{Y})^2$$

このとき, 以下の式が成り立つ.

$$\frac{S_A^2/\sigma_A^2}{S_B^2/\sigma_B^2} \sim F(n-1, m-1)$$

ただし, $F(n-1, m-1)$ は自由度 $(n-1, m-1)$ の F 分布である.

これを利用して, 母分散の比 σ_B^2/σ_A^2 の検定を構成できる. たとえば, 帰無仮説と対立仮説を以下のように設定する.

$$H_0 : \sigma_B^2/\sigma_A^2 = 1, \quad H_1 : \sigma_B^2/\sigma_A^2 \neq 1$$

これらは, それぞれ, $\sigma_A^2 = \sigma_B^2, \sigma_A^2 \neq \sigma_B^2$ 同じであり, 2つの集団のバラツキが等しいかを問うている. 検定統計量は

9.9 母分散に関する検定

$$F = S_A^2 / S_B^2 \tag{9.8}$$

である。有意水準 0.05 の H_0 の棄却域は以下のとおりとなる

$$F < F_{0.025}(n-1, m-1), \quad \text{または} \quad F > F_{0.975}(n-1, m-1)$$

ただし，$F_{0.025}(n-1, m-1)$ と $F_{0.975}(n-1, m-1)$ は，それぞれ，自由度 $n-1, m-1$ の F 分布の下側 0.025 点（上側 0.975 点），下側 0.975 点（上側 0.025 点）である。F 分布の性質から，

$$F_{0.025}(n-1, m-1) = 1/F_{0.975}(m-1, n-1)$$

が成り立つので，

$$F^{-1} > F_{0.975}(m-1, n-1) \quad \text{または} \quad F > F_{0.975}(n-1, m-1)$$

を H_0 の棄却域としても結果は同じになる。

F 分布による分散比の検定では，2 つの標本が独立に抽出されている必要がある。この条件が成り立たないときには，ここで述べた方法は利用できない。

●例● **Karl Pearson のデータによる親子の身長の等分散性の検定**

Karl Pearson の親子の身長のデータにおいて，父親の身長から大きさ $n = 20$ の標本を無作為抽出し，それと独立に，息子の身長から大きさ $n = 20$ の標本を無作為抽出する。その結果から，もともとのデータにおいて，父親の身長の分散と息子の身長の分散とが等しいかどうかを検定する。

父親の身長を無作為抽出して，以下の結果（小数第 1 位を四捨五入）を得た。

$$67, 70, 70, 69, 74, 66, 64, 73, 65, 65,$$
$$66, 67, 67, 69, 67, 68, 75, 70, 67, 68$$

これらの値から計算した標本不偏分散の値は $S_{A\,obs}^2 \doteqdot 8.87$ である。

息子の身長を無作為抽出して，以下の結果（小数第 1 位を四捨五入）を得た。

$$71, 69, 71, 68, 71, 69, 75, 68, 71, 68,$$
$$63, 71, 71, 71, 69, 72, 73, 68, 66, 69$$

これらの値から計算した標本不偏分散の値は $S_{B\,obs}^2 \doteqdot 6.75$ である。

検定統計量の値は以下のようになる。

$$F_{obs} = 8.87/6.57 \doteqdot 1.31$$

自由度 $(20-1, 20-1)$ の F 分布の下側 0.975（上側 0.025）点は

$$F_{0.975}(19, 19) \doteq 2.53$$

である．したがって，H_0 は棄却されず，分散の均等性は否定されなかった．

9.10 適合度の検定

　サイコロを 6,000 回投げた．その結果が表 9.2 に示されている．表 9.2 から，このサイコロで「どの出目も 1/6 で出現する」かどうかを検定したい．

　もし，特定の出目に注目するなら，成功確率の検定が適用できる．たとえば，「1 が出る確率が 1/6 かどうか」であれば，これまでに説明した方法で検定できる．しかし，この方法では 1 以外の出目がまとめられてしまう．それでは，2 から 6 までの度数の相違が検定に反映されない．

　別の方法として，1 つ 1 つの出目を順次取り上げて成功確率を検定することが考えられる．すべての出目を考慮する点で最初の方法に勝る．しかし，複数の検定を繰り返し実行したときの有意水準を制御するのは難しい．有意水準 0.05 の検定を 2 つ組み合わせたときの有意水準は 0.05 とならない．

　そこで，すべての出目を同時に検定する方法を説明する．帰無仮説は「すべての出目が 1/6 の確率で出現する」，対立仮説は「少なくとも 1 つの出目の出現確率は 1/6 と異なる」とする．出目 k $(k = 1, 2, \ldots, 6)$ の出現確率を p_k と記す．この記法によれば，2 つの仮説は以下のようにあらわせる．

$$H_0 : p_k = 1/6 \quad (k = 1, 2, \ldots, 6)$$
$$H_1 : p_k \neq 1/6 \quad (\text{ある } k \text{ について})$$

　検定統計量の候補となりそうなものは何か．H_0 が正しいとすると，それぞれの出目の期待度数は 1,000（6,000 × 1/6）回となる．もし，H_0 が正しけれ

表 9.2　サイコロを 6,000 回投げた結果

出目	1	2	3	4	5	6	合計
度数	1,041	1,010	976	1,000	985	988	6,000

注：コンピューター・シミュレーションの結果

9.10 適合度の検定

ば，観察される度数は期待度数 1,000 からそれほど乖離しないであろう．逆に，H_0 が正しくなければ，観察される度数は（H_0 が正しいという想定のもとでの）期待度数 1,000 から乖離しやすくなるであろう．これらのことから，観察された度数と期待度数との差を利用した検定統計量が作れそうである．

出目 k の観察度数を O_k と記す．その（H_0 が正しいという想定のもとでの）期待度数を $E_k = 6{,}000 \times 1/6 = 1{,}000$ と記す．両者の差 $O_k - E_k$ をどのように利用するか．結論を述べれば，検定統計量を以下で定義する．

$$W = \sum_{k=1}^{6} \frac{(O_k - E_k)^2}{E_k} \tag{9.9}$$

H_0 が正しいとき，近似的に以下の関係が成り立つことが知られている．

$$W \sim \chi^2(6-1)$$

式 (9.9) の W は，（H_0 が正しいときの）期待度数 E_k に比べて $(O_k - E_k)^2$ が小さいものが多いときには小さくなりやすい．このことから，H_0 が正しいときには W が小さくなりやすく，H_0 が正しくないときには W が大きくなりやすい．とくに，E_k の小さい k における乖離が大きく評価される．これらから，W の右側の領域を H_0 の棄却域とする．有意水準 0.05 の H_0 の棄却域は

$$W > \chi^2_{0.95}(6-1) \fallingdotseq 11.07$$

となる．ただし，$\chi^2_{0.95}(6-1)$ は自由度 $6-1 = 5$ の χ^2 分布の下側 0.95（上側 0.05）点である．

表 9.2 から検定統計量を計算すると，以下のとおりとなる．

$$\begin{aligned} W_{obs} = & \frac{(1041-1000)^2}{1000} + \frac{(1010-1000)^2}{1000} + \frac{(976-1000)^2}{1000} \\ & + \frac{(1000-1000)^2}{1000} + \frac{(985-1000)^2}{1000} + \frac{(988-1000)^2}{1000} \\ \fallingdotseq & \ 2.73 \end{aligned}$$

この結果は，H_0 の棄却域にはふくまれない．したがって，観察された標本からは，H_0 を否定する根拠は見つからなかった．

以上の検定手続きをまとめる．帰無仮説と対立仮説を以下のように設定する．

$$H_0 : p_k = p_{k(0)} \quad (k = 1, 2, \ldots, K)$$

$$H_1 : p_k \neq p_{k(0)} \quad (\text{ある } k \text{ について})$$

ただし，p_k はカテゴリー k の出現確率，$p_{k(0)}$ は帰無仮説で指定されるカテゴリー k の出現確率である。$\sum_{k=1}^{K} p_{k(0)} = 1$ が成り立つとする。検定統計量

$$W = \sum_{k=1}^{K} \frac{(O_k - E_k)^2}{E_k} \tag{9.10}$$

は，H_0 が正しいとき，$\chi^2(K-1)$ にしたがう。ただし，$E_k = np_{k(0)}$ である。H_0 が正しくないとき，検定統計量 (9.10) は大きくなる傾向がある。H_0 の棄却域は，以下のとおりである。

$$W > \chi^2_{0.95}(K-1) \tag{9.11}$$

9.11 分割表における独立性の検定

表 9.3 は朝食の摂取状況に関する調査の結果をあらわす。調査が無作為抽出にもとづいて実施されたとする。表 9.3 には，「ほとんど毎日食べる」人の比率は女性の方が高く，「ほとんど食べない」人の比率は男性の方が高い，という男女差が見て取れる。しかし，表 9.3 は標本における回答を示している。調査対象とした母集団でも差があるかどうかを検定するにはどうすべきか。

変数 X を性別，変数 Y を朝食の摂取状況とする。X の取りうる値を x_j ($j = 1, 2$) であらわす。ただし，x_1 を「男性」，x_2 を「女性」とする。Y の取りうる値を y_k ($k = 1, 2, 3, 4$) であらわす。ただし，y_1 を「ほとんど毎日食べる」，y_2 を「週に2-3日食べない」，y_3 を「週に4-5日食べない」，y_4 を「ほとんど食べない」とする。

表9.3 習慣的な朝食の摂取状況

	ほとんど毎日食べる	週2-3日食べない	週4-5日食べない	ほとんど食べない	合計（人）
男性	2,641	182	75	332	3,230
女性	3,323	223	53	218	3,817
合計	5,964	405	128	550	7,047

資料：厚生労働省「平成23年国民健康・栄養調査」第3部生活習慣調査の結果 第55表

9.11 分割表における独立性の検定

ここで検定したいことは，X と Y とが独立であるかどうかである。両者が独立であるときは，性別と朝食の摂取状況とは無関係であることになる。もし，両者が独立でなければ，朝食の摂取状況に男女差があることになる。

2つの確率変数 X と Y とが独立であるとは，

$$\Pr(X = x_j, Y = y_k) = \Pr(X = x_j)\Pr(Y = y_k) \qquad (9.12)$$

がすべての (x_j, y_k) $(j = 1, 2; k = 1, 2, 3, 4)$ に成り立つことである。もし，少なくとも1つの (x_j, y_k) について式 (9.12) が成り立たなければ，X と Y とは独立でない。記号の簡素化のため，以下のとおり定める。

$$\Pr(X = x_j) = p_j, \quad \Pr(Y = y_k) = q_k$$

この記号によって帰無仮説と対立仮説とは以下のようにを表現できる。

$$H_0 : \Pr(X = x_j, Y = y_k) = p_j q_k \quad (j = 1, 2; k = 1, 2, 3, 4)$$
$$H_1 : \Pr(X = x_j, Y = y_k) \neq p_j q_k \quad (\text{ある } j, k)$$

$X = x_j, Y = y_k$ となるの度数の期待値は，標本の大きさ n に確率 $\Pr(X = x_j, Y = y_k)$ をかけて求められる。H_0 が正しければ，セル (j, k) の度数の期待値 E_{jk} は以下のように求まる。

$$E_{jk} = n\, p_j\, q_k$$

しかし，H_0 は p_j と q_k の値まで指定していない。これらを標本から推定する。

その推定は以下のようにする。最初に q_1，すなわち，H_0 が正しいと仮定したうえで「ほとんど毎日食べる」人の比率を推定する。H_0 が正しいとすると，「ほとんど毎日食べる」人の比率に男女差がない。とすれば，(男女を問わずに) 標本における「ほとんど毎日食べる」人の比率を q_1 の推定値 $\hat{q}_1$ とすればよい。同じように，$\hat{q}_2, \hat{q}_3, \hat{q}_4$ を，それぞれ，標本における「週2-3日食べない」人の比率，「週4-5日食べない」人の比率，「ほとんど食べない」人の比率，とする。

H_0 が正しいとした上での p_1 と p_2 の推定は，標本における男女の比率で推定できる。それらを，それぞれ，$\hat{p}_1, \hat{p}_2$ とする。

これらの推定された比率を使って，H_0 が正しいと仮定したときのセル (j, k)

の度数の期待値はつぎの式で推定できる。

$$\hat{E}_{jk} = n\hat{p}_j\hat{q}_k \tag{9.13}$$

セル (j,k) の観察度数を O_{jk} と書く。H_0 が正しければ，どのセルでも O_{jk} と $\hat{E}_{jk}$ との乖離は小さくなりやすい。逆に，H_0 が正しくなければ，少なくとも1つのセルで O_{jk} と $\hat{E}_{jk}$ との乖離が大きくなりやい。この状況は適合度検定に似ている。したがって，以下の検定統計量が検定に役立ちそうである。

$$W = \sum_{j=1}^{J}\sum_{k=1}^{K} \frac{(O_{jk}-\hat{E}_{jk})^2}{\hat{E}_{jk}} \tag{9.14}$$

ただし，J は変数 X の結果の数（表9.3では $J=2$），K は変数 Y の結果の数（表9.3では $K=4$）である。セルの度数の期待値が推定値であるところが適合度検定のときと異なる。しかし，そのような違いはあっても，H_0 が正しいとき，近似的に以下の式が成り立つことが知られている。

$$W \sim \chi^2((J-1)\times(K-1))$$

H_0 が正しくないときには式(9.14)が大きくなりやすくなることから，H_0 の棄却域を右側に設ける。有意水準 0.05 の H_0 の棄却域は以下であたえられる。

$$W > \chi^2_{0.95}((J-1)\times(K-1)) \tag{9.15}$$

表9.3のデータから検定統計量を計算すると以下のとおりである。

$$\begin{aligned}
W_{obs} &= \frac{(2641-2733.6)^2}{2733.6} + \frac{(182-185.6)^2}{185.6} + \frac{(75-58.7)^2}{58.7} \\
&\quad + \frac{(332-252.1)^2}{252.1} + \frac{(3323-2733.6)^2}{2733.6} + \frac{(223-219.4)^2}{219.4} \\
&\quad + \frac{(53-69.3)^2}{69.3} + \frac{(218-297.9)^2}{297.9} \\
&\doteqdot 61.1
\end{aligned}$$

自由度 $(2-1)\times(4-1)=3$ の χ^2 分布の上側 0.05（下側 0.95）点は，$\chi^2_{0.95}(3)\doteqdot 7.81$ である。したがって，W_{obs} は H_0 の棄却域にふくまれる。結果として，X と Y とが独立とはいえず，朝食の摂取状況に男女差がある。

9.12 p 値

これまで，有意水準に対応する H_0 の棄却域を設けて，検定統計量がその中にふくまれるかどうかで結論を導いた．同じ結論を **p 値**で導くこともできる．

p 値とは，「観察された検定統計量をふくむような H_0 の棄却域の中で，有意水準が下限となるものの有意水準」である．観察された検定統計量を臨界点とする棄却域の有意水準といってもよい．たとえば，前節の「分割表における独立性の検定」を例にとれば，自由度 3 の χ^2 にしたがう確率変数が観察された検定統計量（約 61.1）以上になる確率，3.42×10^{-13} が p 値である．

有意水準を α とする．このとき，「p 値 $\leq \alpha$ なら H_0 を棄却し，p 値 $> \alpha$ なら H_0 を棄却しない」とすれば，棄却域による検定の結果と同じになる．

前節の右側検定の場合を例にその理由を説明する．そこでの検定統計量 W の臨界値 7.81 はつぎのように決まった．H_0 が正しいときに，W が自由度 3 の χ^2 分布にしたがう．棄却域の型が右側であるから，$\chi^2(3)$ の下側 0.95 点（上側 0.05 点）が臨界値となる．$\chi^2_{0.95}(3) \doteqdot 7.81$ が W の臨界値となる．すなわち，$W \geq 7.81$ なら H_0 を棄却し，そうでなければ棄却しない．

p 値は以下のように求める．観察された検定統計量の値を W_{obs} とする．棄却域の型は右側である．p 値は，自由度 3 の χ^2 分布にしたがう確率変数が W_{obs} を超える確率である．記号で書けば，

$$p\,値 = \Pr(W \geq W_{obs})$$

である．

もし，検定統計量の観察値 W_{obs} が臨界値よりも大きい（したがって，H_0 が棄却される）とする．W_{obs} が W の臨界値よりも右側に位置するのだから，W_{obs} よりも大きな W が発生する確率は，臨界点よりも大きな W が発生する確率（有意水準）よりも低い．

もし，検定統計量の観察値 W_{obs} が臨界値よりも小さい（したがって，H_0 が棄却されない）とする．W_{obs} が W の臨界値よりも左側に位置するのだから，W_{obs} よりも大きな W が発生する確率は，臨界点よりも大きな W が発生する確率（有意水準）よりも高い．

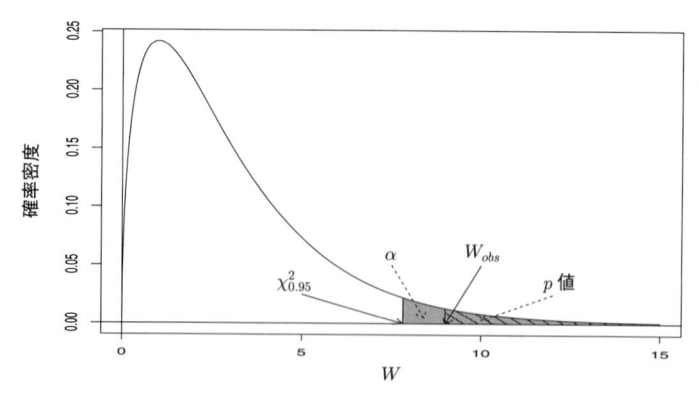

図 9.3 検定統計量の臨界点と p 値との関係

注：臨界点よりも W_{obs} が大きい場合。図示のため，W_{obs} の値は本文中と異なる。

結局，p 値が有意水準よりも低い（高い）ことと，観察された検定統計量が臨界値よりも大きい（小さい）こととが同じになる（図 9.3）。

p 値は，H_0 の信頼性を数値化したものと解釈されることがある。p 値が低いほど，H_0 が疑わしいことと解される。単に，一定の有意水準で H_0 が棄却されたかどうかだけでなく，H_0 を棄却するのにどれほど強い証拠が提示されたかが示されるというのである。ただし，p 値を証拠の強弱の指標として解釈することには反対意見もある。

練習問題 9

1. 歴史的に有名な対標本の例を紹介する。2 種類の睡眠薬 A,B を 10 人の被験者に服用させた。それぞれの被験者の睡眠時間の増加が表 9.4 のようになった。睡眠時間の増加が正規分布にしたがうと仮定して，以下の問に答えなさい。

表 9.4 2 種類の睡眠薬による睡眠時間の増加（時間）

睡眠薬	被験者									
	1	2	3	4	5	6	7	8	9	10
A	0.7	-1.6	-0.2	-1.2	-0.1	3.4	3.7	0.8	0.0	2.0
B	1.9	0.8	1.1	0.1	-0.1	4.4	5.5	1.6	4.6	3.4

出所：Student (1908), "The probable error of a mean," *Biometrika*, **6**, 1-25.

(a) 睡眠薬 A に睡眠効果があるかどうかを検定しなさい．
(b) 睡眠薬 B に睡眠効果があるかどうかを検定しなさい．
(c) 2 つの睡眠薬の睡眠効果に差があるかどうかを検定しなさい．対標本であることに注意する．

2. 表 9.5 は，厚生労働省「平成 23 年国民健康・栄養調査」における，健康づくりのための身体活動や運動の実践状況に関する回答の結果である．この表について以下の問にこたえなさい．標本は無作為抽出されたと仮定してよい．
(a) 健康づくりののための身体活動や運動の実践状況と性別とが独立かどうかを検定しなさい．
(b) 「男性の実践率と女性の実践率との差の有無」と問題をとらえ，母集団の比率の差に関して検定し，上と結果が同じになることを確かめなさい．

表 9.5　健康づくりのための身体活動や運動の実践状況

	している	していない	合計
男性	1,253	1,971	3,224
女性	1,521	2,291	3,812
合計	2,774	4,262	7,036

資料：厚生労働省「平成 23 年国民健康・栄養調査」
第 3 部生活習慣調査の結果 第 60 表

10 回帰モデル

この章の目的

この章では，回帰モデルの基本的な考え方について説明する．具体的には，以下の点について述べる．

- 回帰モデルの仕組み
- 最小 2 乗法による回帰モデルの推定
- 回帰モデルに関する検定

10.1 回帰モデル

Karl Pearson による父親の身長 X と息子の身長 Y のデータ図 5.2 には 2 つの特徴がある．

1. 父親の身長が高いほど，息子の身長が高くなりやすい．
2. たとえ父親の身長が同じであっても，息子の身長にバラツキがある．

これらの特徴を同時に表現できる確率モデルを考える．

最初の特徴を X と Y の間の平均的な関係の現れととらえ，Y の平均的な値が $f(X)$ で決まるとする．ここで，$f(\cdot)$ は関数である．それを**回帰関数**とよぶ．関数であるから，X の 1 つの値に応じて $f(X)$ の値が 1 つに決まる．

10.1 回帰モデル

回帰関数だけでは 2 番目の特徴を表現できない。そこで，2 番目の特徴を表現するために，誤差項 u を導入する。

$$Y_i = f(X_i) + u_i \quad (i = 1, 2, \ldots, n) \tag{10.1}$$

この式を**回帰モデル**とよぶ。誤差項 u_i は，偶然によって結果が定まる確率変数である。確率変数ではあるけれども，小文字であらわすのが通常である。

誤差項 u_i を導入する理由は，以下のように説明できる。息子の身長に影響する要因は父親の身長以外にもある。しかし，それらの影響要因をすべて観察するのは難しい。そこで，父親の身長以外の要因は，プラスに作用するものもマイナスに作用するものもさまざまであり，それら全部を合わせると偶然的に値が決まる確率変数とみなす。Y_i と回帰関数 $f(X_i)$ との乖離はすべて誤差項 u_i による。誤差項の統計的性質については，後ほど詳しく考察する。

関数 $f(x)$ にはいくつかの候補がある。先験的に関数形が定まる場合もあれば，経験的にそれを定めなければならない場合もある。経験的に定める場合にも，グラフ等から試行錯誤によって既存の関数形から選択することもあろうし，特定の関数を想定せずにデータから近似的な関数を探索する場合もあるだろう。

第一歩としての関数 $f(x)$ は単純な形がよい。図 5.2 の場合，直線としてもよさそうである。もし，それが不十分なら，つぎに複雑な関数の導入を試みる。

$$f(x) = \beta_0 + \beta_1 x$$

息子の身長が決まる前に父親の身長は決まっている。したがって，息子の身長を説明する仕組みを考えるときに，父親の身長は与件，つまり，確率的要素がないものみなす。このことから，父親の身長を小文字 x であらわす。

関数形を直線とし回帰モデルを**線形回帰モデル**とよぶ。

$$Y_i = \beta_0 + \beta_1 x_i + u_i \quad (i = 1, 2, \ldots, n) \tag{10.2}$$

式 (10.2) の左辺の Y_i を**被説明変数**，右辺の x_i を**説明変数**，係数 β_0, β_1 を**回帰係数**，とよぶ。父親の身長 x_i を確定値と扱うので，息子の身長 Y_i の確率的な変動は，すべて，誤差項 u_i からもたらされる。

10.2 最小 2 乗法

図 5.2 は，回帰モデル (10.2) から発生したと見てよさそうである．つまり，図 5.2 のどこかに直線があり，それに誤差項が加わって観察点が出現しているように見える．

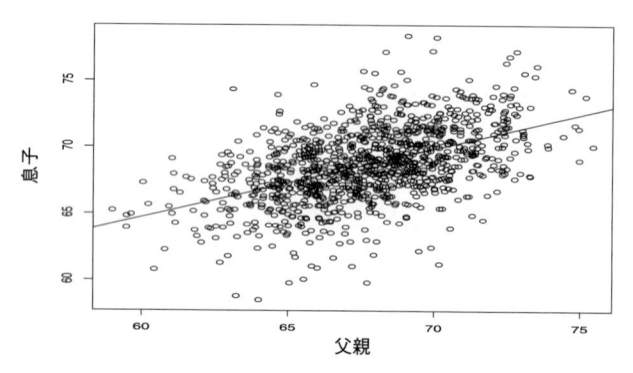

図 10.1 散布図に描き込んだ回帰直線

しかし，その直線の位置は未知である．言い換えれば，回帰係数 β_0, β_1 は未知である．これらをデータから推定するにはどうすればいいか．

もっとも標準的な手法は最小 2 乗法である．最小 2 乗法については，第 1 章で説明した．それは，正規方程式 (1.5) と (1.6) の解として得られる．ただし，ここでは，未知の係数 β_0 と β_1 の推定量を得るための手段として最小 2 乗法を利用することを主張している．この点を強調すべく，未知母数にハットをつけて結果を再記する．

$$\hat{\beta}_1 = \frac{\sum_{i=1}^n (x_i - \bar{x})(Y_i - \bar{Y})}{\sum_{i=1}^n (x_i - \bar{x})^2} \tag{10.3}$$

$$\hat{\beta}_0 = \bar{Y} - \hat{\beta}_1 \bar{x} \tag{10.4}$$

Karl Pearson のデータから計算した推定値は，$\hat{\beta}_{1\,obs} \doteqdot 0.51, \hat{\beta}_{0\,obs} \doteqdot 33.9$ となった．推定された回帰式を散布図に描き込むと図 10.1 が得られる．

10.3 回帰係数の推定量 $\hat{\beta}_1$ の性質

線形回帰モデル (10.2) から，Y_i は誤差項 u_i の変化に応じて変化する。回帰係数の推定量 $\hat{\beta}_1, \hat{\beta}_0$ は x_i, Y_i から計算される。したがって，$\hat{\beta}_1, \hat{\beta}_0$ も u_i に応じて変化する。言い換えれば，u_i が変化すれば散布図の様子が変わり，最小2乗法によってあてはめられる直線も変わる。

このことを鮮明にあらわすために，式 (10.3) を書き換える[1]。いま，

$$w_i = \frac{x_i - \bar{x}}{\sum_{j=1}^n (x_j - \bar{x})^2}$$

と定める。この w_i をもちいれば，

$$\hat{\beta}_1 = \sum_{i=1}^n w_i(Y_i - \bar{Y})$$

とあらわせる。w_i は以下の性質をもつ。

$$\sum_{i=1}^n w_i = 0$$

$$\sum_{i=1}^n w_i x_i = \sum_{i=1}^n w_i(x_i - \bar{x}) = 1$$

$$\sum_{i=1}^n w_i^2 = \frac{1}{\sum_{j=1}^n (x_j - \bar{x})^2}$$

これらから，線形回帰モデル (10.2) の右辺を Y_i に代入し，以下の式を導ける。

$$\hat{\beta}_1 = \beta_1 + \sum_{i=1}^n w_i u_i \tag{10.5}$$

この式から，傾きの推定量 $\hat{\beta}_1$ が誤差項 u_i に応じて変化することがわかる。

ここで，誤差項 u_i ($i = 1, 2, \ldots, n$) について，以下の5つ性質を仮定する。これらの性質は，誤差項の仮定として標準的である。

1. 誤差項の期待値（平均的な値）が 0 である：$E(u_i) = 0$.
2. 誤差項の分散（バラツキ）が一定である：$V(u_i) = \sigma^2$.
3. 誤差項が相互に相関を持たない：$Cov(u_i, u_j) = 0$.
4. 誤差項が正規分布にしたがう。

---
[1] Johnston (1972)（邦訳 竹内他）pp. 21-22.

5. 誤差項が説明変数 x_i ($i = 1, 2, \ldots, n$) と無関係である。

第1の仮定は，Y_i の期待値が $\beta_0 + \beta_1 x_i$ に等しいことと同じである。なぜなら，

$$E(Y_i) = E(\beta_0 + \beta_1 x_i + u_i) = \beta_0 + \beta_1 x_i + E(u_i)$$

と書けるからである。言い換えれば，u_i の値はプラスになることもマイナスになることもあるけれども，期待値が0となるので，Y_i の期待値が回帰直線 $y = \beta_0 + \beta_1 x$ に $x = x_i$ を代入した値に等しくなる。

第2の仮定は，x_i の大小によらず，Y_i の回帰直線からの上下のバラツキが同じ程度であることを意味する。

第3の仮定は，Y_i が互いに相関しないことを意味する。この仮定の意味を理解するには，逆に，この仮定が成り立たないときを考えてみるとよい。たとえば，$Cov(u_i, u_j) > 0$ であったとする。つまり，$u_i > 0$ のときは $u_j > 0$ となりやすく，$u_i < 0$ のときは $u_j < 0$ となりやすい。そのことは，$Y_i > \beta_0 + \beta_1 x_i$ (Y_i が回帰直線よりも上) のときは $Y_j > \beta_0 + \beta_1 x_j$ (Y_j が回帰直線よりも上) となりやすく，$Y_i < \beta_0 + \beta_1 x_i$ (Y_i が回帰直線よりも下) のときは $Y_j < \beta_0 + \beta_1 x_j$ (Y_j が回帰直線よりも下) となりやすいことを意味する。仮定3は，そのような Y_i と Y_j との連動がないことを意味している。

第4の仮定は，誤差項が微小な多数の確率的変動の和であれば成り立つ。この仮定を先験的に確認するのは難しく，残差などを使って事後的に検証する。

第5の仮定は，誤差項 u_i ($i = 1, 2, \ldots, n$) が，説明変数 x_i ($i = 1, 2, \ldots, n$) と独立に発生することを述べている。

5つの仮定がすべて成り立てば，x_i ($i = 1, 2, \ldots, n$) と無関係に，u_i は相互に独立に正規分布 $N(0, \sigma^2)$ にしたがう。

5つの仮定と式 (10.5) から，$\hat{\beta}_1$ の性質が導かれる。

1. $E(\hat{\beta}_1) = \beta_1$.
2. $V(\hat{\beta}_1) = \sigma^2 / \sum_{i=1}^{n}(x_i - \bar{x})^2$.
3. $\hat{\beta}_1 \sim N(\beta_1, \sigma^2 / \sum_{i=1}^{n}(x_i - \bar{x})^2)$.

最初の性質は，以下の式から導かれる。

$$E(\hat{\beta}_1) = E(\beta_1 + \sum_{i=1}^{n} w_i u_i) = \beta_1 + \sum_{i=1}^{n} w_i E(u_i) = \beta_1$$

この性質は、$\hat{\beta}_1$ が β_1 の不偏推定量であることを示す。つまり、推定量 $\hat{\beta}_1$ は母数 β_1 よりも大きかったり小さかったりするけれども、平均的に偏りがない。

2番目の性質は、u_i が相互に相関しないことから、以下のように導ける。

$$V(\hat{\beta}_1) = \sum_{i=1}^{n} w_i^2 V(u_i) = \sigma^2 \sum_{i=1}^{n} w_i^2$$

この性質から、誤差項の分散 σ^2 が小さいほど推定量 $\hat{\beta}_1$ のバラツキは小さくなる。また、説明変数 x_i が広い範囲に散らばっている（$\sum_{i=1}^{n}(x_i - \bar{x})^2$ が大きい）ほど、推定量 $\hat{\beta}_1$ のバラツキは小さくなる。$\hat{\beta}_1$ のバラツキが小さいと、$\hat{\beta}_1$ が精確に推定されやすい。係数 β_1 は、x の変化に対する Y の期待値の変化（傾き）をあらわしていた。それを精確に推定するためには、x がいろいろな値を取っていた方がいい、というのが直感的な解釈である。

3番目の性質は、$\hat{\beta}_1$ が、u_i の一次結合に定数を加えたものであり、u_i ($i = 1, 2, \ldots, n$) が正規分布にしたがうことから、$\hat{\beta}_1$ が正規分布にしたがうことがわかり、その期待値と分散が最初と2番目の性質からあたえられることから導ける。$\hat{\beta}_1$ の標本分布を利用して、β_1 の区間推定や仮説検定が構成できる。

10.4 誤差項の分散 σ^2 の推定

誤差項の分散 σ^2 は、推定した回帰係数で計算した残差から推定する。

$$\hat{u}_i = Y_i - \hat{\beta}_0 - \hat{\beta}_1 x_i \quad (i = 1, 2, \ldots, n)$$

その直感的な説明は以下のとおりである。線形回帰モデル (10.2) の誤差項は

$$u_i = Y_i - \beta_0 - \beta_1 x_i \quad (i = 1, 2, \ldots, n)$$

とあらわせる。しかし、回帰係数 β_0, β_1 は未知である。そこで、これらを推定量 $\hat{\beta}_0, \hat{\beta}_1$ で置き換える。$\hat{u}_i$ は標本から計算できる。$\hat{\beta}_0$ と $\hat{\beta}_1$ とが、それぞれ、β_0 と β_1 とに近い値であれば、u_i と $\hat{u}_i$ も近い値になる。したがって、u_i の分散を推定するのに、それと似通った値になる $\hat{u}_i$ を利用するのが有望である。

実際，誤差項の分散 σ^2 の推定量は以下のとおりあたえられる。

$$\hat{\sigma}^2 = \frac{1}{n-2}\sum_{i=1}^{n}\hat{u}_i^2 \tag{10.6}$$

式 (10.6) は，σ^2 の不偏推定量となる（付録参照）．もし，u_i が観察可能であれば，$\sum_{i=1}^{n}u_i^2/n$ が σ^2 の不偏推定量となる．しかし，u_i は観察不可能である．したがって，これを標本から計算できる $\hat{u}_i$ で置き換える．未知母数 β_0，β_1 を推定量 $\hat{\beta}_0, \hat{\beta}_1$ で置き換えた影響を相殺するため，分母が $n-2$ となる．

仮定 1 から 5 までが成り立つとき，$\hat{\beta}_1$ と $\hat{\sigma}^2$ が独立で，以下の式が成り立つ（付録参照）．

$$(n-2)\hat{\sigma}^2/\sigma^2 \sim \chi^2(n-2)$$

Karl Pearson の親子の身長のデータによる σ^2 の推定値は $\hat{\sigma}^2_{obs} \doteqdot 6.0$ となる．

10.5 回帰係数 β_1 に関する推定・検定

仮定の 1 から 5 までが成り立つとき，つぎの結果が得られる（付録参照）．

$$\frac{\hat{\beta}_1 - \beta_1}{\sqrt{\hat{\sigma}^2/\sum_{i=1}^{n}(x_i - \bar{x})^2}} \sim t(n-2) \tag{10.7}$$

未知母数は左辺の β_1 だけである．t 分布の性質を利用して β_1 に関する推定と検定が構成できる．その構成方法は，母平均に関する推定・検定と同じである．

10.5.1 回帰係数の区間推定

まず，信頼係数 0.95 の β_1 の信頼区間は以下の式であたえられる．

$$\left[\hat{\beta}_1 - t_{0.025}(n-2)\sqrt{\frac{\hat{\sigma}^2}{\sum_{i=1}^{n}(x_i-\bar{x})^2}},\right.$$
$$\left.\hat{\beta}_1 + t_{0.025}(n-2)\sqrt{\frac{\hat{\sigma}^2}{\sum_{i=1}^{n}(x_i-\bar{x})^2}}\right] \tag{10.8}$$

その信頼係数が 0.95 となることは，つぎの式から導ける．

10.5 回帰係数 β_1 に関する推定・検定

$$\Pr\left(-t_{0.025}(n-2) \leq \frac{\hat{\beta}_1 - \beta_1}{\sqrt{\hat{\sigma}^2/\sum_{i=1}^n (x_i - \bar{x})^2}} \leq t_{0.025}(n-2)\right) = 0.95$$

Karl Pearson の親子の身長のデータから，信頼係数 0.95 の β_1 の信頼区間は以下のとおり求まる．標本の大きさ $n = 1078$ が大きいので，$t_{0.025}(1078 - 2) \doteq 1.96$ となり，正規分布の上側 0.025 点とほとんど同じになる．

$$0.51 \pm 1.96\sqrt{6.0/8114.4} \doteq [0.46, 0.57]$$

10.5.2 回帰係数に関する検定

仮説検定は以下のようになる．しばしばもちいられる仮説は，

$$H_0 : \beta_1 = 0$$
$$H_1 : \beta_1 \neq 0$$

である．この場合，H_0 が正しいとすると，線形回帰モデル (10.2) は

$$Y_i = \beta_0 + u_i$$

となり，x_i が変化に左右されずに Y_i の値が決まる，つまり，両者が無関係であることを意味する．およそ線形回帰モデル (10.2) を想定するからには，x と Y とに関係があることを想定している．したがって，その想定が正しいかどうかを確かめる検定は重要である．

$H_0 : \beta_1 = 0$ であるから，検定統計量は以下のとおりである．

$$|T| = \frac{|\hat{\beta}_1|}{\sqrt{\hat{\sigma}^2/\sum_{i=1}^n (x_i - \bar{x})^2}} \tag{10.9}$$

H_0 が正しいとき，$T \sim t(n-2)$ であるから，有意水準 0.05 の H_0 の棄却域は $|T| > t_{0.025}(n-2)$ である．

Karl Pearson の親子の身長データで $H_0 : \beta_1 = 0, H_1 : \beta_1 \neq 0$ を検定する．検定統計量の値は以下のとおりである．

$$|T|_{obs} = 0.51/\sqrt{6.0/8114.4} \doteq 19.0$$

検定統計量の臨界値が 1.96 なので H_0 は棄却される．したがって，父親の身長 x と息子の身長 Y とには関連がある．

参照する傾きの値は 0 以外にもありうる。一般に，

$$H_0 : \beta_1 = c_0$$
$$H_1 : \beta_1 \neq c_0$$

とすれば，検定統計量は

$$|T| = \frac{|\hat{\beta}_1 - c_0|}{\sqrt{\hat{\sigma}^2 / \sum_{i=1}^n (x_i - \bar{x})^2}}$$

となり，有意水準 0.05 の H_0 の棄却域は $|T| > t_{0.025}(n-2)$ となる。

たとえば，Karl Pearson の親子の身長のデータで，父親の身長の増加と息子の身長の期待値の増加とが同じかどうか，つまり，$\beta_1 = 1$ であるかどうかに関心があるとしよう。このとき，標本から計算された検定統計量は，

$$|T|_{obs} = \frac{|0.51 - 1|}{\sqrt{6.0/8114.4}} \doteq 18.0$$

となり，H_0 は棄却される。つまり，父親の身長の増加と息子の身長の期待値の増加とは同じとはいえない。

β_1 の片側検定についても，両側検定と同じように構成できる。

また，定数項 β_0 についても同じように区間推定や仮説検定が実施できる。

10.6 誤差項の仮定の成否の検証

回帰係数に関する推定・検定は，誤差項に関する諸仮定に依存する。したがって，それらの仮定が成り立っているかどうかを確かめなければならない。以下では，初歩的な検証の方法を紹介する。

10.6.1 残差の利用

誤差項 $u_i = Y_i - \beta_0 - \beta_1 x_i$ は観察できない。なぜなら，回帰係数 β_0, β_1 が未知だからである。代役として，残差 $\hat{u}_i = Y_i - \hat{\beta}_0 - \hat{\beta}_1 x_i$ を利用する。残差は誤差項そのものではない。しかし，推定量 $\hat{\beta}_0$ と $\hat{\beta}_1$ が母数 β_0 と β_1 に近ければ，$\hat{u}_i$ と u_i の値も近くなり，両者の性質も似ていると期待できるであろう。

10.6 誤差項の仮定の成否の検証

10.6.2 残差プロットとその見方

まず,誤差項に関する最初の2つの仮定 $E(u_i) = 0$ と $V(u_i) = \sigma^2$ を検証する。もっとも基本的な方法の1つは,**残差プロット**である。それは,縦軸に残差,横軸に x を取った2次元のグラフである。

図 10.2 には息子の身長 Y を父親の身長 x に回帰させたときの残差 $\hat{u}$ を縦軸に,x を横軸に取った残差プロットの例を示す。

図 10.2 を使って $E(u_i) = 0$ を検証するためには,つぎの点に注目する。$E(u_i) = 0$ は,父親の身長 x の高低によらず成り立たなければならない。u_i の代役である残差 $\hat{u}_i$ にも類似の性質が成り立たなければならない。このことから,大雑把な検証の方法として,図 10.2 を横軸に垂直にいくつかの領域に分割して,それぞれの領域でプラスの残差とマイナスの残差がほぼ同数ずつふくまれていることを確かめることがあげられる。図 10.2 は2本の破線で3つの領域に分割している。左の領域でも,中央の領域でも,右の領域でも,縦軸 $= 0$ となる線を挟んで,残差が上下にほぼ均等に散布されているように見える。したがって,おのおのの領域において残差の平均は0に近く,$E(u_i) = 0$ という仮定と大きく矛盾しない。

同じように,図 10.2 を利用して2番目の仮定 $V(u_i) = \sigma^2$ の成立を確かめるには,以下の点に注目する。仮定 $V(u_i) = \sigma^2$ は,父親の身長 x の高低によらず,誤差項 u_i の縦軸方向のバラツキが一定であることを意味する。類似の性質が残差 $\hat{u}_i$ にも成り立つであろう。縦の破線で区切られた3つの領域のい

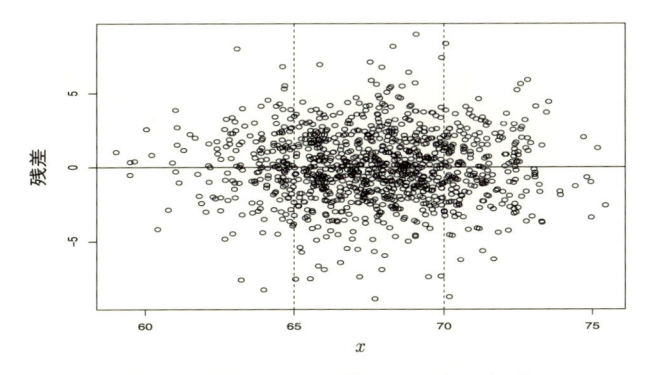

図 10.2 残差プロット(横軸:父親の身長)

ずれにおいても，縦軸 = 0 となる線を挟んで上下のバラツキは同じ程度であるように見える．したがって，$V(u_i) = \sigma^2$ という仮定と大きく矛盾しない．

3番目の仮定 $Cov(u_i, u_j) = 0$ の成否を確かめるための残差プロットはいくつかある．添え字 i が時間に対応するのであれば，縦軸に残差，横軸に i を取った残差プロットによって，誤差項の時間的な相関の有無を視覚的に調べられる．親子の身長のデータでは，添え字 i は時間に対応している訳ではない．代替案としては，説明変数である父親の身長 x の昇順に並べる，あるいは，$\hat{Y}_i = \hat{\beta}_0 + \hat{\beta}_1 x_i$ の昇順に並べる，などの方法がある．説明変数が1つしかない場合には，どちらも図 10.2 とほとんど同じである．

4つ目の仮定を確かめる初歩的な方法は，残差のヒストグラムを描くことである．より直接的な方法は，正規 Q-Q プロットを利用することである．正規 Q-Q プロットは，対象とする確率変数が正規分布にしたがって発生していれば，ほぼ直線になる[2]．図 10.3 は，息子の身長を父親の身長に回帰させたときの残差のヒストグラムと，その正規 Q-Q プロットを示す．ヒストグラムの形状から，残差はほぼ正規分布にしたがうように見える．ただし，両裾は正規分布よりも若干広がっているようにも見える．同じことは，正規 Q-Q プロットの両端において直線からの乖離が見られることからも確かめられる．けれども，ここでは正規性からのズレはそれほど大きくないと考えることにする．

5つ目の仮定を残差から確認することは難しい．その場合には，誤差項 u_i

(a) 残差のヒストグラム (b) 残差の正規 Q-Q プロット

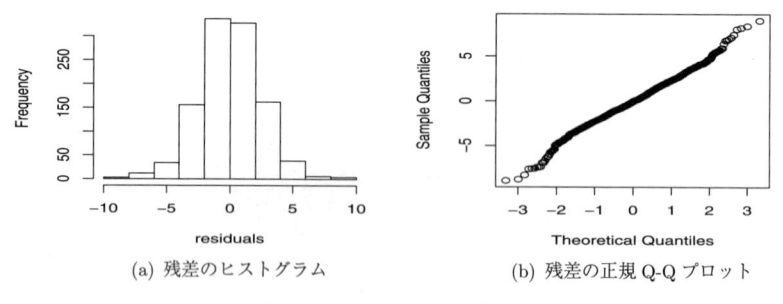

図 10.3　残差のヒストグラムと正規 Q-Q プロット

---

[2] 具体的には，$0 < p < 1$ を変化させて，$(\Phi^{-1}(p), \hat{F}_{\hat{u}}^{-1}(p))$ を座標平面状に打点する．ただし，$\Phi^{-1}(p)$ は標準正規分布の第 p 分位点，$\hat{F}_{\hat{u}}^{-1}(p)$ は残差 $\hat{u}_i$ の第 p 分位点である．

と残差 $\hat{u}_i$ との乖離が大きくなっている可能性がある．たとえば，父親の身長 x が低いほど誤差 u_i が小さく（絶対値の大きい負の値に）なりやすく，x が高いほど大きく（絶対値の大きい正の値に）なりやすいとする．そのとき，最小2乗法によって推定した回帰直線はデータの中心を通過する．その結果，x の高低にかかわらず正負の残差がほぼ満遍なく現れる．したがって，x と誤差項との関係を残差から発見するのは難しい．これらのことから，最後の仮定については，残差プロット以外の方法で判断することになる．

練習問題 10

1. 表 1.3 について，以下の問に答えなさい．
 (a) 酒類への支出 Y を可処分所得 x に最小2乗法で回帰させた回帰式 $Y_i = \beta_0 + \beta_1 x_i + u_i$ を考える．最小2乗法で計算した傾きの推定値は，$\hat{\beta}_{1\,obs} = 3.95$ であった．β_1 について，信頼係数 0.95 の信頼区間を構成しなさい．ただし，標本の大きさ $n = 19$，可処分所得の平均からの偏差の2乗和 $\sum_i (x_i - \bar{x})^2 = 676326.3$，誤差分散の推定値 $\hat{\sigma}^2_{obs} = 62588.09$ をもちいてよい．
 (b) 上の回帰式において，$H_0 : \beta_1 = 0$ を $H_1 : \beta_1 \neq 0$ に対して有意水準 0.05 で検定しなさい．
 (c) 図 10.4 は，上で推定した回帰式からえられた残差プロットである．ただし，縦軸は残差，横軸は可処分所得である．誤差項に関する仮定の成立の可否を判断しなさい．

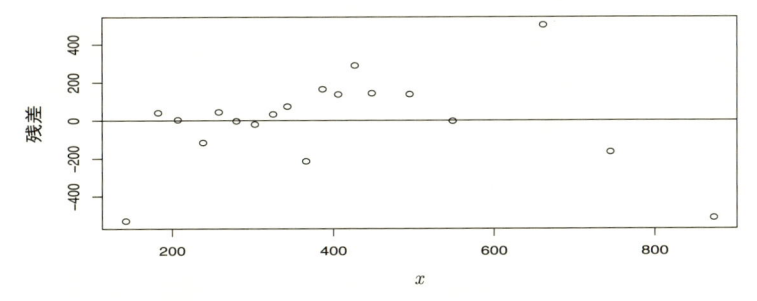

図 10.4 酒類への支出を可処分所得に回帰したときの残差プロット

付録 10

付録 10.1 残差の統計的性質

(1) 誤差項と残差との関係

残差は以下のように表現できる。

$$\begin{aligned}
\hat{u}_i &= Y_i - \hat{Y}_i = \beta_0 + \beta_1 x_i + u_i - (\hat{\beta}_0 + \hat{\beta}_1 x_i) \\
&= \beta_0 + \beta_1 x_i + u_i - (\bar{Y} - \hat{\beta}_1 \bar{x} + \hat{\beta}_1 x_i) \\
&= \beta_0 + \beta_1 x_i + u_i - (\beta_0 + \beta_1 \bar{x} + \bar{u} - \hat{\beta}_1 \bar{x} + \hat{\beta}_1 x_i) \\
&= u_i - \bar{u} - (\hat{\beta}_1 - \beta_1)(x_i - \bar{x}) \\
&= \sum_{j=1}^{N} \{\delta_{ij} - 1/n - (x_i - \bar{x})w_j\} u_j
\end{aligned}$$

ただし，$\bar{u} = n^{-1} \sum_{i=1}^{n} u_i$，$\delta_{ij}$ は $i=j$ のとき 1，その他のときには 0 である。

(2) 残差の期待値と分散，共分散

$\hat{u}_i$ の期待値が 0 であることは，以下のように示される。

$$E(\hat{u}_i) = \sum_{j=1}^{N} \{\delta_{ij} - 1/n - (x_i - \bar{x})w_j\} E(u_j) = 0$$

$\hat{u}_i$ と $\hat{u}_j$ との共分散は以下のように求める。$E(u_i u_j) = \sigma^2 \delta_{ij}$ を利用する。

$$\begin{aligned}
Cov(\hat{u}_i, \hat{u}_j) &= E(\hat{u}_i \hat{u}_j) \\
&= E\left[\sum_{k_1=1}^{n} \{\delta_{ik_1} - 1/n - (x_i - \bar{x})w_{k_1}\} u_{k_1} \right. \\
&\quad \left. \times \sum_{k_2=1}^{n} \{\delta_{jk_2} - 1/n - (x_j - \bar{x})w_{k_2}\} u_{k_2} \right] \\
&= \sigma^2 \sum_{k=1}^{n} \{\delta_{ik} - 1/n - (x_i - \bar{x})w_k\}\{\delta_{jk} - 1/n - (x_j - \bar{x})w_k\} \\
&= \sigma^2 \{\delta_{ij} - 1/n - (x_i - \bar{x})(x_j - \bar{x})/\sum_{k=1}^{n}(x_k - \bar{x})^2\} \\
&\equiv \sigma^2 (\delta_{ij} - b_{ij}) \equiv \sigma^2 a_{ij}
\end{aligned}$$

$i \neq j$ であっても，$a_{ij} = 0$ とは限らないので，誤差項の共分散が 0 のときにも，残差の共分散は 0 とはならない。

付録 10

$\hat{u}_i$ の分散は，$i = j$ のときの共分散から以下のように求まる。

$$V(\hat{u}_i) = \sigma^2 a_{ii} = \sigma^2(1 - b_{ii})$$

$b_{ii} > 0$ であるから，$V(\hat{u}_i) < \sigma^2$ となる。つまり，残差の分散は誤差の分散 σ^2 よりも小さくなる。けれども，n が大きく，$(x_i - \bar{x})^2 / \sum_k (x_k - \bar{x})^2$ が小さければ，両者の差は小さい。

上の a_{ij}, b_{ij} について，以下の関係式が確かめられる。

$$a_{ij} + b_{ij} = \delta_{ij}, \quad \sum_{j=1}^{n} a_{ij}a_{jk} = a_{ik}, \quad \sum_{j=1}^{n} b_{ij}b_{jk} = b_{ik}, \quad \sum_{j=1}^{n} a_{ij}b_{jk} = 0$$

行列表記 $A = [a_{ij}]$, $B = [b_{ij}]$ を使えば，これらは以下のように表現できる。

$$A + B = I, \quad A^2 = A, \quad B^2 = B, \quad AB = O$$

上級の教科書で残差2乗和の性質を調べる際，これらの性質が活用される。

(3) 残差2乗和の性質

残差2乗和は，以下のようにあらわせる。

$$\sum_{i=1}^{n} \hat{u}_i^2 = \sum_{i=1}^{n} \left[\sum_{j=1}^{n} \{\delta_{ij} - 1/n - (x_i - \bar{x})w_j\} u_j \right]^2$$

$$= \sum_{i=1}^{n} \left[\sum_{j_1=1}^{n} \{\delta_{ij_1} - 1/n - (x_i - \bar{x})w_{j_1}\} u_{j_1} \right.$$
$$\left. \times \sum_{j_2=1}^{n} \{\delta_{ij_2} - 1/n - (x_i - \bar{x})w_{j_2}\} u_{j_2} \right]$$

$$= \sum_{j_1=1}^{n} \sum_{j_2=1}^{n} u_{j_1} u_{j_2} \sum_{i=1}^{n} [\{\delta_{ij_1} - 1/n - (x_i - \bar{x})w_{j_1}\}$$
$$\times \{\delta_{ij_2} - 1/n - (x_i - \bar{x})w_{j_2}\}]$$

$$= \sum_{j_1=1}^{n} \sum_{j_2=1}^{n} a_{j_1 j_2} u_{j_1} u_{j_2}$$

$j \neq k$ のとき，$E(u_j u_j) = 0$ であることに注意すれば，以下の式が導ける。

$$E\left(\sum_{i=1}^{n} \hat{u}_i^2\right) = \sigma^2 \sum_{j=1}^{n} a_{jj} = (n-2)\sigma^2$$

これは，式 (10.6) が σ^2 の不偏推定量であることを示す。

さらに，線形代数を援用して，$A^2 = A$ であるとき，以下の関係が示せる [3]。

---

[3] 竹内 (1963) pp. 127-129.

$$\frac{\sum_{i=1}^n \hat{u}_i^2}{\sigma^2} = \frac{\sum_{i=1}^n \sum_{j=1}^n a_{ij} u_i u_j}{\sigma^2} \sim \chi^2\left(\sum_{i=1}^n a_{ii}\right)$$

(4) 残差と回帰係数の推定量との独立性

$\hat{u}_i$ は誤差項の一次結合となっている。誤差項が正規分布にしたがえば，$\hat{u}_i$ も正規分布にしたがう。$\hat{\beta}_1$ も同様である。したがって，両者の独立性は共分散が 0 となることによって確かめられる。

$$\begin{aligned}
E\{(\hat{\beta}_1 - \beta_1)\hat{u}_i\} &= E\left[\sum_{j=1}^n w_j u_j \sum_{k=1}^n \{\delta_{ik} - 1/n - (x_i - \bar{x})w_k\} u_k\right] \\
&= \sigma^2 \sum_{j=1}^n \{\delta_{ij} - 1/n - (x_i - \bar{x})w_j\} w_j \\
&= 0
\end{aligned}$$

$\hat{u}_i\ (i=1, 2, \ldots, n)$ が $\hat{\beta}_1$ と独立であるので，$\sum_{i=1}^n \hat{u}_i^2$ と $\hat{\beta}_1$ が独立となる。したがって，式 (10.7) が成り立つ。

練習問題解答例

1章

1.

(a) 算術平均

	米	パン	めん
算術平均	2,742	2,534	1,411

(b) 標準偏差

	米	パン	めん
標準偏差	489.2	552.5	156.3

(c) 変動係数

	米	パン	めん
変動係数	0.18	0.22	0.11

(d) めんへの支出の変動係数が一番小さい。他の穀類に比べて世帯での購入額は変化が小さい。その理由として，米やパンに比べて，外食でめんを食べる機会が多く，購入金額が小さく，購入頻度も低いこと，などが考えられる。

2.

(a) 散布図は図 A.1 のとおりである。米・パンの購入額は，金額的に同じぐらい

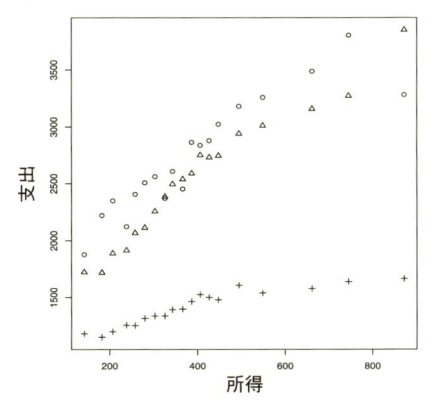

図 A.1 可処分所得と米・パン・めんへの支出。米○，パン△，めん＋

である．所得の変化に対する支出の変化も似ている．ただし，最高所得の観察点は他の観察点よりも所得の割に米の購入金額が小さい．めんへの支出は，金額が小さいと同時に，所得の変化に対する支出の変化が小さい．

(b) 可処分所得と米，パン，めんの相関係数行列を下表に示す．

	可処分所得	米	パン	めん
可処分所得	1.00	0.91	0.98	0.92
米	0.91	1.00	0.90	0.92
パン	0.98	0.90	1.00	0.97
めん	0.92	0.92	0.97	1.00

(c) 回帰式と R^2 は下表のとおりである．

y	定数項 b_0	傾き b_1	R^2
米	1,791	2.4	0.83
パン	1,386	2.7	0.95
めん	1,104	0.8	0.85

2 章

1. サイコロを 2 回投げる問題は，6×6 の表形式で標本空間を表現して解くのが簡単で確実である．表側（ひょうそく，行のこと）に 1 回目の結果，表頭（ひょうとう，列のこと）に 2 回目の結果をあらわす表を作成し，事象に対応する升目に印を付ける．

(a) 設問に対応する 6×6 の表は以下のとおりである．

	1	2	3	4	5	6
1						A
2	B	B	B	B	AB	B
3			A			
4	B	B	AB	B	B	B
5		A				
6	AB	B	B	B	B	B

この表から，

$$\Pr(A) = 6/36 = 1/6, \Pr(A|B) = 3/18 = 1/6$$

両者が等しいので，A と B は独立である．

(b) 設問に対応する 6×6 の表は以下のとおりである．

練習問題解答例

	1	2	3	4	5	6
1		B		B		AB
2	B	B	B	B	AB	B
3		B		AB		B
4	B	B	AB	B	B	B
5		AB		B		B
6	AB	B	B	B	B	B

この表から,
$$\Pr(A) = 6/36 = 1/6, \Pr(A|B) = 6/27 = 2/9$$
両者が等しくないので,A と B は独立でない.

2. 抜き取ったトランプをもとの束に戻す(復元抽出)ときよりも,抜き取ったトランプをもとの束に戻さない(非復元抽出)の方が計算に手間どる.

 (a) 2つの解法を紹介する.

  i) 1枚目,2枚目,3枚目,4枚目のトランプの種類($Spade, Heart, Diamond, Club$) を X_1, X_2, X_3, X_4 とする.このとき,たとえば,$X_1 = S$, $X_2 = H, X_3 = D, X_4 = C$ となる確率は以下のとおり求められる.

$$\Pr(X_1 = S, X_2 = H, X_3 = D, X_4 = C)$$
$$= \Pr(X_1 = S) \Pr(X_2 = H | X_1 = S)$$
$$\times \Pr(X_3 = D | X_1 = S, X_2 = H)$$
$$\times \Pr(X_4 = C | X_1 = S, X_2 = H, X_3 = D)$$
$$= \frac{13}{52} \frac{13}{51} \frac{13}{50} \frac{13}{49}$$

  X_1, X_2, X_3, X_4 がことごとく異なるように S, H, D, C を並べると全部で $4!$ 通りパターンがある.おのおののパターンの発生確率は等しい.したがって,求める確率は以下のとおりである.

$$\Pr(A) = \frac{4! \, 13^4}{52 \times 51 \times 50 \times 49} \doteq 0.105$$

  ii) 52枚のトランプから4枚を抜き取る組み合わせは,どれも等しい確率で発生する.4つの種類から1枚ずつ取ってくる組み合わせの数は,13^4 通りある.したがって,求める確率は以下のとおりである.

$$\Pr(A) = \frac{\binom{13}{1}^4}{\binom{52}{4}} \doteq 0.105$$

 (b) 復元抽出の場合,おのおのの抜き取りが独立になる.したがって,たとえば,

$$\Pr(X_1 = S, X_2 = H, X_3 = D, X_4 = C)$$

$$= \Pr(X_1 = S)\Pr(X_2 = H)\Pr(X_3 = D)\Pr(X_4 = C)$$
$$= \left(\frac{13}{52}\right)^4$$

したがって，
$$\Pr(A) = 4!\left(\frac{13}{52}\right)^4 \fallingdotseq 0.094$$

3. 落とした書物が経済学の専門書である事象を H_1，それが数学・統計学の教科書である事象を H_2，それが他分野の書籍である事象を H_3 とする．書棚のどの本も同様に落ちやすかったとすると，構成比から以下のように想定できる．

$$\Pr(H_1) = 0.4,\ \Pr(H_2) = 0.3,\ \Pr(H_3) = 0.3$$

落とした本の中に数式がふくまれる事象を A とする．設問にあたえられた条件から，以下のように想定できる．

$$\Pr(A|H_1) = 0.8,\ \Pr(A|H_2) = 1.0,\ \Pr(A|H_3) = 0.0$$

Bayes の定理から，弟の推察が正しい確率が以下のように求められる．

$$\Pr(H_2|A)$$
$$= \frac{\Pr(H_2)\Pr(A|H_2)}{\Pr(H_1)\Pr(A|H_1) + \Pr(H_2)\Pr(A|H_2) + \Pr(H_3)\Pr(A|H_3)}$$
$$= \frac{0.3 \times 1.0}{0.4 \times 0.8 + 0.3 \times 1.0 + 0.3 \times 0.0} \fallingdotseq 0.48$$

3 章

1. X と Z の実現値が 1 対 1 に対応することを利用する．
   (a) 確率変数 Z と X の実現値を z と x で記す．以下の表が Z の確率分布を示す．

z	x	確率	z	x	確率
$-\frac{5/2}{\sqrt{35/12}}$	1	1/6	$\frac{1/2}{\sqrt{35/12}}$	4	1/6
$-\frac{3/2}{\sqrt{35/12}}$	2	1/6	$\frac{3/2}{\sqrt{35/12}}$	5	1/6
$-\frac{1/2}{\sqrt{35/12}}$	3	1/6	$\frac{5/2}{\sqrt{35/12}}$	6	1/6

   (b) Z の確率分布があたえられているので，定義式どおりに期待値と分散を計算する．

   $$E(Z) = \frac{1}{6} \times \left(-\frac{5/2}{\sqrt{35/12}}\right) + \frac{1}{6} \times \left(-\frac{3/2}{\sqrt{35/12}}\right)$$
   $$+ \frac{1}{6} \times \left(-\frac{1/2}{\sqrt{35/12}}\right) + \frac{1}{6} \times \left(\frac{1/2}{\sqrt{35/12}}\right)$$

練習問題解答例

$$+ \frac{1}{6} \times \left(\frac{3/2}{\sqrt{35/12}}\right) + \frac{1}{6} \times \left(\frac{5/2}{\sqrt{35/12}}\right) = 0$$

$$V(Z) = \frac{1}{6} \times \left(-\frac{5/2}{\sqrt{35/12}}\right)^2 + \frac{1}{6} \times \left(-\frac{3/2}{\sqrt{35/12}}\right)^2$$

$$+ \frac{1}{6} \times \left(-\frac{1/2}{\sqrt{35/12}}\right)^2 + \frac{1}{6} \times \left(\frac{1/2}{\sqrt{35/12}}\right)^2$$

$$+ \frac{1}{6} \times \left(\frac{3/2}{\sqrt{35/12}}\right)^2 + \frac{1}{6} \times \left(\frac{5/2}{\sqrt{35/12}}\right)^2$$

$$= \frac{2 \times (1^2 + 3^2 + 5^2)}{6 \times 2^2 \times 35/12} = 1$$

2. ヒントを参考に解答する。
 (a) X の分布関数は，以下のとおりあたえられる。

$$F_X(x) = \begin{cases} 0 & (x < 0) \\ x & (0 \leq x \leq 1) \\ 1 & (1 < x) \end{cases}$$

 したがって，$F_Z(t)$ は以下のとおり求められる。

$$F_Z(t) = \begin{cases} 0 & (t < -\sqrt{3}) \\ 1/2 + \sqrt{12}\,t & (-\sqrt{3} \leq t \leq \sqrt{3}) \\ 1 & (\sqrt{3} < t) \end{cases}$$

 (b) $F_Z(t)$ から，Z の密度関数は以下のとおりになる。

$$f_Z(z) = \begin{cases} 0 & (z < -\sqrt{3}) \\ 1/\sqrt{12} & (-\sqrt{3} \leq z \leq \sqrt{3}) \\ 0 & (\sqrt{3} < z) \end{cases}$$

 (c) 密度関数を使って，定義式どおりに期待値と分散を求める。

$$E(Z) = \int_{-\sqrt{3}}^{\sqrt{3}} z\,(1/\sqrt{12})\,dz = 0$$

$$V(Z) = \int_{-\sqrt{3}}^{\sqrt{3}} z^2\,(1/\sqrt{12})\,dz = \left[\frac{z^3}{3}(1/\sqrt{12})\right]_{-\sqrt{3}}^{\sqrt{3}} = 1$$

4 章

1. 2 項分布を応用する。赤が出ることを成功とし，赤の回数を X とする。箱 A を取り出す事象を A，箱 B を取り出す事象を B と記す。

(a) 箱が A であれば，X は，試行回数 12 回，成功確率 0.7 の 2 項分布にしたがう。そこから，以下のとおり確率が求められる。
$$\Pr(X=8|A) = \binom{12}{8} 0.7^8 (1-0.7)^4 \fallingdotseq 0.231$$

(b) Bayes の定理を利用する。
$$\Pr(A|X=8) = \frac{\Pr(A)\Pr(X=8|A)}{\Pr(A)\Pr(X=8|A) + \Pr(B)\Pr(X=8|B)}$$
$$= \frac{\frac{1}{2}\binom{12}{8}0.7^8\, 0.3^4}{\frac{1}{2}\binom{12}{8}0.7^8\, 0.3^4 + \frac{1}{2}\binom{12}{8}0.3^8\, 0.7^4}$$
$$= \frac{0.7^4}{0.7^4 + 0.3^4} \fallingdotseq 0.967$$

2. X が $\lambda = 10$ のポアソン分布にしたがうとして計算する。
$$\Pr(X \leq 5) = \exp\{-10\}\left\{\frac{10^0}{0!} + \frac{10^1}{1!} + \frac{10^2}{2!} + \frac{10^3}{3!} + \frac{10^4}{4!} + \frac{10^5}{5!}\right\}$$
$$\fallingdotseq 0.067$$

3. W さんの通学時間を X と記す。$X \sim N(60, 25)$ である。
(a) 通学時間 X が 65 分未満であれば開始前に学校に着く。
$$\Pr(X < 65) = \Pr\left(\frac{X-60}{\sqrt{25}} < \frac{65-60}{\sqrt{25}}\right) = \Phi(1) \fallingdotseq 0.841$$

(b) a 分前に家を出発するとする。設問は，
$$\Pr(X < a) \geq 0.95$$
を成り立たせるような a の値を見つけることと書き直せる。
$$\Pr(X < a) = \Pr\left(\frac{X-60}{\sqrt{25}} < \frac{a-60}{\sqrt{25}}\right) \geq 0.95$$
標準正規分布の（下側）0.95 点（すなわち，$\Phi(t) = 0.95$ となるような t の値）は 1.64 である。したがって，
$$\frac{a-60}{\sqrt{25}} \geq 1.64 \Leftrightarrow a \geq 68.2$$
であればよい。

5 章

1. $X = x$ が与えられたとき，$Y = Y_1 + Y_2 + \cdots + Y_x$ と書ける。ただし，Y_1 などは，サイコロを 1 つ振ったときの出目とする。
$$E(Y) = E_X[E_{Y|X}(Y|X)] = E_X[X \times 7/2] = (7/2)^2 \fallingdotseq 12.25$$

練習問題解答例

$$V(Y) = V_X[E_{Y|X}(Y|X)] + E_X[V_{Y|X}(Y|X)]$$
$$= V_X[X \times (7/2)] + E_X[X \times (35/12)]$$
$$= (7/2)^2 \times (35/12) + (7/2) \times (35/12)$$
$$\doteqdot 45.9$$

2. $(X_1, X_2, \ldots, X_m)$ の同時確率関数を X_1 についての周辺確率関数で除せば求まる．

$$p_{X_2, X_3, \ldots, X_m | X_1}(x_2, x_3, \ldots, x_m | x_1)$$
$$= \frac{p_{X_1, X_2, \ldots, X_m}(x_1, x_2, x_3, \ldots, x_m)}{p_{X_1}(x_1)}$$
$$= \frac{\frac{n!}{x_1! x_2! \cdots x_m!} p_1^{x_1} p_2^{x_2} \cdots p_m^{x_m}}{\frac{n!}{x_1! (n-x_1)!} p_1^{x_1} (1-p_1)^{n-x_1}}$$
$$= \frac{(n-x_1)!}{x_2! x_3! \cdots x_m!} q_2^{x_2} q_3^{x_3} \cdots q_m^{x_m}$$

3. 定数の部分は

$$\sqrt{2\pi}\sigma_X / 2\pi\sigma_X\sigma_Y\sqrt{1-\rho^2} = 1/\sqrt{2\pi}\sigma_Y\sqrt{1-\rho^2}$$

となる．指数関数の指数の部分は，以下のようになる．

$$-\frac{1}{2(1-\rho_{X,Y}^2)} \left[\{1 - (1-\rho_{X,Y}^2)\} \frac{(x-\mu_X)^2}{\sigma_X^2} \right.$$
$$\left. -2\rho_{X,Y} \frac{(x-\mu_X)}{\sigma_X} \frac{(y-\mu_Y)}{\sigma_Y} + \frac{(y-\mu_Y)^2}{\sigma_Y^2} \right]$$
$$= -\frac{1}{2\sigma_Y^2(1-\rho_{X,Y}^2)} \{y - \rho_{X,Y} \left(\frac{\sigma_Y}{\sigma_X}\right)(x-\mu_X)\}^2$$

6 章

1. 最初の等号は，$Y_1 = Z_1^2$ を $F_{Y_1}(t) \equiv \Pr(Y_1 \leq t)$ に代入して成り立つことがわかる．2 番目の等号は，$t > 0$ なので，$Z_1^2 \leq t \Leftrightarrow -\sqrt{t} \leq Z_1 \leq \sqrt{t}$ から，成り立つことがわかる．3 番目の等号は，Z_1 が 0 について対称な分布であることから，成り立つことがわかる．4 番目の等号は，$Z_1 \sim N(0,1)$ であることから，成り立つことがわかる．$h(t) = \sqrt{t} = t^{1/2}$ すれば，

$$\frac{d\,h(t)}{dt} = \frac{1}{2}t^{-\frac{1}{2}}$$

t をそのまま使って表現すれば，Y_1 の確率密度関数は以下のように求められる．

$$f_{Y_1}(t) = \frac{1}{2^{1/2}\sqrt{\pi}} t^{\frac{1}{2}-1} \exp\left\{-\frac{t}{2}\right\}$$

2. $X_{m_1, m_2} \sim F(m_1, m_2)$ なので,独立な 2 つの確率変数 $Y_1 \sim \chi^2(m_1)$ と $Y_2 \sim \chi^2(m_2)$ をもちいて,以下のように表現できる.

$$X_{m_1, m_2} = \frac{Y_1/m_1}{Y_2/m_2}$$

このとき,以下の関係が導ける.

$$X_{m_1, m_2} = \frac{Y_1/m_1}{Y_2/m_2} \leq t \Leftrightarrow X_{m_1, m_2}^{-1} = \frac{Y_2/m_2}{Y_1/m_1} = X_{m_2, m_1} \geq t^{-1}$$

つまり,2 つの事象は同じ内容であり,発生確率も等しくなる.

7 章

1. 以下のように段階的に構成すると求めやすい.

(a) X_i $(i = 1, 2)$ を i 回目の抜き取りにおける値とする.$\Pr(X_i = 8) = \Pr(X_i = -8) = 1/2$ であり,X_1 と X_2 は独立である.(X_1, X_2) の同時分布は,以下の表であたえられる.

	X_2	
X_1	-8	8
-8	1/4	1/4
8	1/4	1/4

したがって,$\bar{X} = (X_1 + X_2)/2$ の分布は以下のとおりである.

$\bar{x}$	-8	0	8
$\Pr(\bar{X} = \bar{x})$	1/4	2/4	1/4

(b) 上記の設問の手続きによって得られる独立な 2 つの標本平均を $\bar{Y}_1, \bar{Y}_2$ とする.$n = 4$ のときの標本平均の確率分布は,$\bar{X} = (\bar{Y}_1 + \bar{Y}_2)/2$ としても求められる.$(\bar{Y}_1, \bar{Y}_2)$ の同時分布は以下の表であたえられる.

	$\bar{Y}_2$		
$\bar{Y}_1$	-8	0	8
-8	1/16	2/16	1/16
0	2/16	4/16	2/16
8	1/16	2/16	1/16

したがって,$\bar{X} = (\bar{Y}_1 + \bar{Y}_2)/2$ の分布は以下のとおりである.

$\bar{x}$	-8	-4	0	4	8
$\Pr(\bar{X} = \bar{x})$	1/16	4/16	6/16	4/16	1/16

(c) 上記の設問の手続きによって得られる独立な 2 つの標本平均を $\bar{Z}_1, \bar{Z}_2$ とす

練習問題解答例

る。$n=8$ のときの標本平均の確率分布は，$\bar{X}=(\bar{Z}_1+\bar{Z}_2)/2$ としても求められる。$(\bar{Z}_1,\bar{Z}_2)$ の同時分布は以下の表であたえられる。

$\bar{Z}_1$	$\bar{Z}_2$				
	-8	-4	0	4	8
-8	1/256	4/256	6/256	4/256	1/256
-4	4/256	16/256	24/256	16/256	4/256
0	6/256	24/256	36/256	24/256	6/256
4	4/256	16/256	24/256	16/256	4/256
8	1/256	4/256	6/256	4/256	1/256

したがって，$\bar{X}=(\bar{Y}_1+\bar{Y}_2)/2$ の分布は以下のとおりである。

$\bar{x}$	-8	-6	-4	-2
$\Pr(\bar{X}=\bar{x})$	1/256	8/256	28/256	56/256

0	2	4	6	8
70/256	56/256	28/256	8/256	1/256

2. 中心極限定理によれば，
$$Z=\frac{\bar{X}-E(\bar{X})}{\sqrt{V(\bar{X})}}$$
が標準正規分布で近似できる。X_i が，成功確率 p の確率変数なら，
$$E(\bar{X})=E(X_i)=p, \quad V(\bar{X})=V(\bar{X}_i)/n=p(1-p)/n$$
であるから，$(\bar{X}-p)/\sqrt{p(1-p)/n}$ が近似的に標準正規分布にしたがう。
最後の式の分子・分母に n を乗じても式の値は変わらない。このとき，$X=n\bar{X}$ は二項分布にしたがうから，
$$Z=\frac{X-np}{\sqrt{np(1-p)}}$$
が二項分布の正規近似をあたえる。

8 章

1. 正規母集団が仮定されており，サンプルサイズ $n=10$ が小さいので，t 分布を利用する。

(a) 自由度 $10-1=9$ の t 分布の上側 $0.05/2=0.025$ 点は $t_{0.025}(9)=2.262157$ である。標本平均値は $\bar{x}=311.4$，標本分散の値は $s^2=3586.489$ である。区間推定値は，以下のとおりである。
$$311.4\pm 2.262157\times\sqrt{3586.489/10}=[268.6, 354.2]$$

(b) 母平均 μ （1ページ当たり平均単語数）についての区間推定値に，総ページ数 500 を乗じれば，総単語数 $500 \times \mu$ の区間推定値になる．したがって，以下のとおりとなる．

$$[134300, 177100]$$

(c) 標本抽出の手間がかかる．行を無作為抽出するためには，1行1行に通し番号をつけなければならない．ページであれば，最初から通し番号が付されているので，すぐに無作為抽出が実行できる．

2. 母集団における比率 p についての区間推定を構成する．

(a) p の点推定値は，$\hat{p}_{obs} = 90/200 = 0.45$ である．正規近似を利用すれば，信頼係数 0.95 の区間推定値が以下のように得られる．

$$0.45 \pm 1.96\sqrt{0.45 \times (1-0.45)/199} = [0.38, 0.52]$$

(b) 10人が無回答であり，回答者のうち90人が投票にいったと回答したとする．もし，無回答者全員が投票にいかなかったとすると，200人中90人が投票にいったことになり，区間推定値は上の設問の解答と同じになる．

他方，無回答者全員が投票にいったとすると，200人中100人が投票にいったことになり，区間推定値が以下のように得られる．

$$0.5 \pm 1.96\sqrt{0.5 \times (1-0.5)/199} = [0.43, 0.57]$$

$\sqrt{0.5 \times (1-0.5)/199} = 0.0354$ と $\sqrt{0.45 \times (1-0.45)/199} = 0.0323$ とは僅差である．したがって，区間推定値の相違の主な原因は，$\hat{p}_{obs} = 0.5$ と想定するか，$\hat{p}_{obs} = 0.45$ と想定するかによる．

もし，無回答者の投票率と回答者の投票率とに差がないと想定できるのであれば，回答者の投票率 $\hat{p}_{obs} = 90/190 = 0.474$ を，あたかも 200 人全員の標本投票率と見なして，以下のように区間推定値が構成できる．

$$0.474 \pm 1.96\sqrt{0.474 \times (1-0.474)/199} = [0.40, 0.54]$$

投票に関する調査に無回答であるということは，投票に無関心である可能性が高い．したがって，無回答者の投票率は回答者の投票率よりも低いと予想できる．したがって，もし，調査員による説得などによって，無回答者からも回答が得られるとすると，$\hat{p}_{obs}$ が 0.474 よりも小さくなる可能性が高い．つまり，$0.45 \leq \hat{p}_{obs} \leq 0.474$ である可能性が高い．このため，高めに見積もったとしても，全学生の投票率は 0.54 よりも低い．

9 章

1. 睡眠薬 A による睡眠時間の増加 X_i の分布が $X_i \sim N(\mu_1, \sigma_1^2)$ $(i = 1, 2, \ldots, 10)$，睡眠薬 B による睡眠時間の増加 Y_i の分布が $Y_i \sim N(\mu_2, \sigma_2^2)$ $(i = 1, 2, \ldots, 10)$，で与えられるとする．標本の大きさが小さいので t 検定をもちいる．

練習問題解答例

(a) $H_0: \mu_1 = 0$ を $H_1: \mu_1 \neq 0$ に対して検定する。有意水準を 0.05 とする。$\bar{x} = 0.75, s_1^2 = 3.2$ である。検定統計量の値は以下のとおりである。
$$|T|_{obs} = 0.75/\sqrt{3.2/10} \doteq 1.33$$
自由度 $10 - 1 = 9$ の t 分布の上側 0.025 点は 2.26 であるから，$|T|_{obs} = 1.33$ は棄却域に入らない（p 値 $= 0.23$）。したがって，帰無仮説は棄却できず，睡眠薬 A には睡眠時間増加の効果が確認できない。

(b) $H_0: \mu_2 = 0$ を $H_1: \mu_2 \neq 0$ に対して検定する。有意水準を 0.05 とする。$\bar{y} = 2.33, s_2^2 = 4.0$ である。検定統計量の値は以下のとおりである。
$$|T|_{obs} = 2.3/\sqrt{4.0/10} \doteq 3.68$$
自由度 $10 - 1 = 9$ の t 分布の上側 0.025 点は 2.26 であるから，$|T|_{obs} = 3.68$ は棄却域に入る（p 値 $= 0.005$）。したがって，帰無仮説は棄却され，睡眠薬 B には睡眠時間増加の効果が認められる。

(c) $H_0: \mu_1 = \mu_2$ を $H_1: \mu_1 \neq \mu_2$ に対して検定する。有意水準を 0.05 とする。対標本なので，$D_i = X_i - Y_i$ の期待値 $\mu_1 - \mu_2$ が 0 と有意に異なるかどうかを検定する。$\bar{d} = \bar{x} - \bar{y} = -1.58, s_d^2 = 1.51$ である。検定統計量の値は以下のとおりである。
$$|T|_{obs} = 1.58/\sqrt{1.51/10} \doteq 4.1$$
自由度 $10 - 1 = 9$ の t 分布の上側 0.025 点は 2.26 であるから，$|T|_{obs} = 4.1$ は棄却域に入る（p 値 $= 0.003$）。したがって，帰無仮説は棄却され，睡眠薬 A と B との睡眠時間の増加効果には差が認められる。

2. 分割表における独立性の検定をもちいる。

(a) 性別と健康づくりの実践状況とが独立であるという仮定のもとでの各々のセルの期待度数は，以下の表のとおりである。

独立性の仮定のもとでの期待度数

	している	していない	合計
男性	1,271	1,953	3,224
女性	1,503	2,309	3,812
合計	2,774	4,262	7,036

有意水準を 0.05 とする。検定統計量の値は，以下のように計算できる。
$$W_{obs} = \frac{(1253 - 1271)^2}{1271} + \frac{(1521 - 1503)^2}{1503} + \frac{(1971 - 1953)^2}{1953}$$
$$+ \frac{(2291 - 2309)^2}{2309} \doteq 0.78$$

自由度 $(2-1) \times (2-1) = 1$ の χ^2 分布の上側 0.05 点は 3.84 なので，$W_{obs} = 0.78$ は棄却域に入らない（p 値 $= 0.38$）。したがって，独立である

という帰無仮説は棄却されない。
(b) 男性の実践率を p_1, 女性の実践率を p_2 とする。$H_0 : p_1 = p_2$ を $H_1 : p_1 \neq p_2$ に対して検定する。有意水準を 0.05 とする。$\hat{p}_{1\,obs} = 1253/3224 \fallingdotseq 0.389$, $\hat{p}_{2\,obs} = 1521/3812 \fallingdotseq 0.399$ である。$p_1 = p_2 = p$ と想定したときの実践率の推定値は，$\hat{p}_{obs} = 2774/7036 \fallingdotseq 0.394$ である。検定統計量の値は，以下のように計算できる。

$$|T|_{obs} = \frac{|0.389 - 0.399|}{\sqrt{0.394 \times (1 - 0.394)(1/3224 + 1/3812)}} \fallingdotseq 0.86$$

標準正規分布の上側 0.025 点は 1.96 であるから，$|T|_{obs} = 0.86$ は棄却域に入らない。

ちなみに，$|T|_{obs}^2 = 0.78 = W_{obs}$ となっており，標準正規分布にしたがう確率変数の 2 乗が，自由度 1 の χ^2 分布にしたがうので，前設問の結果と一致することがわかる。

10 章

1. 標準的な回帰モデルに課せられる諸条件が成り立つと仮定する。
(a) 自由度 $19 - 2 = 17$ の t 分布の上側 0.025 点は $t_{0.025}(17) = 2.11$ である。したがって，信頼係数 0.95 の β_1 の信頼区間は以下のように求められる。

$$3.95 \pm 2.11 \times \sqrt{62588.09/676326.3} = [3.65,\ 4.25]$$

(b) 両側検定なので，棄却域は，自由度 $19 - 2 = 17$ の t 分布の上側 0.025 点は $t_{0.025}(17) = 2.11$ になる。検定統計量の値は以下のようになる。

$$|T|_{obs} = \frac{3.95}{\sqrt{62588.09/676326.3}} \fallingdotseq 12.98$$

この値は H_0 の棄却域に入る。したがって，β_1 は 0 と有意に異なる。
(c) 可処分所得が大きくなるにつれて，残差の分散が大きくなる傾向がある。また，可処分所得と酒類への支出との間には曲線的な関係があるように見える。試みに，縦軸と横軸とを対数変換すると，直線関係が強くなることが確かめられる。ただし，対数変換を施しても，最低所得に対応する点 (141.9, 1658) は他の点とはかなり様子が異なっている。

参 考 文 献

Bulmer, M. G. (1979), *Principles of Statistics*, Dover.
DeGroot, M. H. (1970), *Optimal Statistical Decisions*, McGraw-Hill.
Freedman, D., Pisani, R., and Purves, R. (2007), *Statistics*, fourth edition, Norton.
Hoel, P. G. (1976), *Elementary Statistics*, fourth edition, John Wiley and Sons. （浅井晃・村上正康 訳『初等統計学』原書第 4 版 培風館 1981 年）
稲葉由之 (2012)『プレステップ統計学 記述統計学』弘文堂
Johnston, J. (1972), *Econometric Methods*, second edition, McGrow-Hill（竹内啓・関谷章・栗山規矩・美添泰人・舟岡史雄訳『計量経済学の方法 全訂版』上 1975 年東洋経済新報社）
刈屋武昭・勝浦正樹 (1994)『統計学』東洋経済新報社
西原健二（編著）・瀧澤武信・山下元（著）(2007)『経済系のための微分積分』共立出版
西郷浩 (2012)『初級 統計分析』新世社
繁桝算男 (1985)『ベイズ統計入門』東京大学出版会
鈴木雪夫 (1975)『経済分析と確率・統計』東洋経済新報社
竹内啓 (1963)『数理統計学』東洋経済新報社

付　表

A. 正規分布表
B. t 分布表
C. χ^2 分布表
D. F 分布表（5%）
E. F 分布表（1%）
F. 乱 数 表

A. 正規分布表

z から右側確率を求める

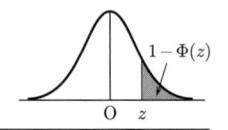

z	.00	.01	.02	.03	.04	.05	.06	.07	.08	.09
0.0	.50000	.49601	.49202	.48803	.48405	.48006	.47608	.47210	.46812	.46414
0.1	.46017	.45620	.45224	.44828	.44433	.44038	.43644	.43251	.42858	.42465
0.2	.42074	.41683	.41294	.40905	.40517	.40129	.39743	.39358	.38974	.38591
0.3	.38209	.37828	.37448	.37070	.36693	.36317	.35942	.35569	.35197	.34827
0.4	.34458	.34090	.33724	.33360	.32997	.32636	.32276	.31918	.31561	.31207
0.5	.30854	.30503	.30153	.29806	.29460	.29116	.28774	.28434	.28096	.27760
0.6	.27425	.27093	.26763	.26435	.26109	.25785	.25463	.25143	.24825	.24510
0.7	.24196	.23885	.23576	.23270	.22965	.22663	.22363	.22065	.21770	.21476
0.8	.21186	.20897	.20611	.20327	.20045	.19766	.19489	.19215	.18943	.18673
0.9	.18406	.18141	.17879	.17619	.17361	.17106	.16853	.16602	.16354	.16109
1.0	.15866	.15625	.15386	.15151	.14917	.14686	.14457	.14231	.14007	.13786
1.1	.13567	.13350	.13136	.12924	.12714	.12507	.12302	.12100	.11900	.11702
1.2	.11507	.11314	.11123	.10935	.10749	.10565	.10383	.10204	.10027	.098525
1.3	.096800	.096800	.093418	.091759	.090123	.088508	.086915	.085343	.083793	.082264
1.4	.080757	.079270	.077804	.076359	.074934	.073529	.072145	.070781	.069437	.068112
1.5	.066807	.065522	.064255	.063008	.061780	.060571	.060571	.058208	.057053	.055917
1.6	.054799	.053699	.052616	.051551	.050503	.049471	.048457	.047460	.046479	.045514
1.7	.044565	.043633	.042716	.041815	.040930	.040059	.039204	.038364	.037538	.036727
1.8	.035930	.035148	.034380	.033625	.032884	.032157	.031443	.030742	.030054	.029379
1.9	.028717	.028067	.027429	.026803	.026190	.025588	.024998	.024419	.023852	.023295
2.0	.022750	.022216	.021692	.021178	.020675	.020182	.019699	.019226	.018763	.018309
2.1	.017864	.017429	.017003	.016586	.016177	.015778	.015386	.015003	.014629	.014262
2.2	.013903	.013553	.013209	.012874	.012545	.012224	.011911	.011604	.011304	.011011
2.3	.010724	.010444	.010170	.0^{2}99031	.0^{2}96419	.0^{2}93867	.0^{2}91375	.0^{2}88940	.0^{2}86563	.0^{2}84242
2.4	.0^{2}81975	.0^{2}79763	.0^{2}77603	.0^{2}75494	.0^{2}73436	.0^{2}71428	.0^{2}69469	.0^{2}67557	.0^{2}65691	.0^{2}63872
2.5	.0^{2}62097	.0^{2}60366	.0^{2}58677	.0^{2}57031	.0^{2}55426	.0^{2}53861	.0^{2}52336	.0^{2}50849	.0^{2}49400	.0^{2}47988
2.6	.0^{2}46612	.0^{2}45271	.0^{2}43965	.0^{2}42692	.0^{2}41453	.0^{2}40246	.0^{2}39070	.0^{2}37926	.0^{2}36811	.0^{2}35726
2.7	.0^{2}34670	.0^{2}33642	.0^{2}32641	.0^{2}31667	.0^{2}30720	.0^{2}29798	.0^{2}28901	.0^{2}28028	.0^{2}27179	.0^{2}26354
2.8	.0^{2}25551	.0^{2}24771	.0^{2}24012	.0^{2}23274	.0^{2}22557	.0^{2}21860	.0^{2}21182	.0^{2}20524	.0^{2}19884	.0^{2}19262
2.9	.0^{2}18658	.0^{2}18071	.0^{2}17502	.0^{2}16948	.0^{2}16411	.0^{2}15889	.0^{2}15382	.0^{2}14890	.0^{2}14412	.0^{2}13949
3.0	.0^{2}13499	.0^{2}13062	.0^{2}12639	.0^{2}12228	.0^{2}11829	.0^{2}11442	.0^{2}11067	.0^{2}10703	.0^{2}10350	.0^{2}10008
3.1	.0^{3}96760	.0^{3}93544	.0^{3}90426	.0^{3}87403	.0^{3}84474	.0^{3}81635	.0^{3}78885	.0^{3}76219	.0^{3}73638	.0^{3}71136
3.2	.0^{3}68714	.0^{3}66367	.0^{3}64095	.0^{3}61895	.0^{3}59765	.0^{3}57703	.0^{3}55706	.0^{3}53774	.0^{3}51904	.0^{3}50094
3.3	.0^{3}48342	.0^{3}46648	.0^{3}45009	.0^{3}43423	.0^{3}41889	.0^{3}40406	.0^{3}38971	.0^{3}37584	.0^{3}36243	.0^{3}34946
3.4	.0^{3}33693	.0^{3}32481	.0^{3}31311	.0^{3}30179	.0^{3}29086	.0^{3}28029	.0^{3}27009	.0^{3}26023	.0^{3}25071	.0^{3}24151
3.5	.0^{3}23263	.0^{3}22405	.0^{3}21577	.0^{3}20778	.0^{3}2006	.0^{3}19262	.0^{3}18543	.0^{3}17849	.0^{3}17180	.0^{3}16534
3.6	.0^{3}15911	.0^{3}15310	.0^{3}14730	.0^{3}14171	.0^{3}13632	.0^{3}13112	.0^{3}12611	.0^{3}12128	.0^{3}11662	.0^{3}11213
3.7	.0^{3}10780	.0^{3}10363	.0^{4}99611	.0^{4}95740	.0^{4}92010	.0^{4}88417	.0^{4}84957	.0^{4}81624	.0^{4}78414	.0^{4}75324
3.8	.0^{4}72348	.0^{4}69483	.0^{4}66726	.0^{4}64072	.0^{4}61517	.0^{4}59059	.0^{4}56694	.0^{4}54418	.0^{4}52228	.0^{4}50122
3.9	.0^{4}48096	.0^{4}46148	.0^{4}44274	.0^{4}42473	.0^{4}40741	.0^{4}39076	.0^{4}37475	.0^{4}35936	.0^{4}34458	.0^{4}33037
4.0	.0^{4}31671	.0^{4}30359	.0^{4}29099	.0^{4}27888	.0^{4}26726	.0^{4}25609	.0^{4}24536	.0^{4}23507	.0^{4}22518	.0^{4}21569
4.1	.0^{4}20658	.0^{4}19783	.0^{4}18944	.0^{4}18138	.0^{4}17365	.0^{4}16624	.0^{4}15912	.0^{4}15230	.0^{4}14575	.0^{4}13948
4.2	.0^{4}13346	.0^{4}12769	.0^{4}12215	.0^{4}11685	.0^{4}11176	.0^{4}10689	.0^{4}10221	.0^{5}97736	.0^{5}93447	.0^{5}89337
4.3	.0^{5}85399	.0^{5}81627	.0^{5}78015	.0^{5}74555	.0^{5}71241	.0^{5}68069	.0^{5}65031	.0^{5}62123	.0^{5}59340	.0^{5}56675
4.4	.0^{5}54125	.0^{5}51685	.0^{5}49350	.0^{5}47117	.0^{5}44979	.0^{5}42935	.0^{5}40980	.0^{5}39110	.0^{5}37322	.0^{5}35612
4.5	.0^{5}33977	.0^{5}32414	.0^{5}30920	.0^{5}29492	.0^{5}28127	.0^{5}26823	.0^{5}25577	.0^{5}24386	.0^{5}23249	.0^{5}22162
4.6	.0^{5}21125	.0^{5}20133	.0^{5}19187	.0^{5}18283	.0^{5}17420	.0^{5}16597	.0^{5}15810	.0^{5}15060	.0^{5}14344	.0^{5}13660
4.7	.0^{5}13008	.0^{5}12386	.0^{5}11792	.0^{5}11226	.0^{5}10686	.0^{5}10171	.0^{6}96796	.0^{6}92113	.0^{6}87648	.0^{6}83391
4.8	.0^{6}79333	.0^{6}75465	.0^{6}71779	.0^{6}68267	.0^{6}64920	.0^{6}61731	.0^{6}58693	.0^{6}55799	.0^{6}53043	.0^{6}50418
4.9	.0^{6}47918	.0^{6}45538	.0^{6}43272	.0^{6}41115	.0^{6}39061	.0^{6}37107	.0^{6}35247	.0^{6}33476	.0^{6}31792	.0^{6}30190

付　表

B. t 分布表

自由度 ν の t 分布について右側確率（両側確率）から t を求める

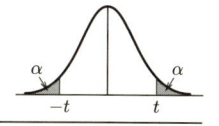

ν \ α (2α)	.250 (.500)	.200 (.400)	.150 (.300)	.100 (.200)	.050 (.100)	.025 (.050)	.010 (.020)	.005 (.010)	.0005 (.0010)
1	1.000	1.376	1.963	3.078	6.314	12.706	31.821	63.657	636.619
2	0.816	1.061	1.386	1.886	2.920	4.303	6.965	9.925	31.599
3	0.765	0.978	1.250	1.638	2.353	3.182	4.541	5.841	12.924
4	0.741	0.941	1.190	1.533	2.132	2.776	3.747	4.604	8.610
5	0.727	0.920	1.156	1.476	2.015	2.571	3.365	4.032	6.869
6	0.718	0.906	1.134	1.440	1.943	2.447	3.143	3.707	5.959
7	0.711	0.896	1.119	1.415	1.895	2.365	2.998	3.499	5.408
8	0.706	0.889	1.108	1.397	1.860	2.306	2.896	3.355	5.041
9	0.703	0.883	1.100	1.383	1.833	2.262	2.821	3.250	4.781
10	0.700	0.879	1.093	1.372	1.812	2.228	2.764	3.169	4.587
11	0.697	0.876	1.088	1.363	1.796	2.201	2.718	3.106	4.437
12	0.695	0.873	1.083	1.356	1.782	2.179	2.681	3.055	4.318
13	0.694	0.870	1.079	1.350	1.771	2.160	2.650	3.012	4.221
14	0.692	0.868	1.076	1.345	1.761	2.145	2.624	2.977	4.140
15	0.691	0.866	1.074	1.341	1.753	2.131	2.602	2.947	4.073
16	0.690	0.865	1.071	1.337	1.746	2.120	2.583	2.921	4.015
17	0.689	0.863	1.069	1.333	1.740	2.110	2.567	2.898	3.965
18	0.688	0.862	1.067	1.330	1.734	2.101	2.552	2.878	3.922
19	0.688	0.861	1.066	1.328	1.729	2.093	2.539	2.861	3.883
20	0.687	0.860	1.064	1.325	1.725	2.086	2.528	2.845	3.850
21	0.686	0.859	1.063	1.323	1.721	2.080	2.518	2.831	3.819
22	0.686	0.858	1.061	1.321	1.717	2.074	2.508	2.819	3.792
23	0.685	0.858	1.060	1.319	1.714	2.069	2.500	2.807	3.768
24	0.685	0.857	1.059	1.318	1.711	2.064	2.492	2.797	3.745
25	0.684	0.856	1.058	1.316	1.708	2.060	2.485	2.787	3.725
26	0.684	0.856	1.058	1.315	1.706	2.056	2.479	2.779	3.707
27	0.684	0.855	1.057	1.314	1.703	2.052	2.473	2.771	3.690
28	0.683	0.855	1.056	1.313	1.701	2.048	2.467	2.763	3.674
29	0.683	0.854	1.055	1.311	1.699	2.045	2.462	2.756	3.659
30	0.683	0.854	1.055	1.310	1.697	2.042	2.457	2.750	3.646
31	0.682	0.853	1.054	1.309	1.696	2.040	2.453	2.744	3.633
32	0.682	0.853	1.054	1.309	1.694	2.037	2.449	2.738	3.622
33	0.682	0.853	1.053	1.308	1.692	2.035	2.445	2.733	3.611
34	0.682	0.852	1.052	1.307	1.691	2.032	2.441	2.728	3.601
35	0.682	0.852	1.052	1.306	1.690	2.030	2.438	2.724	3.591
36	0.681	0.852	1.052	1.306	1.688	2.028	2.434	2.719	3.582
37	0.681	0.851	1.051	1.305	1.687	2.026	2.431	2.715	3.574
38	0.681	0.851	1.051	1.304	1.686	2.024	2.429	2.712	3.566
39	0.681	0.851	1.050	1.304	1.685	2.023	2.426	2.708	3.558
40	0.681	0.851	1.050	1.303	1.684	2.021	2.423	2.704	3.551
41	0.681	0.850	1.050	1.303	1.683	2.020	2.421	2.701	3.544
42	0.680	0.850	1.049	1.302	1.682	2.018	2.418	2.698	3.538
43	0.680	0.850	1.049	1.302	1.681	2.017	2.416	2.695	3.532
44	0.680	0.850	1.049	1.301	1.680	2.015	2.414	2.692	3.526
45	0.680	0.850	1.049	1.301	1.679	2.014	2.412	2.690	3.520
46	0.680	0.850	1.048	1.300	1.679	2.013	2.410	2.687	3.515
47	0.680	0.849	1.048	1.300	1.678	2.012	2.408	2.685	3.510
48	0.680	0.849	1.048	1.299	1.677	2.011	2.407	2.682	3.505
49	0.680	0.849	1.048	1.299	1.677	2.010	2.405	2.680	3.500
50	0.679	0.849	1.047	1.299	1.676	2.009	2.403	2.678	3.496
60	0.679	0.848	1.045	1.296	1.671	2.000	2.390	2.660	3.460
80	0.678	0.846	1.043	1.292	1.664	1.990	2.374	2.639	3.416
120	0.677	0.845	1.041	1.289	1.658	1.980	2.358	2.617	3.373
240	0.676	0.843	1.039	1.285	1.651	1.970	2.342	2.596	3.332
∞	0.674	0.842	1.036	1.282	1.645	1.960	2.326	2.576	3.291

C. χ^2 分布表

自由度 ν と上側確率 P から χ^2 を求める

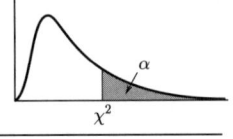

α \ ν	.995	.990	.975	.900	.750	.500
1	$.0^4 39270$	$.0^3 15709$	$.0^3 98207$	.015791	.10153	.45494
2	.010025	.020101	.050636	.21072	.57536	1.3863
3	.071722	.11483	.21580	.58437	1.2125	2.3660
4	.20699	.29711	.48442	1.0636	1.9226	3.3567
5	.41174	.55430	.83121	1.6103	2.6746	4.3515
6	.67573	.87209	1.2373	2.2041	3.4546	5.3481
7	.98926	1.2390	1.6899	2.8331	4.2549	6.3458
8	1.3444	1.6465	2.1797	3.4895	5.0706	7.3441
9	1.7349	2.0879	2.7004	4.1682	5.8988	8.3428
10	2.1559	2.5582	3.2470	4.8652	6.7372	9.3418
11	2.6032	3.0535	3.8157	5.5778	7.5841	10.3410
12	3.0738	3.5706	4.4038	6.3038	8.4384	11.3403
13	3.5650	4.1069	5.0088	7.0415	9.2991	12.3398
14	4.0747	4.6604	5.6287	7.7895	10.1653	13.3393
15	4.6009	5.2293	6.2621	8.5468	11.0365	14.3389
16	5.1422	5.8122	6.9077	9.3122	11.9122	15.3385
17	5.6972	6.4078	7.5642	10.0852	12.7919	16.3382
18	6.2648	7.0149	8.2307	10.8649	13.6753	17.3379
19	6.8440	7.6327	8.9065	11.6509	14.5620	18.3377
20	7.4338	8.2604	9.5908	12.4426	15.4518	19.3374
21	8.0337	8.8972	10.2829	13.2396	16.3444	20.3372
22	8.6427	9.5425	10.9823	14.0415	17.2396	21.3370
23	9.2604	10.1957	11.6886	14.8480	18.1373	22.3369
24	9.8862	10.8564	12.4012	15.6587	19.0373	23.3367
25	10.5197	11.5240	13.1197	16.4734	19.9393	24.3366
26	11.1602	12.1981	13.8439	17.2919	20.8434	25.3365
27	11.8076	12.8785	14.5734	18.1139	21.7494	26.3363
28	12.4613	13.5647	15.3079	18.9392	22.6572	27.3362
29	13.1211	14.2565	16.0471	19.7677	23.5666	28.3361
30	13.7867	14.9535	16.7908	20.5992	24.4776	29.3360
31	14.4578	15.6555	17.5387	21.4336	25.3901	30.3359
32	15.1340	16.3622	18.2908	22.2706	26.3041	31.3359
33	15.8153	17.0735	19.0467	23.1102	27.2194	32.3358
34	16.5013	17.7891	19.8063	23.9523	28.1361	33.3357
35	17.1918	18.5089	20.5694	24.7967	29.0540	34.3356
36	17.8867	19.2327	21.3359	25.6433	29.9730	35.3356
37	18.5858	19.9602	22.1056	26.4921	30.8933	36.3355
38	19.2889	20.6914	22.8785	27.3430	31.8146	37.3355
39	19.9959	21.4262	23.6543	28.1958	32.7369	38.3354
40	20.7065	22.1643	24.4330	29.0505	33.6603	39.3353
41	21.4208	22.9056	25.2145	29.9071	34.5846	40.3353
42	22.1385	23.6501	25.9987	30.7654	35.5099	41.3352
43	22.8595	24.3976	26.7854	31.6255	36.4361	42.3352
44	23.5837	25.1480	27.5746	32.4871	37.3631	43.3352
45	24.3110	25.9013	28.3662	33.3504	38.2910	44.3351
46	25.0413	26.6572	29.1601	34.2152	39.2197	45.3351
47	25.7746	27.4158	29.9562	35.0814	40.1492	46.3350
48	26.5106	28.1770	30.7545	35.9491	41.0794	47.3350
49	27.2493	28.9406	31.5549	36.8182	42.0104	48.3350
50	27.9907	29.7067	32.3574	37.6886	42.9421	49.3349
60	35.5345	37.4849	40.4817	46.4589	52.2938	59.3347
70	43.2752	45.4417	48.7576	55.3289	61.6983	69.3345
80	51.1719	53.5401	57.1532	64.2778	71.1445	79.3343
90	59.1963	61.7541	65.6466	73.2911	80.6247	89.3342
100	67.3276	70.0649	74.2219	82.3581	90.1332	99.3341
120	83.8516	86.9233	91.5726	100.624	109.220	119.334
140	100.655	104.034	109.137	119.029	128.380	139.334
160	117.679	121.346	126.870	137.546	147.599	159.334
180	134.884	138.820	144.741	156.153	166.865	179.334
200	152.241	156.432	162.728	174.835	186.172	199.334
240	187.324	191.990	198.984	212.386	224.882	239.334

.250	.100	.050	.025	.010	.005	.001
1.3233	2.7055	3.8415	5.0239	6.6349	7.8794	10.8276
2.7726	4.6052	5.9915	7.3778	9.2103	10.5966	13.8155
4.1083	6.2514	7.8147	9.3484	11.3449	12.8382	16.2662
5.3853	7.7794	9.4877	11.1433	13.2767	14.8603	18.4668
6.6257	9.2364	11.0705	12.8325	15.0863	16.7496	20.5150
7.8408	10.6446	12.5916	14.4494	16.8119	18.5476	22.4577
9.0371	12.0170	14.0671	16.0128	18.4753	20.2777	24.3219
10.2189	13.3616	15.5073	17.5345	20.0902	21.9550	26.1245
11.3888	14.6837	16.9190	19.0228	21.6660	23.5894	27.8772
12.5489	15.9872	18.3070	20.4832	23.2093	25.1882	29.5883
13.7007	17.2750	19.6751	21.9200	24.7250	26.7568	31.2641
14.8454	18.5493	21.0261	23.3367	26.2170	28.2995	32.9095
15.9839	19.8119	22.3620	24.7356	27.6882	29.8195	34.5282
17.1169	21.0641	23.6848	26.1189	29.1412	31.3193	36.1233
18.2451	22.3071	24.9958	27.4884	30.5779	32.8013	37.6973
19.3689	23.5418	26.2962	28.8454	31.9999	34.2672	39.2524
20.4887	24.7690	27.5871	30.1910	33.4087	35.7185	40.7902
21.6049	25.9894	28.8693	31.5264	34.8053	37.1565	42.3124
22.7178	27.2036	30.1435	32.8523	36.1909	38.5823	43.8202
23.8277	28.4120	31.4104	34.1696	37.5662	39.9968	45.3147
24.9348	29.6151	32.6706	35.4789	38.9322	41.4011	46.7970
26.0393	30.8133	33.9244	36.7807	40.2894	42.7957	48.2679
27.1413	32.0069	35.1725	38.0756	41.6384	44.1813	49.7282
28.2412	33.1962	36.4150	39.3641	42.9798	45.5585	51.1786
29.3389	34.3816	37.6525	40.6465	44.3141	46.9279	52.6197
30.4346	35.5632	38.8851	41.9232	45.6417	48.2899	54.0520
31.5284	36.7412	40.1133	43.1945	46.9629	49.6449	55.4760
32.6205	37.9159	41.3371	44.4608	48.2782	50.9934	56.8923
33.7109	39.0875	42.5570	45.7223	49.5879	52.3356	58.3012
34.7997	40.2560	43.7730	46.9792	50.8922	53.6720	59.7031
35.8871	41.4217	44.9853	48.2319	52.1914	55.0027	61.0983
36.9730	42.5847	46.1943	49.4804	53.4858	56.3281	62.4872
38.0575	43.7452	47.3999	50.7251	54.7755	57.6484	63.8701
39.1408	44.9032	48.6024	51.9660	56.0609	58.9639	65.2472
40.2228	46.0588	49.8018	53.2033	57.3421	60.2748	66.6188
41.3036	47.2122	50.9985	54.4373	58.6192	61.5812	67.9852
42.3833	48.3634	52.1923	55.6680	59.8925	62.8833	69.3465
43.4619	49.5126	53.3835	56.8955	61.1621	64.1814	70.7029
44.5395	50.6598	54.5722	58.1201	62.4281	65.4756	72.0547
45.6160	51.8051	55.7585	59.3417	63.6907	66.7660	73.4020
46.6916	52.9485	56.9424	60.5606	64.9501	68.0527	74.7449
47.7663	54.0902	58.1240	61.7768	66.2062	69.3360	76.0838
48.8400	55.2302	59.3035	62.9904	67.4593	70.6159	77.4186
49.9129	56.3685	60.4809	64.2015	68.7095	71.8926	78.7495
50.9849	57.5053	61.6562	65.4102	69.9568	73.1661	80.0767
52.0562	58.6405	62.8296	66.6165	71.2014	74.4365	81.4003
53.1267	59.7743	64.0011	67.8206	72.4433	75.7041	82.7204
54.1964	60.9066	65.1708	69.0226	73.6826	76.9688	84.0371
55.2653	62.0375	66.3386	70.2224	74.9195	78.2307	85.3506
56.3336	63.1671	67.5048	71.4202	76.1539	79.4900	86.6608
66.9815	74.3970	79.0819	83.2977	88.3794	91.9517	99.6072
77.5767	85.5270	90.5312	95.0232	100.425	104.215	112.317
88.1303	96.5782	101.879	106.629	112.329	116.321	124.839
98.6499	107.565	113.145	118.136	124.116	128.299	137.208
109.141	118.498	124.342	129.561	135.807	140.169	149.449
130.055	140.233	146.567	152.211	158.950	163.648	173.617
150.894	161.827	168.613	174.648	181.840	186.847	197.451
171.675	183.311	190.516	196.915	204.530	209.824	221.019
192.409	204.704	212.304	219.044	227.056	232.620	244.370
213.102	226.021	233.994	241.058	249.445	255.264	267.541
254.392	268.471	277.138	284.802	293.888	300.182	313.437

D. F 分布表（5%）

自由度 ν_1, ν_2 から上側確率 5% に対する F の値を求める

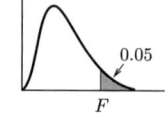

ν_2 \ ν_1	1	2	3	4	5	6	7	8	9
1	161.448	199.500	215.707	224.583	230.162	233.986	236.768	238.883	240.543
2	18.513	19.000	19.164	19.247	19.296	19.330	19.353	19.371	19.385
3	10.128	9.552	9.277	9.117	9.013	8.941	8.887	8.845	8.812
4	7.709	6.944	6.591	6.388	6.256	6.163	6.094	6.041	5.999
5	6.608	5.786	5.409	5.192	5.050	4.950	4.876	4.818	4.772
6	5.987	5.143	4.757	4.534	4.387	4.284	4.207	4.147	4.099
7	5.591	4.737	4.347	4.120	3.972	3.866	3.787	3.726	3.677
8	5.318	4.459	4.066	3.838	3.687	3.581	3.500	3.438	3.388
9	5.117	4.256	3.863	3.633	3.482	3.374	3.293	3.230	3.179
10	4.965	4.103	3.708	3.478	3.326	3.217	3.135	3.072	3.020
11	4.844	3.982	3.587	3.357	3.204	3.095	3.012	2.948	2.896
12	4.747	3.885	3.490	3.259	3.106	2.996	2.913	2.849	2.796
13	4.667	3.806	3.411	3.179	3.025	2.915	2.832	2.767	2.714
14	4.600	3.739	3.344	3.112	2.958	2.848	2.764	2.699	2.646
15	4.543	3.682	3.287	3.056	2.901	2.790	2.707	2.641	2.588
16	4.494	3.634	3.239	3.007	2.852	2.741	2.657	2.591	2.538
17	4.451	3.592	3.197	2.965	2.810	2.699	2.614	2.548	2.494
18	4.414	3.555	3.160	2.928	2.773	2.661	2.577	2.510	2.456
19	4.381	3.522	3.127	2.895	2.740	2.628	2.544	2.477	2.423
20	4.351	3.493	3.098	2.866	2.711	2.599	2.514	2.447	2.393
21	4.325	3.467	3.072	2.840	2.685	2.573	2.488	2.420	2.366
22	4.301	3.443	3.049	2.817	2.661	2.549	2.464	2.397	2.342
23	4.279	3.422	3.028	2.796	2.640	2.528	2.442	2.375	2.320
24	4.260	3.403	3.009	2.776	2.621	2.508	2.423	2.355	2.300
25	4.242	3.385	2.991	2.759	2.603	2.490	2.405	2.337	2.282
26	4.225	3.369	2.975	2.743	2.587	2.474	2.388	2.321	2.265
27	4.210	3.354	2.960	2.728	2.572	2.459	2.373	2.305	2.250
28	4.196	3.340	2.947	2.714	2.558	2.445	2.359	2.291	2.236
29	4.183	3.328	2.934	2.701	2.545	2.432	2.346	2.278	2.223
30	4.171	3.316	2.922	2.690	2.534	2.421	2.334	2.266	2.211
40	4.085	3.232	2.839	2.606	2.449	2.336	2.249	2.180	2.124
60	4.001	3.150	2.758	2.525	2.368	2.254	2.167	2.097	2.040
120	3.920	3.072	2.680	2.447	2.290	2.175	2.087	2.016	1.959
240	3.880	3.033	2.642	2.409	2.252	2.136	2.048	1.977	1.919
∞	3.841	2.996	2.605	2.372	2.214	2.099	2.010	1.938	1.880

10	12	15	20	24	30	40	60	120	∞
241.882	243.906	245.950	248.013	249.052	250.095	251.143	252.196	253.253	254.314
19.396	19.413	19.429	19.446	19.454	19.462	19.471	19.479	19.487	19.496
8.786	8.745	8.703	8.660	8.639	8.617	8.594	8.572	8.549	8.526
5.964	5.912	5.858	5.803	5.774	5.746	5.717	5.688	5.658	5.628
4.735	4.678	4.619	4.558	4.527	4.496	4.464	4.431	4.398	4.365
4.060	4.000	3.938	3.874	3.841	3.808	3.774	3.740	3.705	3.669
3.637	3.575	3.511	3.445	3.410	3.376	3.340	3.304	3.267	3.230
3.347	3.284	3.218	3.150	3.115	3.079	3.043	3.005	2.967	2.928
3.137	3.073	3.006	2.936	2.900	2.864	2.826	2.787	2.748	2.707
2.978	2.913	2.845	2.774	2.737	2.700	2.661	2.621	2.580	2.538
2.854	2.788	2.719	2.646	2.609	2.570	2.531	2.490	2.448	2.404
2.753	2.687	2.617	2.544	2.505	2.466	2.426	2.384	2.341	2.296
2.671	2.604	2.533	2.459	2.420	2.380	2.339	2.297	2.252	2.206
2.602	2.534	2.463	2.388	2.349	2.308	2.266	2.223	2.178	2.131
2.544	2.475	2.403	2.328	2.288	2.247	2.204	2.160	2.114	2.066
2.494	2.425	2.352	2.276	2.235	2.194	2.151	2.106	2.059	2.010
2.450	2.381	2.308	2.230	2.190	2.148	2.104	2.058	2.011	1.960
2.412	2.342	2.269	2.191	2.150	2.107	2.063	2.017	1.968	1.917
2.378	2.308	2.234	2.155	2.114	2.071	2.026	1.980	1.930	1.878
2.348	2.278	2.203	2.124	2.082	2.039	1.994	1.946	1.896	1.843
2.321	2.250	2.176	2.096	2.054	2.010	1.965	1.916	1.866	1.812
2.297	2.226	2.151	2.071	2.028	1.984	1.938	1.889	1.838	1.783
2.275	2.204	2.128	2.048	2.005	1.961	1.914	1.865	1.813	1.757
2.255	2.183	2.108	2.027	1.984	1.939	1.892	1.842	1.790	1.733
2.236	2.165	2.089	2.007	1.964	1.919	1.872	1.822	1.768	1.711
2.220	2.148	2.072	1.990	1.946	1.901	1.853	1.803	1.749	1.691
2.204	2.132	2.056	1.974	1.930	1.884	1.836	1.785	1.731	1.672
2.190	2.118	2.041	1.959	1.915	1.869	1.820	1.769	1.714	1.654
2.177	2.104	2.027	1.945	1.901	1.854	1.806	1.754	1.698	1.638
2.165	2.092	2.015	1.932	1.887	1.841	1.792	1.740	1.683	1.622
2.077	2.003	1.924	1.839	1.793	1.744	1.693	1.637	1.577	1.509
1.993	1.917	1.836	1.748	1.700	1.649	1.594	1.534	1.467	1.389
1.910	1.834	1.750	1.659	1.608	1.554	1.495	1.429	1.352	1.254
1.870	1.793	1.708	1.614	1.563	1.507	1.445	1.375	1.290	1.170
1.831	1.752	1.666	1.571	1.517	1.459	1.394	1.318	1.221	1.000

E. F 分布表（1%）

自由度 ν_1, ν_2 から上側確率 1% に対する F の値を求める

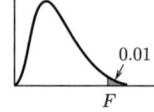

ν_2 \ ν_1	1	2	3	4	5	6	7	8	9
1	4052.181	4999.500	5403.352	5624.583	5763.650	5858.986	5928.356	5981.070	6022.473
2	98.503	99.000	99.166	99.249	99.299	99.333	99.356	99.374	99.388
3	34.116	30.817	29.457	28.710	28.237	27.911	27.672	27.489	27.345
4	21.198	18.000	16.694	15.977	15.522	15.207	14.976	14.799	14.659
5	16.258	13.274	12.060	11.392	10.967	10.672	10.456	10.289	10.158
6	13.745	10.925	9.780	9.148	8.746	8.466	8.260	8.102	7.976
7	12.246	9.547	8.451	7.847	7.460	7.191	6.993	6.840	6.719
8	11.259	8.649	7.591	7.006	6.632	6.371	6.178	6.029	5.911
9	10.561	8.022	6.992	6.422	6.057	5.802	5.613	5.467	5.351
10	10.044	7.559	6.552	5.994	5.636	5.386	5.200	5.057	4.942
11	9.646	7.206	6.217	5.668	5.316	5.069	4.886	4.744	4.632
12	9.330	6.927	5.953	5.412	5.064	4.821	4.640	4.499	4.388
13	9.074	6.701	5.739	5.205	4.862	4.620	4.441	4.302	4.191
14	8.862	6.515	5.564	5.035	4.695	4.456	4.278	4.140	4.030
15	8.683	6.359	5.417	4.893	4.556	4.318	4.142	4.004	3.895
16	8.531	6.226	5.292	4.773	4.437	4.202	4.026	3.890	3.780
17	8.400	6.112	5.185	4.669	4.336	4.102	3.927	3.791	3.682
18	8.285	6.013	5.092	4.579	4.248	4.015	3.841	3.705	3.597
19	8.185	5.926	5.010	4.500	4.171	3.939	3.765	3.631	3.523
20	8.096	5.849	4.938	4.431	4.103	3.871	3.699	3.564	3.457
21	8.017	5.780	4.874	4.369	4.042	3.812	3.640	3.506	3.398
22	7.945	5.719	4.817	4.313	3.988	3.758	3.587	3.453	3.346
23	7.881	5.664	4.765	4.264	3.939	3.710	3.539	3.406	3.299
24	7.823	5.614	4.718	4.218	3.895	3.667	3.496	3.363	3.256
25	7.770	5.568	4.675	4.177	3.855	3.627	3.457	3.324	3.217
26	7.721	5.526	4.637	4.140	3.818	3.591	3.421	3.288	3.182
27	7.677	5.488	4.601	4.106	3.785	3.558	3.388	3.256	3.149
28	7.636	5.453	4.568	4.074	3.754	3.528	3.358	3.226	3.120
29	7.598	5.420	4.538	4.045	3.725	3.499	3.330	3.198	3.092
30	7.562	5.390	4.510	4.018	3.699	3.473	3.304	3.173	3.067
40	7.314	5.179	4.313	3.828	3.514	3.291	3.124	2.993	2.888
60	7.077	4.977	4.126	3.649	3.339	3.119	2.953	2.823	2.718
120	6.851	4.787	3.949	3.480	3.174	2.956	2.792	2.663	2.559
240	6.742	4.695	3.864	3.398	3.094	2.878	2.714	2.586	2.482
∞	6.635	4.605	3.782	3.319	3.017	2.802	2.639	2.511	2.407

10	12	15	20	24	30	40	60	120	∞
6055.847	6106.321	6157.285	6208.730	6234.631	6260.649	6286.782	6313.030	6339.391	6365.864
99.399	99.416	99.433	99.449	99.458	99.466	99.474	99.482	99.491	99.499
27.229	27.052	26.872	26.690	26.598	26.505	26.411	26.316	26.221	26.125
14.546	14.374	14.198	14.020	13.929	13.838	13.745	13.652	13.558	13.463
10.051	9.888	9.722	9.553	9.466	9.379	9.291	9.202	9.112	9.020
7.874	7.718	7.559	7.396	7.313	7.229	7.143	7.057	6.969	6.880
6.620	6.469	6.314	6.155	6.074	5.992	5.908	5.824	5.737	5.650
5.814	5.667	5.515	5.359	5.279	5.198	5.116	5.032	4.946	4.859
5.257	5.111	4.962	4.808	4.729	4.649	4.567	4.483	4.398	4.311
4.849	4.706	4.558	4.405	4.327	4.247	4.165	4.082	3.996	3.909
4.539	4.397	4.251	4.099	4.021	3.941	3.860	3.776	3.690	3.602
4.296	4.155	4.010	3.858	3.780	3.701	3.619	3.535	3.449	3.361
4.100	3.960	3.815	3.665	3.587	3.507	3.425	3.341	3.255	3.165
3.939	3.800	3.656	3.505	3.427	3.348	3.266	3.181	3.094	3.004
3.805	3.666	3.522	3.372	3.294	3.214	3.132	3.047	2.959	2.868
3.691	3.553	3.409	3.259	3.181	3.101	3.018	2.933	2.845	2.753
3.593	3.455	3.312	3.162	3.084	3.003	2.920	2.835	2.746	2.653
3.508	3.371	3.227	3.077	2.999	2.919	2.835	2.749	2.660	2.566
3.434	3.297	3.153	3.003	2.925	2.844	2.761	2.674	2.584	2.489
3.368	3.231	3.088	2.938	2.859	2.778	2.695	2.608	2.517	2.421
3.310	3.173	3.030	2.880	2.801	2.720	2.636	2.548	2.457	2.360
3.258	3.121	2.978	2.827	2.749	2.667	2.583	2.495	2.403	2.305
3.211	3.074	2.931	2.781	2.702	2.620	2.535	2.447	2.354	2.256
3.168	3.032	2.889	2.738	2.659	2.577	2.492	2.403	2.310	2.211
3.129	2.993	2.850	2.699	2.620	2.538	2.453	2.364	2.270	2.169
3.094	2.958	2.815	2.664	2.585	2.503	2.417	2.327	2.233	2.131
3.062	2.926	2.783	2.632	2.552	2.470	2.384	2.294	2.198	2.097
3.032	2.896	2.753	2.602	2.522	2.440	2.354	2.263	2.167	2.064
3.005	2.868	2.726	2.574	2.495	2.412	2.325	2.234	2.138	2.034
2.979	2.843	2.700	2.549	2.469	2.386	2.299	2.208	2.111	2.006
2.801	2.665	2.522	2.369	2.288	2.203	2.114	2.019	1.917	1.805
2.632	2.496	2.352	2.198	2.115	2.028	1.936	1.836	1.726	1.601
2.472	2.336	2.192	2.035	1.950	1.860	1.763	1.656	1.533	1.381
2.395	2.260	2.114	1.956	1.870	1.778	1.677	1.565	1.432	1.250
2.321	2.185	2.039	1.878	1.791	1.696	1.592	1.473	1.325	1.000

F. 乱 数 表

	(c1)	(c2)	(c3)	(c4)	(c5)	(c6)	(c7)	(c8)	(c9)	(c10)
(r1)	01749	24512	27546	50567	20070	66428	85609	87064	87362	95320
(r2)	40073	19610	06144	95850	49198	74737	18378	66850	68196	99553
(r3)	12007	25563	47264	76465	19022	25576	68733	39487	19702	01097
(r4)	92402	56648	40230	74784	30914	47209	84227	44325	14443	27038
(r5)	60824	67075	57727	43275	00681	97685	24033	52996	28823	61552
(r6)	77248	81489	54202	55434	44962	17851	64704	26986	42913	71869
(r7)	51078	65342	76117	98663	19828	67462	97776	80869	21845	73950
(r8)	50947	62547	82458	82476	81260	69573	77226	32238	15763	66536
(r9)	23650	23119	53651	54155	48834	79595	03226	39741	70397	75259
(r10)	08475	84255	21221	02132	70535	69935	73824	72929	63695	40775
(r11)	05745	93888	65880	88541	24928	38256	56452	42001	11060	53589
(r12)	64545	93564	85590	14826	38852	83279	94809	31444	07334	79645
(r13)	98928	17846	01371	03884	54097	04710	87119	52401	85675	47354
(r14)	41343	80500	66534	46702	92341	32336	21887	50805	99207	30848
(r15)	79493	03307	86119	46842	30682	09393	29831	58634	55492	23155
(r16)	75330	92397	01431	07075	68924	81215	87107	43468	92853	55758
(r17)	27054	56032	72003	56482	14888	84080	26781	03203	87314	17501
(r18)	59897	75251	68432	49711	76795	22634	46028	62131	22112	50272
(r19)	60461	05014	03123	63652	50638	75426	81056	69775	92207	22010
(r20)	87812	91447	98072	96892	19270	02449	96070	16885	48804	71973
(r21)	81745	62732	47019	32676	46797	78561	35412	14614	24230	73217
(r22)	27985	74424	56917	60771	67244	95794	04805	78555	69138	96012
(r23)	78520	10529	71636	13694	24374	04192	66355	53669	97940	23324
(r24)	11690	32111	97160	37823	52458	86899	16032	77585	88107	57019
(r25)	79530	28805	04203	56402	52300	22053	88815	34104	05792	65488
(r26)	68986	03885	56941	07054	62634	18325	10575	70988	06025	61387
(r27)	45537	14572	64847	49683	33409	26033	78715	11470	07434	17478
(r28)	10269	96221	20659	11326	09298	11813	90532	21014	02075	68768
(r29)	79390	46154	06795	91875	96224	16751	22180	53553	50520	51792
(r30)	96985	37183	47846	77885	37616	77337	88543	49811	66273	23204
(r31)	71347	28122	96336	51267	20167	87685	71561	72988	50247	74456
(r32)	84666	46477	05167	49615	44093	45222	92839	49969	42626	93848
(r33)	62632	60524	41742	58094	19126	63853	55088	61323	18529	54672
(r34)	86745	86039	10914	19021	90838	42809	43098	64187	38131	77927
(r35)	68554	21358	77668	88357	08180	69749	91149	99760	81584	20948
(r36)	62362	90919	23728	13208	44833	76571	00804	73096	95356	06455
(r37)	81471	29773	33135	80962	80181	54393	80665	28468	16631	36928
(r38)	12056	52226	82894	76444	84336	91154	74114	34305	88834	06896
(r39)	01002	97852	16630	45096	46222	87731	71235	37814	66250	02250
(r40)	72578	10889	78733	23197	28088	46801	69774	30167	22061	07026

索　引

あ　行
一致推定量　142
一致性　142

F 分布　102
　——表　228

か　行
回帰関数　94, 194
回帰係数　195
回帰モデル　195
階級　2
χ^2 分布　98
　——表　226
確率　21
確率関数　39
　周辺——　74
　条件つき——　73
　同時——　73
確率標本抽出　115
確率分布　39
確率変数　37
確率密度　45
確率密度関数　45
仮説検定　155
片側検定　162

偏り　140
加法法則　23

棄却　158
棄却域　160
期待値　41
　条件つき——　81
　多次元確率変数の——　80
　F 分布の——　111
　t 分布の——　109
　離散型確率変数の——　41, 48
　連続型確率変数の——　47, 48
期待値の回りの k 次の積率　49
帰無仮説　158
（確率変数の）共分散　85

空事象　22
区間推定　137

k 次の積率　48
決定比　13
検出力　160
検定統計量　165

根元事象　23

さ 行

サイコロ　20, 28, 40, 55, 72, 77, 138, 186
最小2乗法　12
最頻値　6
最尤法　143
作業仮説　156
残差　14
残差プロット　203
算術平均　4
散布図　10

試行　21
事象　21
四分位範囲　7
ジャンケン　156
自由度　98
周辺確率関数　74
周辺密度関数　76
条件つき確率　24
　——関数　73
条件つき期待値　81
条件つき分散　82
条件つき密度関数　76
乗法法則　26
信頼区間　146
信頼係数　146

推定量　137

正規分布　64
　——表　224
正の相関　10, 86
積事象　22
積率法　143
説明変数　195
線形回帰モデル　195
全事象　22
全数調査　113

（確率変数の）相関　86
相関　9
（確率変数の）相関係数　87
相関係数　11, 16

た 行

第1四分位点　7
第1種の過誤　160
第3四分位点　7
大数の法則　125
第2種の過誤　160
対立仮説　158
多項分布　89
（単純）無作為標本抽出　115
誕生日問題　26
単峰　4

チェビシェフの不等式　51, 125
中央値　5
中心極限定理　128

対標本　177

t 分布　101
　——表　225
点推定　137

統計量　118
同時確率関数　73
同時密度関数　76
（確率変数の）独立　79
独立　28
度数　2
度数分布表　2

な 行

2項定理　58
2項分布　55
2変量正規分布　92

索引

は 行
排反　23
外れ値　3
範囲　6

p 値　191
ヒストグラム　2
被説明変数　195
非復元抽出　116
標準化　50
標準正規分布　65
（確率変数の）標準偏差　42
標準偏差　9
標本　114
　——空間　21
　——誤差　118
　——抽出　114
　——調査　114
　——点　21
　——不偏分散　145
　——分散　118
　——分布　119, 144
　——平均　118

復元抽出　116
複合事象　23
負の相関　10, 86
不偏推定量　142
（確率変数の）分散　41
分散　8
分布関数　39

平均 2 乗誤差　140
Bayes の定理　30
ベルヌーイ確率変数　54
ベルヌーイ試行　53
変動係数　9

ポアソン分布　60
補事象　22
母数　118
母分散　118
母平均　118

ま 行
右に歪んだ分布　4
密度関数　45
　周辺——　76
　条件つき——　76
　同時——　76
3 つのコインの問題　30

無限母集団　114
無作為割付　181

や 行
有意水準　160
有意標本抽出　115
有限母集団　113
尤度関数　144

ら 行
乱数表　232

離散型確率変数　38
両側検定　167

累積度数　2
累積分布関数　39

連続型確率変数　42

わ 行
和事象　22

著者略歴

野口和也
のぐち かずや

1984年　早稲田大学大学院経済学研究科
　　　　博士後期課程単位取得中退
　　　　福島大学経済学部助教授
1989年　青山学院大学経済学部助教授
1993年　早稲田大学政治経済学部教授

主要著書
統計理論入門（共著，中央経済社，1994）
経済統計の新展開
　　　　（編著，早稲田大学出版部，2008）

西郷　浩
さいごう ひろし

1992年　早稲田大学大学院経済学研究科
　　　　博士後期課程単位取得中退
　　　　早稲田大学講師
1994年　早稲田大学政治経済学部助教授
1999年　早稲田大学政治経済学部教授

主要著書
初級統計分析（著，新世社，2012）

Ⓒ　野口和也・西郷 浩　2014

2014年10月30日　初　版　発　行
2025年 4月18日　初版第7刷発行

基 本 統 計 学

著　者　野口和也
　　　　西郷　浩
発行者　山本　格

発行所　株式会社　培風館
東京都千代田区九段南4-3-12・郵便番号102-8260
電話(03)3262-5256(代表)・振替00140-7-44725

中央印刷・牧 製本
PRINTED IN JAPAN

ISBN 978-4-563-01018-8　C3033